现代水声工程系列教材

现代水声通信原理与MATLAB应用

伍飞云　杨坤德　张刚强　编著

西北工业大学出版社

西　安

【内容简介】 本书围绕水声通信的基本原理及相关应用展开，通过理论与实例相结合的方式，详细介绍水声通信软件以及接收机的设计，重点介绍对信号、水声信道仿真及估计方法的设计，调制解调，编码解码等技术内容，并结合 MATLAB 编程实现。

全书分为 7 章，内容包括绪论、水声信道与海洋声传播、海洋环境软件包 BELLHOP 的使用、信道编码、最佳接收机设计、OFDM 通信、扩频通信等。

本书语言通俗易懂，内容翔实，重点突出，注重理论与实际相结合，列举了例题、思考题等，方便读者深入学习和研究。

本书既适合高等院校通信工程、电子信息、水声工程等专业的高年级本科生和研究生学习使用，也适合相关领域工程技术人员阅读参考。

图书在版编目(CIP)数据

现代水声通信原理与 MATLAB 应用 / 伍飞云，杨坤德，张刚强编著. —西安 ：西北工业大学出版社，2022.3

ISBN 978－7－5612－8131－4

Ⅰ. ①现… Ⅱ. ①伍… ②杨… ③张… Ⅲ. ①Matlab 软件-应用-水声通信-通信系统-高等学校-教材 Ⅳ. ①TN929.3

中国版本图书馆 CIP 数据核字(2022)第 044745 号

XIANDAI SHUISHENG TONGXIN YUANLI YU MATLAB YINGYONG

现 代 水 声 通 信 原 理 与 MATLAB 应 用

伍飞云 杨坤德 张刚强 编著

责任编辑：王梦妮	**策划编辑：**杨 军
责任校对：高茸茸	**装帧设计：**李 飞
出版发行：西北工业大学出版社	
通信地址：西安市友谊西路 127 号	邮编：710072
电　　话：(029)88491757，88493844	
网　　址：www.nwpup.com	
印 刷 者：陕西宝石兰印务有限责任公司	
开　　本：787 mm×1 092 mm	1/16
印　　张：13.5	
字　　数：345 千字	
版　　次：2022 年 3 月第 1 版	2022 年 3 月第 1 次印刷
书　　号：ISBN 978－7－5612－8131－4	
定　　价：58.00 元	

现代水声工程系列教材
现代水中兵器系列教材
编　委　会

（按姓氏笔画排序）

前　言

通信技术的发展日新月异，尤其是当有了强大的计算机仿真技术后，如虎添翼。计算机技术为通信系统的设计节省了不少人力、物力和时间，在教学科研方面也发挥着较大作用。MATLAB在众多计算机仿真和软件设计中脱颖而出，成为世界上广为使用的通信系统设计软件。MATLAB仿真也是水声通信领域非常关键的一个环节。为满足当代社会发展对水声通信的需求，本书结合水声通信软件设计方法，力求详细阐述其原理及应用。

目前系统介绍水声通信并结合MATLAB程序应用的书籍非常少，很多书籍都侧重于基础理论的介绍和分析，缺少讲解软件算法设计及应用的实例。本书就是为尝试弥补这些不足而编著的。对于初学者来说，有MATLAB编程辅助水声通信的理论学习，将增强学生的学习体验感和参与感，激发其学习热情，在加深对知识点理解的同时，进一步加强其对所学知识的实践能力。

本书的最大特点就是将理论与实际紧密结合，内容通俗易懂，使读者对水声通信原理及MATLAB软件设计有一个基本的认识。另外，本书还有一个特点是注重仿真的系统化，书中仿真内容都有对应的理论讲解，从而巩固和加深读者对理论的理解和掌握。

全书分为7章。第1章主要阐述数字信号处理基础，分别介绍水声通信系统数字建模，包括时域和频域信号，以及滤波器的MATLAB设计，重点阐述有限冲激响应(Finitimpulse Response，FIR)和无限冲激响应(Infinit Impulse Response，IIR)滤波器的MATLAB设计方法及频响特性分析，介绍信号的变换运算，包括傅里叶变换和希尔伯特变换等。

第2章主要阐述水声信道与海洋声传播。首先对无线通信信道衰落类型和分类进行介绍。其次详细介绍水声信道的传播损失、多径、多普勒以及时变性分析和环境噪声分析等内容。再次介绍海洋声传播与声速剖面，海洋声传播速度跟海洋中的温度、盐度、深度有关，海洋声传播分层现象明显，构成汇聚区传播、深海声信道传播、表面波导传播及北极声传播等，简述浅海声传播的特点以及路径的横向变化对声传播产生的影响。最后介绍声传播强度计算，简述动态声线跟踪模型，相干、非相干、半相干传播损失及几何波束。

第3章主要阐述海洋环境软件包BELLHOP的使用，包括画出声速剖面图(Sound Speed Profile，SSP)、声线轨迹图、本征声线图、传播损失图(相干、半相干、非相干传播损失)及声压场的生成，定向声源的传播损失及如何选择声源波束模式、分段线性边界及其单波束的绘制，曲线边界的绘制、与距离相关的2D SSP的绘制、到达量和宽带结果的获得，并绘制其信道冲激响应图。

第4章围绕信道编码展开阐述，包括伽罗瓦(Galois)域理论和循环冗余校验，卷积码编码和解码以及仿真实验，交织与解交织，低密度校验码(Low Density Parity Check Coole，LDPC)信道编码解码理论，包括Tanner图中的环与带、置信传播算法、和积算法，以及硬件实现等内容。

第5章主要阐述最佳接收机设计原理。阐述带通与等效低通的变换过程，给出无码间干扰(Inter Symbol Interfence，ISI)带限信号的设计目标，阐述根升余弦滤波器及匹配滤波器的工作过程，给出带限信道中信号收发的仿真，在数字通信中，采用数字基带信息去调制载波的参数，包括振幅、频率和相位等，介绍评价通信系统性能常用的互补误差函数，介绍载波相位同步和符号同步的几种均衡器的设计方法，重点介绍嵌入锁相环的判决反馈均衡器在水声通信中的应用。

第 6 章的主题是 OFDM 通信。首先阐述傅里叶变换与快速傅里叶变换（Fast Fourier Transform，FFT）之间的关系，以及正交频分复用技术（Orthogonal Frequency Division Multipleaing，OFDM）调制解调所用到的 FFT 与快速傅里叶逆变换（Inverse Fast Fourier Transform，IFFT）技术，阐述 OFDM 系统参数设计需要考虑的几项内容：OFDM 符号持续时间和子载波间隔参数设计、OFDM 保护间隔和循环前缀、OFDM 导频子载波分配、OFDM 加窗等问题。然后阐述 OFDM 系统从发送比特流到接收比特流之间的详细步骤，OFDM 同步的关键技术包括符号时间偏移（Symbol Time Offset，STO）和载波频率偏移（Carrier Frequency Offset，CFO）的估计技术。最后阐述 OFDM 系统中另一项关键技术：峰均功率比的减小技术。

第 7 章围绕着扩频通信展开介绍，描述白噪声统计特性的信号和扩频系统的性能评估，阐述伪随机序列的几种构造方式，包括 m 和 M 序列、Gold 序列、Hadamard 序列、混沌序列等，同时对扩频调制包括直扩和跳频两种常见的方式进行阐述。此外，还对扩频信号解扩解调进行阐述，包括直扩信号解扩解调和跳频信号解扩解调等过程，并结合 MATLAB 进行了分析。

本书撰写分工如下：伍飞云负责撰写第 1～2 章、第 4～6 章，杨坤德负责撰写第 3 章，张刚强负责撰写第 7 章。

本书能得以出版，要特别感谢哈尔滨工程大学乔钢教授，中科院声学所鄢社锋教授，厦门大学童峰教授、许肖梅教授、刘胜兴教授、朱政亮博士，中山大学杨智教授，西北工业大学黄建国教授、张群飞教授、申晓红教授等提出的宝贵意见。同时，也要感谢孙权博士、田天博士、苏本学博士、宋岩冲硕士和彭茹硕士参与本书的部分编辑和校正工作。

感谢国家自然科学基金（62171369，61701405）的支持！

在撰写本书过程中曾参阅了大量文献，向其相关作者表示感谢。

限于笔者水平，书中难免有纰漏和不足，恳请大家不吝赐教！笔者联系邮箱为 wfy@nwpu. edu. cn。

编著者

2022 年 1 月

目　录

第1章 绪 论

海洋是生命的摇篮，风雨的故乡，交通的要道，资源的宝库。海洋平均深度为 3 700 m，海水总量为 13.5×10^8 km^3，最深处为 11 095 m，形成于 38 亿年前，占地球表面的 71%，占水体总量的 97%。海洋中 CO_2 的吸收能力为大气的 50 倍，海水年蒸发量为 50.5×10^4 km^3，提供大气中 87.5%的水汽，容纳了 71%的主要生物种类，是 97%生物的栖息地。人类 14%的蛋白质来自鱼类。海水的热容量为同体积空气的 3 100 倍，是地球的储热器。海洋自然资源开发、环境监测、科学考察等领域都需要高效的信息服务保障。科技发展日新月异，根据通信发展进程预测，大约每十年移动通信就会更新换代[1]。海洋自然资源开发与水声通信技术的发展几乎是同步的，涉及水下信息的传输、处理和融合，具体包含时频分析、信号滤波、增强、变换、参数估计等内容[2]。

如图 1－1 所示，水下通信(Under Water Communication, UWC)一般是以通信介质为水体的通信总称，如水下各目标(潜艇、潜航器、观测系统等)之间的通信[3-5]，潜水员、潜航器、水下航行器等之间的通信，水下传感网络[6-8]与水下节点的数据采集，水下观测系统与水面或岸基系统之间的信息交换。

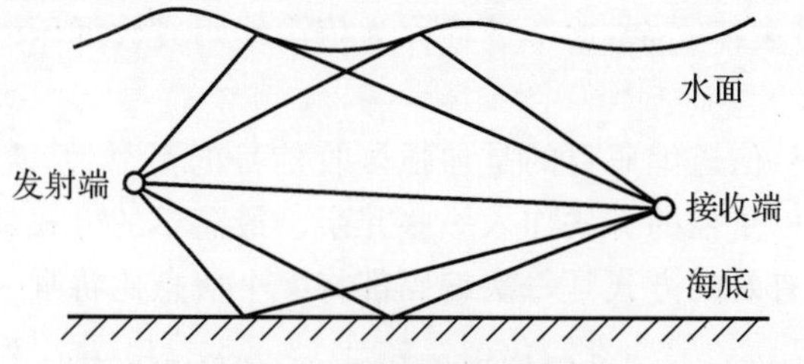

图 1－1 水声通信示意图

水下通信可以选择无线电、光以及声作为通信媒介。然而，海水对无线电和光的吸收能力非常强，以致于它们的通信距离通常不超过 100 m[可以根据经验公式计算：$\delta=250/\sqrt{f}$，其中 δ，f 分别代表传播水下深度和电磁波频率，单位分别为米(m)和赫兹(Hz[9])]，因此水下通信主要是依靠声的传播，即水声通信。水声通信最大的优点是可以实现几千米甚至上百千米的远距离传输。

海洋资源的开发和利用离不开水声通信技术的发展和运用。水声通信具有广阔的应用市场。

(1)军工/国防领域。水下无线分布式通信网络(水下传感网)为水下武器装备系统提供水下无线道信、定位、网络模块、整机及系统。

(2)海工/油气领域。为各种水下作业系统、钻采系统、钻井平台提供水下通信、定位、网络服务和各种基于无线通信、定位、网络的设备。

(3)娱乐领域。针对各种水下无人机消费市场，给厂家提供水下无线通信、定位、网络的各个模块及整体解决方案，用于替代当前的有缆线方案。

(4)应急/环保。针对海上应急提供水下通信、定位、网络服务和各种基于无线通信、定位、网络的设备。实时监测海洋牧场生态环境，实时播报水下生物状况，提供水下数据的传输解决方案。

1.1 水声通信系统

与无线电通信系统组成部分相似，水声通信系统框图如图 1-2 所示。以下分别介绍各模块。

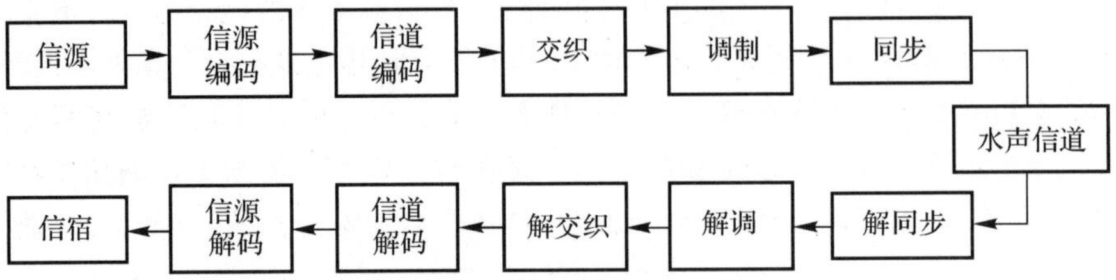

图 1-2 水声通信系统的基本流程

(1)信源：如文本、图像、音频、视频等信息，信源可以是模拟信号也可以是数字信号，在数字通信中，最终都会变成二进制数字。

(2)信源编码与解码：理论上，希望用精简的二进制数字信息表达原始信息，即寻求一种有效的信源输出方法，尽量去掉冗余，这个过程称为信源编码或数据压缩。与之相反的过程称为信源解码。

(3)信道编码与解码：信道编码目的是加强接收信号的可靠性，克服信号在信道中所受的干扰和噪声影响，因此，以受控的方式加入一些冗余。最简单的方式就是将信息序列重复 k 次以确保准确送达。而更有效的方式是每次编码都将 k 个信息比特唯一地映射成 n 个比特序列(又称码字)，引入冗余度的大小可采用信道编码速率(简称"码率")$\frac{k}{n}$表示。与之相反的过程称为信道解码。

(4)交织与解交织：当信道突发差错时，往往导致一连串的错误，这些错误集中在一起常超过了信道编码的纠错能力，因此在发射端加上交织器，接收端加上解交织器，使得信道的突发差错得以分散，从而把突发差错转为随机差错，可以充分发挥纠错码的作用。

(5)调制与解调：通信系统中发送端的原始电信号通常具有频率很低的频谱分量(也称基带)，一般不适宜直接在信道中进行传输。因此，通常需要将原始信号变换成频带适合信道传输的高频信号(也称载带或载频)，这一过程被称为调制。与之相反的过程称为解调。

(6)同步与解同步：同步通信是一种比特同步通信技术，要求发收双方具有同频同相的同步时钟信号，只需在传送报文的最前面附加特定的同步字符，使发收双方建立同步，此后便在同步时钟的控制下逐位发送/接收。接收方对信号进行同步匹配的过程称为解同步。

(7)水声信道：它是非常复杂的无线信道之一，这一点将在第 2 章和第 3 章详细阐述。水下无线通信目前的有效媒介为声音。水声信道除了传播过程中能量不断变小外，还有多径和多普勒双扩展的影响，这是由海面海底对声音的反射(造成多径效应)，以及水体的运动变化或收发换能器位置的相对运动(造成多普勒效应)造成的。此外,水声信道中还会出现各类噪声,包括自然的和人为的,如图 1-3 所示。这些都共同构成了水声信道的特有性质和对水下无线通信的特殊挑战。

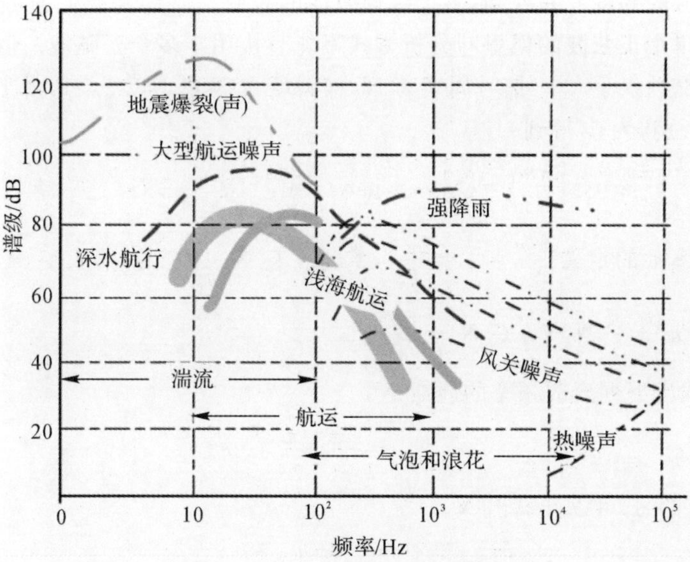

图 1-3　海洋噪声源及噪声频谱图

1.2　数字信号处理与建模

最简单的建模过程是将水声信道视作加性噪声信道,即发射信号 $s(t)$ 被加性随机噪声恶化。这是因为接收机中电子元器件和放大器所引起的热噪声采用高斯统计模型(大数定理表明,噪声源越多,其综合的效果就越趋近于高斯分布)。另外,由于多径效应的存在,可以采用有限冲激响应(FIR)滤波器表征水声信道。因此,输入 $s(t)$、输出 $r(t)$、信道 $h(t)$、噪声 $n(t)$ 之间的关系为

$$r(t)=\int_{-\infty}^{\infty} h(\tau)s(t-\tau)\mathrm{d}\tau+n(t) \tag{1.1}$$

当然,实际中水声信道 $h(\tau,t)$ 是时变的,因此,输入输出关系也可表示为

$$r(t)=\int_{-\infty}^{\infty} h(\tau,t)s(t-\tau)\mathrm{d}\tau+n(t) \tag{1.2}$$

1.2.1　时域和频域信号

时域和频域是表示信号的两种不同方式。傅里叶变换与反变换可以完成这一转换。如果一个信号在一个域中改变,它也会在另一个域中以不同的方式发生变化,例如时域中的卷积相当于频域中的乘法。其他数学运算,如加法、缩放和移位,在相反的域中也有匹配运算。这些关系由傅里叶变换的性质进行描述,阐述一个域中的数学变化如何导致另一个域中的数学变化。

从傅里叶分析可以看出,特定频率的信号可以由正弦信号的线性组合产生。如何从给定

的信号中计算出频率分布，以及如何由离散时间域推导频率分布？这通常需要进行频率分析。傅里叶分析是在频率和时间之间转换信息的有力工具，并可用来找到相应的频率和时间信息。

通常单频信号的幅度容易找到，多个线性叠加的正弦信号因需要同时分辨频率和幅度而变得较为复杂。单个正弦波的傅里叶分析方式不能直接用于多个正弦波。但可从探索正弦信号的周期性和正交性入手[10]。信号周期为 N，且满足 $\forall N \in \mathbf{N}, N \neq 1$，由于坐标原点上的对称矢量和为 0，故总和为 0，得到

$$\sum_{n=0}^{N-1} \exp\left(\mathrm{j}\,\frac{2\pi n}{N}\right) = \sum_{n=0}^{N-1} \exp(\mathrm{j}\omega n) = 0, \quad \forall N \in \mathbf{N}, \quad N \neq 1$$

根据离散频率 ω 的定义 $\frac{2\pi n}{N} = \omega = \frac{2\pi f}{f_s}$，$\forall n, N \in \mathbf{N}, \frac{f}{f_s} \in \mathbf{Q}, f, f_s \in \mathbf{R}$，可得离散信号的周期为 $N = \min\left\{n\frac{f}{f_s} \in \mathbf{N}, \forall n \in \mathbf{N}, \frac{f}{f_s} \in \mathbf{Q}\right\}$。

例题 1-1：找出下列离散频率的周期 N。

$$\omega = \frac{5\pi}{3}, \frac{4\pi}{3}$$

解：根据给定的 ω，可以计算出 N。

$$\frac{5\pi}{3} = \frac{2 \times 5\pi}{2 \times 3} = \frac{2\pi n}{N_1}, \quad N_1 = 6$$

$$\frac{4\pi}{3} = \frac{2 \times 2\pi}{3} = \frac{2\pi k}{N_2}, \quad N_2 = 3$$

值得注意的是：周期 N 的导数不代表离散频率 ω。

例题 1-2：计算下列信号的频率分布。

$$x[n] = a^n u[n], \quad |a| < 1$$

解：根据定义

$$X[\exp(\mathrm{j}\omega)] = \sum_{n=-\infty}^{\infty} a^n u[n] \exp(-\mathrm{j}\omega n) = \sum_{n=0}^{\infty} a^n \exp(-\mathrm{j}\omega n) = \sum_{n=0}^{\infty} [a\exp(-\mathrm{j}\omega)]^n = \frac{1}{1 - a\exp(-\mathrm{j}\omega)}$$

故

$$|a\exp(-\mathrm{j}\omega)| < 1$$

注意：$X[\exp(\mathrm{j}\omega)]$ 表示 $[-\pi, \pi]$ 之间的分布，该分布以 2π 为周期。

例题 1-3：找出下列信号之和的周期。

$$x_1 = 0.2\cos\left(\frac{2\pi t}{8}\right), \quad x_2 = \cos\left(\frac{2\pi t}{64}\right), \quad x_1 = 0.5\cos\left(\frac{2\pi t}{16}\right)$$

解：根据式子，可以看出三个信号的周期分别为 8，64，16，信号之和的周期为 64，为清晰地表示出离散信号特征，设置采样点数为 128，列出 MATLAB 代码如下：

```
1. N = 128;
2. nn = 0:1:N;
3. x1 = 0.2 * cos(2 * pi * nn/8);
4. x2 = cos(2 * pi * nn/64);
```

```
5. x3 = 0.5 * cos(2 * pi * nn/16);
6. figure,
7. subplot(211), stem(nn,[x1' x2' x3']), grid;
8. xlabel('(a) n');ylabel('函数幅度');
9. xlim([0 128]);
10. subplot(212), stem(nn,x1+x2+x3), grid;
11. xlabel('(b) n');ylabel('和函数幅度');
12. xlim([0 128]);
```

运行结果图如图 1-4 所示,可以看出不同离散信号之和的周期为各离散信号周期的最小公倍数。

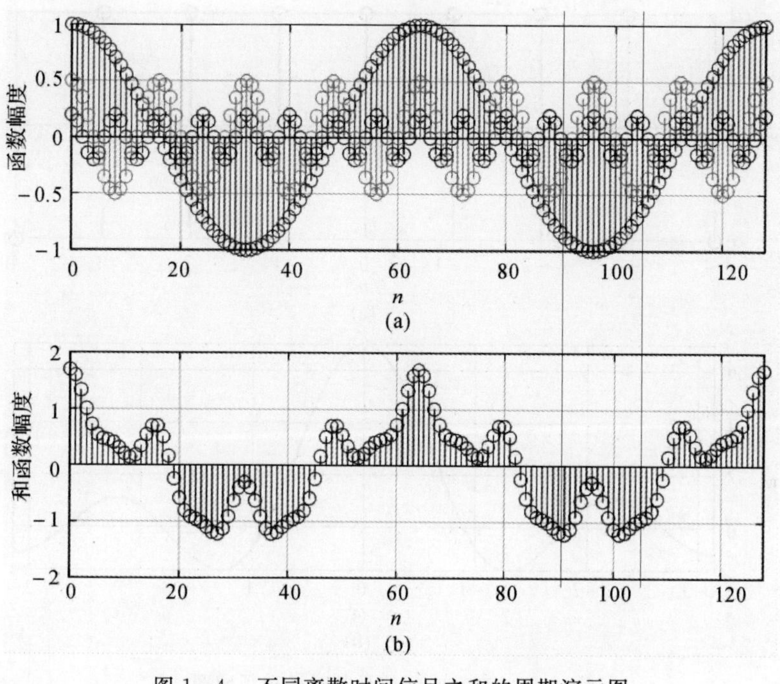

图 1-4 不同离散时间信号之和的周期演示图

例题 1-4:找出下列信号之和的周期。

$$x_1[n]=0.2\cos\left(\frac{\pi n}{6}\right),\quad x_2[n]=\cos\left(\frac{\pi n}{9}\right)$$

解:根据式子,分别得到周期 $N_1=12, N_2=18$,则信号之和的周期(最小公倍数)为 $N=36$。

离散时间傅里叶变换 (Discrete-Time Fourier Transform,DTFT) 定义为

$$X[\exp(\mathrm{j}\omega)]=\sum_{n=-\infty}^{\infty}x[n]\exp(-\mathrm{j}\omega n) \tag{1.3}$$

例题 1-5:给定下列信号(见图 1-5),求 DTFT 频率分布。

$$x[n]=\begin{cases}1, & -3\leqslant n\leqslant 3\\ 0, & 其他\end{cases}$$

解:$X[\exp(\mathrm{j}\omega)]=\sum_{n=-\infty}^{\infty}x[n]\exp(-\mathrm{j}\omega n)=1+2\cos(\omega)+2\cos(2\omega)+2\cos(3\omega)$。

MATLAB 代码如下：

```
nn = -4:1:4;
w = -pi:pi/100:pi;
xn = [0 1 1 1 1 1 1 1 0];
Xw = 1+2 * cos(w)+2 * cos(2 * w)+2 * cos(3 * w);
figure(1),subplot(211);
stem(nn,xn), grid;xlabel('(a) n');ylabel('x[n]');
subplot(212);
plot(w,Xw), grid;
xlabel('(b) \omega');ylabel('X(e^{j\omega})');axis('tight');
```

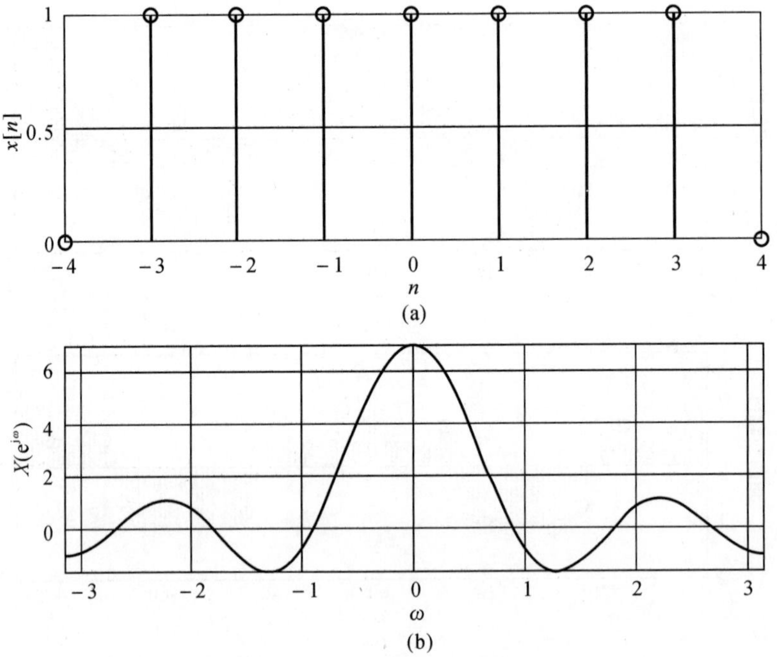

图 1-5　离散时间信号的时域和频域图

帕塞瓦尔定理(Parseval's Theorem)指出：信号在时域的能量等于频域的能量，即

$$E=\sum_{n=-\infty}^{\infty}|x[n]|^2=\frac{1}{2\pi}\int_{-\pi}^{\pi}|X[\exp(-\mathrm{j}\omega n)]|^2\mathrm{d}\omega \tag{1.4}$$

例题 1-6：给定下列信号，用帕塞瓦尔定理验证。

$$x[n]=\begin{cases}1, & -3\leqslant n\leqslant 3\\ 0, & \text{其他}\end{cases}$$

解：$E=\sum_{n=-\infty}^{\infty}|x[n]|^2=7$，$X[\exp(\mathrm{j}\omega)]=1+2\cos(\omega)+2\cos(2\omega)+2\cos(3\omega)$，频域能量为

$$\frac{1}{2\pi}\int_{-\pi}^{\pi}|1+2\cos(\omega)+2\cos(2\omega)+2\cos(3\omega)|^2\mathrm{d}\omega=$$

$$\frac{1}{2\pi}\left[\int_{-\pi}^{\pi}1\mathrm{d}\omega+\int_{-\pi}^{\pi}4\cos^2(\omega)\mathrm{d}\omega+\int_{-\pi}^{\pi}4\cos^2(2\omega)\mathrm{d}\omega+\int_{-\pi}^{\pi}4\cos^2(3\omega)\mathrm{d}\omega\right]=$$

$$\frac{1}{2\pi}(2\pi+4\pi+4\pi+4\pi)=7$$

除非计算机使用符号表示，否则数字计算机无法直接处理连续域的运算。离散数据或采样信号可通过计算机软件指定的二进制逻辑的数字位进行处理。信号在时域和频域中进行转换，采样过程产生离散时间序列，该序列在每个 2π 间隔中生成频谱周期性。此外，信号周期性呈现离散频率分布，$2\pi/N$ 谱距离称为基频。与离散时间傅里叶变换不同，离散傅里叶变换(Discrete Fourier Transform，DFT)是在离散时间和离散频率之间进行转换。离散的周期性和正交性为 DFT 提供了类似 DTFT 的策略。假设时域周期信号 $x_N[n]=x_N[n+mN]$，定义 DFT 为

$$X(k)=\sum_{n=0}^{N-1}x_N[n]\exp\left(-\mathrm{j}\,\frac{2\pi}{N}kn\right) \tag{1.5}$$

DTFT 与 DFT 之间的关系是

$$X[\exp(\mathrm{j}\omega)]=\sum_{k=-\infty}^{\infty}X(k)\delta\left(\omega-\frac{2\pi}{N}k\right) \tag{1.6}$$

例题 1-7：给定下列信号，求 DFT 频率分布。

$$x[n]=\begin{cases}1, & -3\leqslant n\leqslant 3\\ 0, & 其他\end{cases}$$

解：根据 DFT 定义，有

$$X(k)=\sum_{n=0}^{N-1}x_N[n]\exp\left(-\mathrm{j}\,\frac{2\pi}{N}kn\right)=\sum_{n=-3}^{3}\exp\left(-\mathrm{j}\,\frac{2\pi}{7}kn\right)=$$
$$1+2\cos\left(\frac{2\pi}{7}k\right)+2\cos\left(\frac{2\pi}{7}2k\right)+2\cos\left(\frac{2\pi}{7}3k\right)$$

其中，$X(k)$ 表示第 k 个谐波的复幅度。在上述问题中，信号和 DFT 长度都为 7，因此，7 个 1 重复出现，占据整个序列范围，然而，DFT 的长度可以增加，以提高频率分辨力。

1.2.2　时域 FIR 和 IIR 滤波器建模

当滤波器输出为冲激响应波形时，其求和范围无限，因此，卷积和也是无限计算。然而，实际计算仅在输入信号和冲激响应之间的重叠范围内进行。对于因果系统长度为 N 的响应 $h[n]$ 满足：

$$h[n]=0,\quad n<0,\quad n\geqslant N$$

则其卷积和为

$$y[n]=\sum_{k=-\infty}^{\infty}h[k]x[n-k]=\sum_{k=0}^{N-1}h[k]x[n-k] \tag{1.7}$$

长度为 N 的系统响应所需的计算是 N 次乘法和累加，滤波器长度与计算负载成线性比例。具有有限长度冲激响应的滤波器称为有限冲激响应(FIR)滤波器。为了进一步定位到特定频率，可以实现无限长滤波器吗？使用常规卷积和是不可能实现的，因为卷积和需要对信号进行无限次乘法和累加。考虑：

$$y[n]=ay[n-1]+bx[n] \tag{1.8}$$

当前输出 $y[n]$ 由当前输入 $x[n]$ 和之前的输出 $y[n-1]$ 决定，可求得递推方程 $y[n]=b\sum_{k=0}^{n}a^{n-k}x[k]$，输出是对输入信号指数加权的累积和。冲激响应是无限长(IIR)的指数函数。

根据基准值 a 决定冲激响应以指数方式增加或减少。

例题 1-8:根据下列差分方程,求冲激响应函数。

$$y_1[n]=0.5y_1[n-1]+x[n]$$
$$y_2[n]=1.5y_2[n-1]+x[n]$$

解:$h_1[n]=0.5^n, n\geqslant 0, h_2[n]=1.5^n, n\geqslant 0$,采用 MATLAB 编程如下:

```
a1 = 0.5;
a2 = 1.5;
b0 = 1;
n = 0:20;
y1 = b0 * (a1.^n);
y2 = b0 * (a2.^n);
figure;
subplot(211),stem(n,y1), grid
ylabel('h[n]');xlabel('(a) n');
title('y[n]=ay[n-1]+bx[n] for a=0.5 b=1');
box off
subplot(212),stem(n,y2), grid;
xlabel('(b) n');
ylabel('h[n]');
title('y[n]=ay[n-1]+bx[n] for a=1.5 b=1');
box off
```

程序运行结果图如图 1-6 所示,可以看出基准值 a 是否大于 1 决定着冲激响应是指数方式增加还是减少。

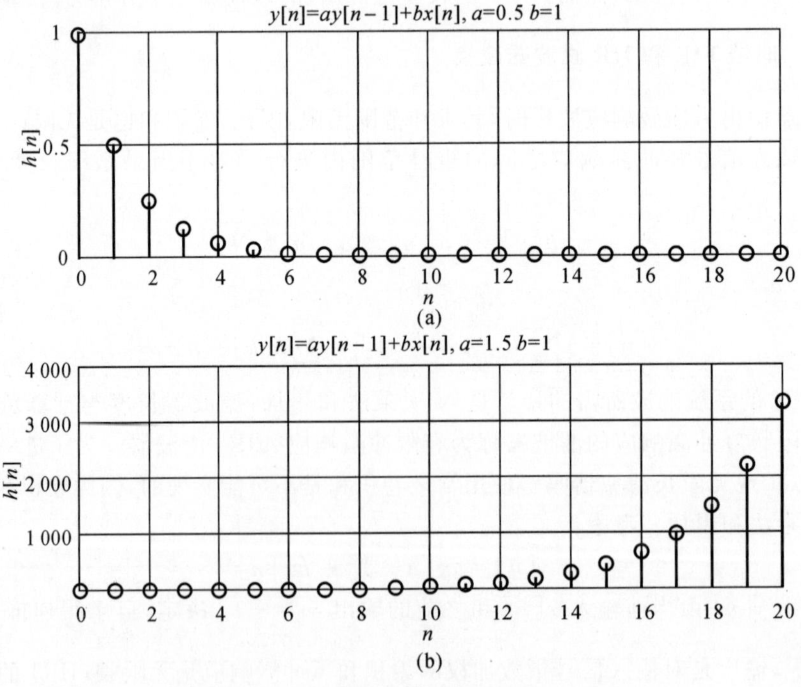

图 1-6　不同递归滤波器的冲激响应图

稳定的滤波器输入信号有边界时，其输出信号也有边界，称为有界输入和有界输出(Bounded Input and Bounded Output,BIBO)稳定性。如果IIR滤波器的冲激响应是绝对可和的，则IIR滤波器满足BIBO稳定性条件。对于常用阶数的IIR滤波器，直接计算冲激响应和BIBO稳定性在时域是不可行的，可通过 z 变换进行判断。

通常来讲，FIR和IIR滤波器存在的区别见表1-1。

表1-1　FIR和IIR滤波器的对比

名称	FIR	IIR
设计方法	一般无解析的设计公式	利用模拟滤波器(Analog Fitter,AF)设计图表可简单有效完成
设计结果	幅频特性具有多带、线性相频特性	只能幅频特性，如需线性相频特性，需用全通网络校准，增加了复杂性
稳定性	永远稳定	有稳定性问题
因果性	满足，可以通过延时将非因果变为因果	满足因果性
结构	非递归	递归系统
计算误差	无反馈，误差小	有反馈，会产生极限环
快速算法	可用FFT减少计算	无快速算法

从频域到时域，FIR方法采用不同的频谱窗(下文括号中小写字母表示MATLAB命令)，包括：

(1)切比雪夫(chebwin)：阻带中的纹波量最少，但过渡带最宽。

(2)汉明(hamming)：过渡区较窄，波纹小于汉宁(hanning)。由曼哈顿项目的成员Richard Hamming开发。

(3)凯撒(kaiser)：由贝尔实验室的詹姆斯·凯撒(James Kaiser)开发，凯撒(Kaiser)窗口在停止区具有较小的振幅波动。

(4)汉宁(hanning)：最窄的过渡带，但阻带中的波纹很大。

(5)矩形：最大的波纹/波瓣，甚至会影响通带。

在设计IIR滤波器时，各窗函数性能对比见表1-2。

表1-2　滤波器窗函数的性能对比

序号	类型	通带	衰减	阻带
(1)	Butterworth(butter)滤波器	平坦	宽	单调
(2)	Chebyshev(cheby1)滤波器	波纹	窄	单调
(3)	Inverse Chebyshev(cheby2)滤波器	平坦	窄	波纹
(4)	Cauer(ellip)滤波器	波纹	最窄	波纹
(5)	Bessel(besself)滤波器	倾斜	非常宽	倾斜

(1)巴特沃思(butter)滤波器:在通带和阻带中响应平坦,但过渡区域较宽。1930 年由英国物理学家斯蒂芬·巴特沃思(Stephen Butterworth)首次描述。

(2)切比雪夫(cheby1)滤波器:可以在通带中产生纹波,但是比逆切比雪夫具有更陡峭的滚降。

(3)逆切比雪夫滤波器(cheby2)滤波器:通带内平坦,过渡宽度比巴特沃斯滤波器更窄,但阻带内有纹波。如果阻带中的纹波不是问题,则对于给定的应用,它可能比 Butterworth 滤波器更可取。

(4)Cauer(ellip)滤波器:最窄的过渡带。阻带和通带中的波纹。有时称为椭圆滤波器。

(5)贝塞尔(besself)滤波器:通带和阻带中都有倾斜的幅度,过渡区域非常宽。滤波器中的延迟与频率关系在此列表中最平坦。贝塞尔滤波器以德国数学家弗雷德里希·贝塞尔(1784—1846 年)的名字命名。

1.3 滤波器 MATLAB 设计

设计低通滤波器时,需要考虑滤波器长度、截止频率和采样频率等参数。理想的低通滤波器在频域上表现为一个对称的窗函数,时域上表现为类似图 1-7 的冲激响应波形图。分别采用长度 21 及 101 设计低通滤波器,结果如图 1-8 所示。可以看出,长度越大,滤波器频域响应越接近理想低通滤波器的频域响应图。采用的 MATLAB 代码如下:

```
syms w;
n1 = (-10:1:10);  N1=length(n1);
n2 = (-50:1:50);N2=length(n2);
a1 = (sin(pi*(n1+eps)/4))./(pi*(n1+eps));
a2 = (sin(pi*(n2+eps)/4))./(pi*(n2+eps));
hw1 = sum(a1.*exp(-1i*w*n1));
hw2 = sum(a2.*exp(-1i*w*n2));
w1 = (-pi:pi/100:pi);
ohw1 = eval(subs(hw1,w,w1));
ohw2 = eval(subs(hw2,w,w1));
figure,
subplot(211), plot(w1,abs(ohw1)), grid, ax1 = gca;axis('tight');
title(['N=',num2str(N1)]);
xlabel('(a) Radian frequency (\omega)');ylabel('H(e^{j\omega})');
ax1.XTick = [-pi -3*pi/4 -pi/2 -pi/4 0 pi/4 pi/2 3*pi/4 pi];
ax1.XTickLabel = {'-\pi', '-3\pi/4', '-\pi/2', '-\pi/4', '0', '\pi/4', '\pi/2', '3\pi/4','\pi'};
subplot(212), plot(w1,abs(ohw2)), grid, ax2 = gca;axis('tight');
title(['N=',num2str(N2)]);
xlabel('(b) Radian frequency (\omega)');ylabel('H(e^{j\omega})');
ax2.XTick = [-pi -3*pi/4 -pi/2 -pi/4 0 pi/4 pi/2 3*pi/4 pi];
ax2.XTickLabel = {'-\pi', '-3\pi/4', '-\pi/2', '-\pi/4', '0', '\pi/4', '\pi/2', '3\pi/4','\pi'};
```

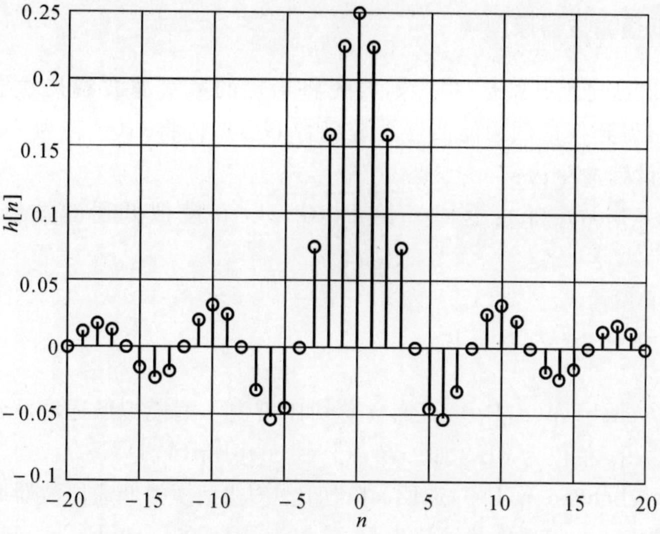

图 1-7　理想低通滤波器的时域冲激响应图

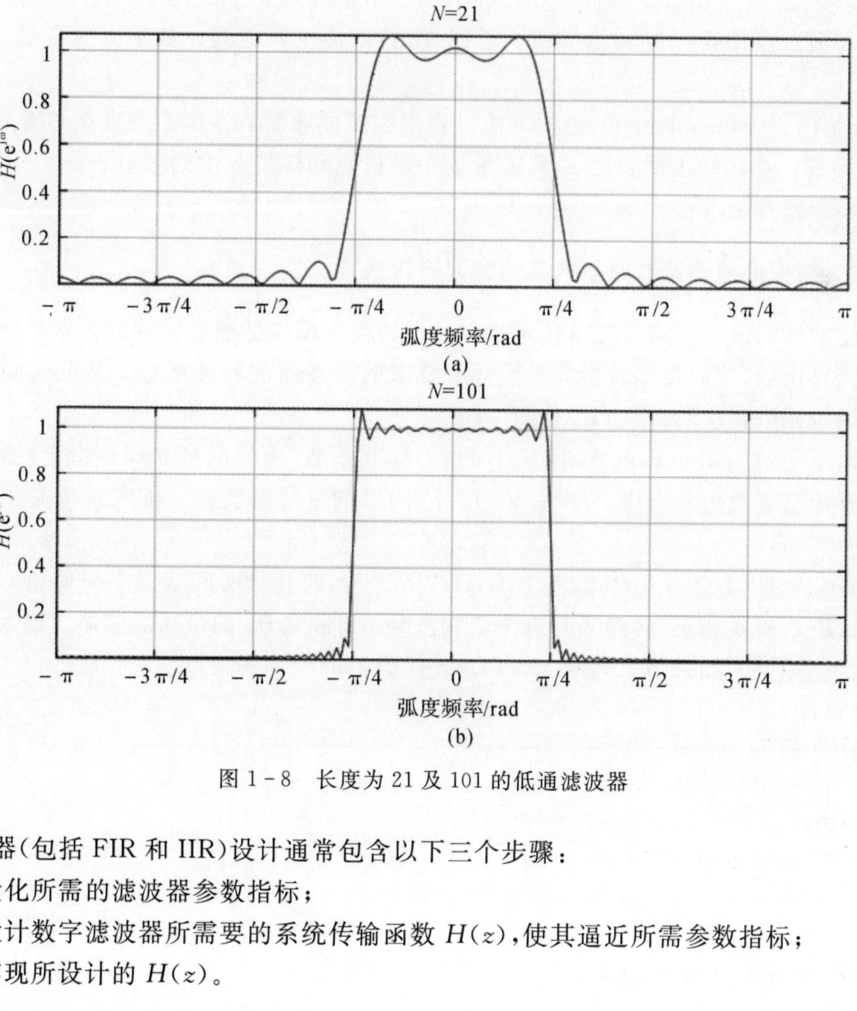

图 1-8　长度为 21 及 101 的低通滤波器

滤波器(包括 FIR 和 IIR)设计通常包含以下三个步骤：

(1)量化所需的滤波器参数指标；

(2)设计数字滤波器所需要的系统传输函数 $H(z)$，使其逼近所需参数指标；

(3)实现所设计的 $H(z)$。

1.3.1 模拟低通滤波器原型

IIR 数字滤波器的设计步骤有些特殊，要先将给定的数字滤波器技术指标转为模拟低通滤波器的技术指标，得到模拟低通滤波器系统函数 $G(s)$，再将 $G(s)$ 转为 $H(z)$。模拟低通滤波器的 MATLAB 设计命令为：

(1)[z,p,k] = buttap(n)：返回 n 阶 Butterworth 模拟低通滤波器原型的极点和增益。如：

```
[z,p,k] = buttap(9);
[num,den] = zp2tf(z,p,k);
freqs(num,den)
```

(2)[z,p,k] = cheb1ap(n,Rp)：返回 n 阶切比雪夫Ⅰ型模拟低通滤波器原型的极点和增益，通带中的纹波为 R_p 单位为 dB。如[z,p,k] = cheb1ap(6,3)。

(3)[z,p,k] = cheb2ap(n,Rs)：返回 n 阶切比雪夫Ⅱ型模拟低通滤波器原型的零点、极点和增益，该原型的通带峰值在阻带中的纹波为 R_s 单位为 dB。如[z,p,k] = cheb2ap(6,70)。

(4)[z,p,k] = ellipap(n,Rp,Rs)：椭圆模拟低通滤波器原型。返回 n 阶椭圆模拟低通滤波器原型的零点、极点和增益，通带中的纹波为 R_p 单位为 dB，通带中的峰值为阻带 R_s 单位为 dB。零点和极点以长度 n，列向量 $\boldsymbol{z}$ 和 $\boldsymbol{p}$ 返回，增益以标量 k 返回。如果 n 为奇数，则 z 为长度 $n-1$。

(5)[z,p,k] = besselap(n)：返回 n 阶贝塞尔模拟低通滤波器原型的极点和增益。n 必须小于或等于 25。该函数返回长度 n，列向量 $\boldsymbol{p}$ 中的极点和标量 k 中的增益。$\boldsymbol{z}$ 是一个空矩阵，因为没有零。如[z,p,k] = besselap(6)。

1.3.2 模拟低通滤波器原型向其他滤波器转换

模拟滤波器的设计方法是先将技术指标通过转换为模拟低通滤波器的技术指标并设计低通滤波器转移函数，然后根据转换关系设计所要求的滤波器的转移函数。从低通到各种类型的滤波器系统函数转换的 MATLAB 命令如下：

(1)[bt,at] = lp2bp(b,a,Wo,Bw)：将由多项式系数（由行向量 $\boldsymbol{b}$ 和 $\boldsymbol{a}$ 指定）给出的模拟低通滤波器原型转换为具有中心频率 W_o 和带宽 B_w 的带通滤波器。输入系统必须是模拟滤波器原型。

(2)[At,Bt,Ct,Dt] = lp2bp(A,B,C,D,Wo,Bw)：将连续时间状态空间低通滤波器原型（由矩阵 $\boldsymbol{A}$、$\boldsymbol{B}$、$\boldsymbol{C}$ 和 $\boldsymbol{D}$ 指定）转换为具有中心频率 W_o 和带宽 B_w 的带通滤波器。输入系统必须是模拟滤波器原型。如采用下列的 MATLAB 代码：

```
1.n = 14;
2.[z,p,k] = buttap(n);
3.[b,a] = zp2tf(z,p,k);
4.freqs(b,a)
5.fl = 30;fh = 100;
6.Wo = 2 * pi * sqrt(fl * fh); % center frequency
7.Bw = 2 * pi * (fh-fl); % bandwidth
8.[bt,at] = lp2bp(b,a,Wo,Bw);
```

```
9. freqs(bt,at)
```

(3)[bt,at] = lp2bs(b,a,Wo,Bw):将由多项式系数(由行向量 **b** 和 **a** 指定)给出的模拟低通滤波器原型转换为具有中心频率 W_o 和带宽 B_w 的带阻滤波器。输入系统必须是模拟滤波器原型。

(4)[At,Bt,Ct,Dt] = lp2bs(A,B,C,D,Wo,Bw):将连续时间状态空间低通滤波器原型(由矩阵 **A**、**B**、**C** 和 **D** 指定)转换为具有中心频率 W_o 和带宽 B_w 的带阻滤波器。输入系统必须是模拟滤波器原型。如采用下列的 MATLAB 代码:

```
1. fl = 20;fh = 60;
2. Wo = 2 * pi * sqrt(fl * fh); % center frequency
3. Bw = 2 * pi * (fh-fl); % bandwidth
4. [bt,at] = lp2bs(b,a,Wo,Bw);
5. freqs(bt,at)
```

(5)[bt,at] = lp2hp(b,a,Wo):将由多项式系数(由行向量 **b** 和 **a** 指定)给出的模拟低通滤波器原型转换为具有截止角频率 W_o 的高通模拟滤波器。输入系统必须是模拟滤波器原型。

(6)[At,Bt,Ct,Dt] = lp2hp(A,B,C,D,Wo):将连续时间状态空间低通滤波器原型(由矩阵 **A**、**B**、**C** 和 **D** 指定)转换为具有截止角频率 W_o 的高通模拟滤波器。输入系统必须是模拟滤波器原型。如采用下列的 MATLAB 代码:

```
1. f = 100;
2. [ze,pe,ke] = ellipap(5,3,30);
3. [be,ae] = zp2tf(ze,pe,ke)-_;
4. [bh,ah] = lp2hp(be,ae,2 * pi * f);
5. [hh,wh] = freqs(bh,ah,4096);
6. semilogx(wh/2/pi,mag2db(abs(hh)));
7. axis([10 400 -40 5]);
8. Grid
```

(7)[bt,at] = lp2lp(b,a,Wo):将多项式系数(由行向量 **b** 和 **a** 指定)给出的模拟低通滤波器原型转换为截止角频率 W_o 的低通滤波器。输入系统必须是模拟滤波器原型。

(8)[At,Bt,Ct,Dt] = lp2lp(A,B,C,D,Wo):将连续时间状态空间低通滤波器原型(由矩阵 **A**、**B**、**C** 和 **D** 指定)转换为截止角频率为 W_o 的低通滤波器。输入系统必须是模拟滤波器原型。如采用下列的 MATLAB 代码:

```
1. [z,p,k] = cheb1ap(8,3);
2. [b,a] = zp2tf(z,p,k);
3. freqs(b,a)_
4. Wo = 2 * pi * 30;
5. [bt,at] = lp2lp(b,a,Wo);
6. freqs(bt,at)_
```

1.3.3 IIR 数字滤波器的阶数选择

IIR 数字滤波器的阶数选择直接影响到运算速度和滤波效果,在频率归一化中,采样频率的一半为最大频率，对应归一化频率的1，而0则对应归一化中的0。以下为各种滤波器阶数获取的MATLAB命令：

(1)[n,Wn] = buttord(Wp,Ws,Rp,Rs)：返回数字巴特沃斯滤波器的最低阶数 n，通带纹波不超过 R_p 单位为dB，阻带衰减至少为 R_s 单位为dB。W_p 和 W_s 分别是滤波器的通带和阻带边缘频率，从0到1归一化，其中1对应于π（rad/s）。还返回相应截止频率 W_n 的标量（或向量）。

(2)[n,Wn] = buttord(Wp,Ws,Rp,Rs,'s')：查找模拟巴特沃斯滤波器的最小阶数 n 和截止频率 W_n。以rad/s为单位指定频率 W_p 和 W_s。通带或阻带可以是无限的。

例如：对于以1 000 Hz采样的数据，设计一个低通滤波器，在0～40 Hz的通带中纹波不超过3 dB，在阻带中衰减至少50 dB。找到滤波器的阶数和截止频率，其MATLAB代码如下：

```
1. Wp = 40/500;
2. Ws = 150/500;
3. [n,Wn] = buttord(Wp,Ws,3,50);
4. [z,p,k] = butter(n,Wn);
5. sos = zp2sos(z,p,k);
6. freqz(sos,512,1000)
7. title(sprintf('n = %d Butterworth 低通滤波器',n));
```

例如：设计一个通带为100～200 Hz的带通滤波器，通带纹波最大为3 dB，阻带衰减至少为40 dB。指定1 kHz的采样率。将通带两侧的阻带宽度设置为60 Hz。查找滤波器阶数和截止频率，其MATLAB代码如下：

```
1. Wp = [100 200]/500;
2. Ws = [40 260]/500;
3. Rp = 3;
4. Rs = 40;
5. [n,Wn] = buttord(Wp,Ws,Rp,Rs)
6. [z,p,k] = butter(n,Wn);
7. sos = zp2sos(z,p,k);
8. freqz(sos,128,1000)
9. title(sprintf('n = %d Butterworth 带通滤波器',n))
```

(3)[n,Wp] = cheb1ord(Wp,Ws,Rp,Rs)：返回切比雪夫Ⅰ型滤波器的最低阶 n，该滤波器在通带中的损耗不超过 R_p，在阻带中的衰减至少为 R_s。还返回相应截止频率 W_p 的标量（或向量）。

(4)[n,Wp] = cheb1ord(Wp,Ws,Rp,Rs,'s')：设计一个低通、高通、带通或带阻模拟切比雪夫Ⅰ型滤波器，截止角频率为 W_p。

例如：对于在1 000 Hz下采样的数据，设计一个低通滤波器，在0～40 Hz的通带中纹波小于3 dB，在150 Hz到奈奎斯特频率的阻带中纹波至少为50 dB。其MATLAB代码如下：

```
1. Wp = 40/500;
2. Ws = 150/500;
3. Rp = 3;
4. Rs = 50;
```

```
5.[n,Wp] = cheb1ord(Wp,Ws,Rp,Rs);
6.[b,a] = cheby1(n,Rp,Wp);
7.freqz(b,a,512,1000);
8.title('n = 4 ChebyshevI 低通滤波器');
```

例如：设计一个通带为 60～200 Hz 的带通滤波器，通带中的波纹小于 3 dB，通带两侧 50 Hz 宽的阻带中的衰减小于 40 dB。其 MATLAB 代码如下：

```
1.Wp = [60 200]/500;
2.Ws = [10 250]/500;
3.Rp = 3;
4.Rs = 40;
5.[n,Wp] = cheb1ord(Wp,Ws,Rp,Rs);
6.[b,a] = cheby1(n,Rp,Wp);
7.freqz(b,a,512,1000);
8.title('n = 7 ChebyshevI 带通滤波器');
```

(5)[n,Ws] = cheb2ord(Wp,Ws,Rp,Rs)：返回切比雪夫Ⅱ型滤波器的最低阶 n，该滤波器在通带中的损耗不超过 R_p，在阻带中的衰减至少为 R_s。还返回相应截止频率 W_s 的标量（或向量）。

(6)[n,Ws] = cheb2ord(Wp,Ws,Rp,Rs,'s')：设计低通、高通、带通或带阻模拟切比雪夫Ⅱ型滤波器，截止角频率为 W_s。

(7)[n,Wn] = ellipord(Wp,Ws,Rp,Rs)：返回数字椭圆滤波器的最低阶数 n，通带纹波不超过 R_p，阻带衰减至少为 R_s。W_p 和 W_s 分别是滤波器的通带和阻带边缘频率，从 0 到 1 标准化，其中 1 对应于 π(rad/sample)。还返回相应截止频率 W_n 的标量（或向量）。

(8)[n,Wn] = ellipord(Wp,Ws,Rp,Rs,'s')：查找模拟椭圆滤波器的最小阶数 n 和截止频率 W_n。以 rad/s 为单位指定频率 W_p 和 W_s。通带或阻带可以是无限的。

(9)[n,Wn,beta,ftype] = kaiserord(f,a,dev)：返回滤波器阶数 n、标准化频带边 W_n 和形状因子 beta，用于指定用于 fir1 函数的 Kaiser 窗口。

(10)[n,Wn,beta,ftype] = kaiserord(f,a,dev,fs)：使用采样率 f_s（以 Hz 为单位）。

(11)c=kaiserord(f,a,dev,fs,'cell')：返回一个单元格数组，其元素是 fir1 的参数。

1.3.4 模拟滤波器离散化

将模拟滤波器离散化，其中一个办法为冲激响应不变法，MATLAB 提供了如下命令：

(1)[bz,az] = impinvar(b,a,fs)：创建分别具有分子和分母系数 b_z 和 a_z 的数字滤波器，其冲激响应等于具有系数 b 和 a 的模拟滤波器的冲激响应，按 $1/f_s$ 缩放，其中 f_s 是采样率。

(2)[bz,az] = impinvar(b,a,fs,tol)：使用 tol 指定的公差确定极点是否重复。

例如：利用脉冲不变性将三阶模拟椭圆滤波器转换为数字滤波器。指定采样率 f_s = 100 Hz，通带边缘频率为 2.5 Hz，通带纹波为 1 dB，阻带衰减为 60 dB。显示数字滤波器的冲激响应。其 MATLAB 代码如下：

```
1.fs = 100;
2.[b,a] = ellip(3,1,60,2 * pi * 2.5,'s');
3.[bz,az] = impinvar(b,a,fs);
```

```
4. impz(bz,az,[],fs)
```

将模拟滤波器离散化的另一个办法为双线性变换法，MATLAB提供相应的命令如下：

(1)[zd,pd,kd] = bilinear(z,p,k,fs)：将由 z、p、k 和采样率 f_s 指定的零极点形式的 s 域传递函数转换为离散等效函数。

(2)[numd,dend] = bilinear(num,den,fs)：将分子 num 和分母 den 指定的 s 域传递函数转换为离散等效函数。

(3)[Ad,Bd,Cd,Dd] = bilinear(A,B,C,D,fs)：将矩阵 $\boldsymbol{A}$、$\boldsymbol{B}$、$\boldsymbol{C}$ 和 $\boldsymbol{D}$ 中的连续时间状态空间系统转换为离散时间系统。

例如：设计一个6阶椭圆模拟低通滤波器，通带纹波为3 dB，阻带下降90 dB。设置截止频率 f_c=200 Hz 和采样率 f_s=2 000 Hz。其MATLAB代码如下：

```
1. clear
2. Fc = 200;
3. Fs = 2000;
4. [z,p,k] = ellip(6,3,90,2 * pi * Fc,'s');
5. [num,den] = zp2tf(z,p,k);
6. [h,w] = freqs(num,den);
7. plot(w/(2 * pi),mag2db(abs(h)))
8. hold on
9. xlim([0 Fs/2])
10. [l1,l2] = meshgrid(Fc,[-120 0]);
11. plot(l1,l2)
12. grid
13. legend('Magnitude response','Passband Edge')
14. xlabel('Frequency (Hz)')
15. ylabel('Magnitude (dB)')
16. [numd,dend] = bilinear(num,den,Fs,Fc);
17. fvtool(numd,dend,'Fs',Fs)
```

1.3.5 数字IIR滤波器设计

MATLAB分别提供了Butterworth(butter)、Chebyshev(cheby1)、inverse Chebyshev(cheby2)、Cauer(ellip)、Bessel(besself)滤波器的设计命令。

(1)[b,a] = butter(n,Wn)：返回具有标准化截止频率 W_n 的n阶低通数字巴特沃斯滤波器的传递函数系数。

(2)[b,a] = butter(n,Wn,ftype)：根据ftype的值和 W_n 的元素数，设计低通、高通、带通或带阻巴特沃斯滤波器。由此产生的带通和带阻设计为 $2n$ 级。

(3)[z,p,k] = butter(____)：设计低通、高通、带通或带阻数字巴特沃斯滤波器，并返回其零点、极点和增益。此语法可以包括以前语法中的任何输入参数。

(4)[A,B,C,D] = butter(____)设计低通、高通、带通或带阻数字巴特沃斯滤波器，并返回指定其状态空间表示形式的矩阵。

(5)[____] = butter(____,'s')：设计一个低通、高通、带通或带阻模拟巴特沃斯滤波器，截

止角频率为 W_n。

例如：设计一个 9 阶高通巴特沃斯滤波器。指定 300 Hz 的截止频率，对于在 2 000 Hz 下采样的数据，该频率对应于 0.3π rad/sample。绘制幅值和相位响应图。将零点、极点和增益转换为二阶截面(second - order sections)，以供 fvtool 使用。其 MATLAB 代码如下：

```
1.[z,p,k] = butter(10,300/1e3,'high');
2.sos = zp2sos(z,p,k);
3.fvtool(sos,'Analysis','freq')
```

(6)[b,a] = besself(n,Wo)：返回 n 阶低通模拟贝塞尔滤波器的传递函数系数，其中 W_o 是滤波器的群延迟近似恒定的角频率。n 值越大，产生的群延迟越接近常数 W_o。贝塞尔函数不支持数字贝塞尔滤波器的设计。

(7)[b,a] = besself(n,Wo,ftype)：设计低通、高通、带通或带阻模拟贝塞尔滤波器，具体取决于 ftype 的值和 W_o 的元素数。由此产生的带通和带阻设计为 $2n$ 级。

(8)[z,p,k] = besself(____)：返回其零点、极点和增益。

(9)[A,B,C,D] = besself(____)：返回指定其状态空间表示形式的矩阵。

(10)[b,a] = cheby1(n,Rp,Wp)：返回 n 阶低通数字切比雪夫Ⅰ型滤波器的传递函数系数，该滤波器具有标准化通带边缘频率 W_p 和峰间通带纹波的 R_p。

(11)[b,a] = cheby1(n,Rp,Wp,ftype)：根据 ftype 的值和 W_p 的元素数，设计低通、高通、带通或带阻切比雪夫Ⅰ型滤波器。由此产生的带通和带阻设计为 $2n$ 级。

(12)[z,p,k] = cheby1(____)：返回其零点、极点和增益。

(13)[A,B,C,D] = cheby1(____)：返回指定其状态空间表示形式的矩阵。

(14)[____] = cheby1(____,'s')：设计一个低通、高通、带通或带阻模拟切比雪夫Ⅰ型滤波器，通带边缘角频率 W_p 和通带纹波 R_p。

例如：设计一个 9 阶高通切比雪夫Ⅰ型滤波器，通带纹波为 0.5 dB，通带边缘频率为 300 Hz，对于 2000 Hz 采样的数据，对应于 0.3π rad/sample。绘制幅值和相位响应图。将零点、极点和增益转换为二阶截面，以供 fvtool 使用。其 MATLAB 代码如下：

```
1.[z,p,k] = cheby1(9,0.5,300/1e3,'high');
2.sos = zp2sos(z,p,k);
3.fvtool(sos,'Analysis','freq')
```

(15)[b,a] = cheby2(n,Rs,Ws)：返回 n 阶低通数字切比雪夫Ⅱ型滤波器的传递函数系数，该滤波器具有从通带峰值向下的通带衰减的标准化阻带边缘频率 W_s 和 R_s。

(16)[b,a] = cheby2(n,Rs,Ws,ftype)：根据 ftype 的值和 W_s 的元素数，设计低通、高通、带通或带阻切比雪夫Ⅱ型滤波器。由此产生的带通和带阻设计为 $2n$ 级。

(17)[z,p,k] = cheby2(____)：返回其零点、极点和增益。

(18)[A,B,C,D] = cheby2(____)：返回指定其状态空间表示形式的矩阵。

(19)[____] = cheby2(____,'s')：设计低通、高通、带通或带阻模拟切比雪夫Ⅱ型滤波器，具有阻带边缘角频率 W_s 和阻带衰减 R_s。

例如：设计一个 10 阶高通切比雪夫Ⅱ型滤波器，其阻带衰减为 20 dB，阻带边缘频率为 300 Hz，对于 2 000 Hz 采样的数据，对应于 0.3π rad/s 采样。绘制幅值和相位响应图。将零点、极点和增益转换为二阶截面，以供 fvtool 使用。其 MATLAB 代码如下：

```
1. [z,p,k] = cheby2(10,20,300/1e3,'high');
2. sos = zp2sos(z,p,k);
3. fvtool(sos,'Analysis','freq')
```

(20)[b,a] = ellip(n,Rp,Rs,Wp):返回具有归一化通带边缘频率 W_p 的 n 阶低通数字椭圆滤波器的传递函数系数。由此产生的滤波器具有 R_p 的峰间通带纹波和 R_s 的阻带衰减，低于峰值通带值。

(21)[b,a] = ellip(n,Rp,Rs,Wp,ftype):根据 ftype 的值和 W_p 的元素数，设计低通、高通、带通或带阻椭圆滤波器。由此产生的带通和带阻设计为 $2n$ 级。

(22)[z,p,k] = ellip(____):返回其零点、极点和增益。

(23)[A,B,C,D] = ellip(____):返回指定其状态空间表示形式的矩阵。

(24)[____] = ellip(____,'s'):设计一个低通、高通、带通或带阻模拟椭圆滤波器，其通带边缘角频率 W_p、通带纹波的 R_p 和阻带衰减的 R_s。

例如：设计一个通带边缘频率为 300 Hz 的 5 阶高通椭圆滤波器，对于 2 000 Hz 采样的数据，对应于 0.3π rad/s。指定 3 dB 通带纹波和 50 dB 阻带衰减。绘制幅值和相位响应图。将零点、极点和增益转换为二阶截面，以供 fvtool 使用。其 MATLAB 代码如下：

```
1. [z,p,k] = ellip(5,3,50,300/1e3,'high');
2. sos = zp2sos(z,p,k);
3. fvtool(sos,'Analysis','freq')
```

1.3.6 数字 FIR 滤波器设计

1. 基于窗函数的 FIR 滤波器设计

(1)b = fir1(n,Wn):使用汉明窗设计具有线性相位的 n 阶低通、带通或多带 FIR 滤波器。过滤器类型取决于 W_n 的元素数。

(2)b = fir1(n,Wn,ftype):根据 ftype 的值和 W_n 的元素数，设计低通、高通、带通、带阻或多带滤波器。

1)“low”指定截止频率为 W_n 的低通滤波器。“低”是标量 W_n 的默认值。

2)“high”指定截止频率为 W_n 的高通滤波器。W_n 是两个元素的向量。

3)“bandpass”指定带通滤波器，当 W_n 有两个元素时，W_n 是两个元素的向量，“带通”是默认值。

4)“stop”指定带阻滤波器。

5)“DC－0”指定多频带滤波器的第一个频带是阻带，当 W_n 有两个以上的元素时，默认为“DC－0”。

6)“DC－1”指定多频带滤波器的第一个频带是通频带。

(3)b = fir1(____,window):使用窗口中指定的向量设计过滤器。

(4)b = fir1(____,scaleopt):此外，还指定是否规范化过滤器的幅值响应。

例如：加载 chirp.mat。该文件包含信号 y，其大部分功率的频率高于 $f_s/4$，采样率为 8 192 Hz。设计一个 40 阶 FIR 高通滤波器，以衰减低于 $f_s/4$ 的信号分量，使用 0.48 rad/s 的截止频率和 30 dB 纹波的切比雪夫窗口。其 MATLAB 代码如下：

```
1. load chirp
2. t = (0:length(y)-1)/Fs;
```

```
3. N=40;
4. bhi = fir1(N,0.48,'high',chebwin(N+1,30));
5. freqz(bhi,1)
```

过滤信号加载的信号。显示原始和高通滤波信号。对两个图使用相同的 y 轴比例。其MATLAB代码如下：

```
1. outhi = filter(bhi,1,y);
2. subplot(2,1,1);plot(t,y);
3. title('Original Signal');
4. ys = ylim;
5. subplot(2,1,2);plot(t,outhi);
6. title('Highpass Filtered Signal');
7. xlabel('Time (s)');
8. ylim(ys);
```

2. 基于频率采样的FIR滤波器设计

(1)b = fir2(n,f,m)：返回具有向量 $\boldsymbol{f}$ 和 $\boldsymbol{m}$ 中指定的频率幅度特性的 n 阶FIR滤波器。该函数将所需频率响应线性插值到密集网格上，然后使用傅里叶逆变换和汉明窗获得滤波器系数。

(2)b = fir2(n,f,m,npt,lap)：指定npt(插值网格中的点数)和lap(fir2在指定频率响应步长的重复频率点周围插入的区域长度)。

(3)b = fir2(____,window)：指定除以前语法中的任何输入参数外，还要在设计中使用的窗口向量。

例如：加载MAT文件chirp。该文件包含一个以 f_s=8 192 Hz的采样的信号 y。信号的大部分功率高于 $f_s/4$=2 048 Hz，向信号中添加随机噪声。设计一个40阶FIR高通滤波器，以衰减低于 $f_s/4$ 的信号分量。指定标准化截止频率为0.48，对应于大约1 966 Hz。可视化滤波器的频率响应的MATLAB代码如下：

```
1. load chirp
2. y = y + randn(size(y))/25;
3. t = (0:length(y)-1)/Fs;
4. f = [0 0.48 0.48 1];
5. mhi = [0 0 1 1]; N=40;
6. bhi = fir2(N,f,mhi);
7. freqz(bhi,1,[],Fs)
```

3. 最小二乘线性相位FIR滤波器设计

(1)b = firls(n,f,a)：返回包含 n 阶FIR滤波器的 $n+1$ 系数的行向量 $\boldsymbol{b}$。结果滤波器的频率和振幅特性与向量 $\boldsymbol{f}$ 和 $\boldsymbol{a}$ 给出的频率和振幅特性相匹配。

(2)b = firls(n,f,a,w)：使用 w 加权频率。

(3)b = firls(____,ftype)：设计反对称(奇数)滤波器，其中ftype将滤波器指定为微分器或希尔伯特变换器。可以将ftype与前面的任何输入语法一起使用。

例如：设计一个250阶FIR低通滤波器，过渡区在 0.25π 和 0.3π 之间。使用fvtool显示滤波器的幅值和相位响应。其MATLAB代码如下：

```
1. b = firls(250,[0 0.25 0.3 1],[1 1 0 0]);
```

```
2. fvtool(b,1,'OverlayedAnalysis','phase')
```

4. 帕克斯-麦克莱伦(Parks - McClellan)最优 FIR 滤波器设计

(1)b = firpm(n,f,a):返回包含 n 阶 FIR 滤波器的 $n+1$ 系数的行向量 $\boldsymbol{b}$。结果滤波器的频率和振幅特性与向量 $\boldsymbol{f}$ 和 $\boldsymbol{a}$ 给出的频率和振幅特性相匹配。

(2)b = firpm(n,f,a,w):使用 w 对频率区间进行加权。

(3)b = firpm(n,f,a,ftype):使用 ftype 指定滤波器类型。

(4)b = firpm(n,f,a,lgrid):使用整数 lgrid 控制频率栅格的密度。

(5)[b,err] = firpm(____):返回以 err 为单位的最大波纹高度。

(6)[b,err,res] = firpm(____):以结构 res 的形式返回频率响应特性。

(7)b = firpm(n,f,fresp,w):返回一个 FIR 滤波器,其频率幅度特性最接近函数 fresp 返回的响应。

(8)b = firpm(n,f,fresp,w,ftype):设计反对称(奇数)滤波器,其中 ftype 将滤波器指定为微分器或希尔伯特变换器。如果未指定 ftype,将调用 fresp 以确定默认的对称特性。

例如:使用 Parks－McClellan 算法设计 15 阶 FIR 带通滤波器。指定 0.3π (rad/s)和 0.7π (rad/s) 的标准化阻带频率,以及 0.4π rad/s 和 0.6π rad/s 的标准化通带频率。绘制理想和实际震级响应。其 MATLAB 代码为:

```
1. f = [0 0.3 0.4 0.6 0.7 1];
2. a = [0 0 1 1 0 0];
3. b = firpm(15,f,a);
4. [h,w] = freqz(b,1,256);
5. plot(f,a,w/pi,abs(h))
6. legend('理想','firpm')
7. xlabel('角频率 (\omega/\pi)'), ylabel('幅度')
```

1.3.7 数字滤波器的频率响应

(1)[h,w] = freqz(b,a,n):返回数字滤波器的 n 点频率响应向量 $\boldsymbol{h}$ 和相应的角频率向量 $\boldsymbol{w}$,传递函数系数存储在 $\boldsymbol{b}$ 和 $\boldsymbol{a}$ 中。

(2)[h,w] = freqz(sos,n):返回对应于二阶截面矩阵 ***sos*** 的 n 点复频率响应。

(3)[h,w] = freqz(d,n):返回数字滤波器 d 的 n 点复频率响应。

(4)[h,w] = freqz(____,n,'whole'):返回整个单位圆周围 n 个采样点处的频率响应。

(5)[h,f] = freqz(____,n,fs):返回数字滤波器的频率响应向量 $\boldsymbol{h}$ 和相应的物理频率向量 $\boldsymbol{f}$,该数字滤波器用于过滤以 f_s 速率采样的信号。

(6)[h,f] = freqz(____,n,'whole',fs):返回介于 0 和 f_s 之间的 n 个点处的频率向量。

(7)h = freqz(____,w):返回在 $\boldsymbol{w}$ 中提供的标准化频率下计算的频率响应向量 $\boldsymbol{h}$。

(8)h = freqz(____,f,fs):返回在 f 中提供的物理频率下计算的频率响应向量 $\boldsymbol{h}$。

例如:计算并显示由以下传递函数描述的三阶 IIR 低通滤波器的幅值响应:

$$H(z)=\frac{0.05(1+z^{-1})(1-1.01z^{-1}+z^{-2})}{(1-0.66z^{-1})(1-1.44z^{-1}+0.77z^{-2})}$$

将分子和分母表示为多项式卷积。找出跨越整个单位圆的 2001 点处的频率响应。其 MATLAB 代码如下:

```
1. b0 = 0.05;b1 = [1  1];b2 = [1  -1.01  1];
2. a1 = [1  -0.66];a2 = [1  -1.44  0.77];
3. b = b0 * conv(b1,b2);
4. a = conv(a1,a2);
5. [h,w] = freqz(b,a,'whole',2001);
6. plot(w/pi,20 * log10(abs(h)))
7. ax = gca; ax.YLim = [-100 20]; ax.XTick = 0:.5:2;
8. xlabel('归一化频率 (\times\pi rad/sample)')
9. ylabel('幅度 (dB)')
```

1.4 信号的变换运算

从连续时间信号的傅里叶级数到傅里叶变换，再到离散时间信号的傅里叶变换与离散傅里叶变换、快速傅里叶变换及希尔伯特变换，都是较为常见的变换类型，本小节将回顾这些变换的基本概念，重点掌握快速傅里叶变换。

傅里叶级数和傅里叶变换得名于法国数学家约瑟夫·傅里叶(1768—1830年)，他提出任何函数都可以展开为三角级数。此前数学家(如拉格朗日等)已经找到了一些非周期函数的三角级数展开，而认定一个函数有三角级数展开之后，通过积分方法计算其系数的公式。傅里叶采用三角级数来解热传导方程，其最初论文在1807年经拉格朗日、拉普拉斯和勒让德评审后被拒绝出版，现在被称为傅里叶逆转定理的理论后来发表于1820年的《热的解析理论》(*Théorie analytique de la chaleur*，*Analytical theory of heat*)。将周期函数分解为简单振荡函数的总和的最早想法，可以追溯至公元前3世纪古代天文学家的均轮和本轮学说。

1.4.1 连续时间信号的傅里叶变换与反变换

若连续信号 $x(t)$ 满足绝对可积条件

$$\int_{-\infty}^{\infty} |x(t)|\,\mathrm{d}t < \infty$$

则一定存在傅里叶变换

$$X(\mathrm{j}\omega) = \int_{-\infty}^{\infty} x(t)\mathrm{e}^{-\mathrm{j}\omega t}\,\mathrm{d}t$$

其反变换为

$$x(t) = \frac{1}{2\pi}\int_{-\infty}^{\infty} X(\mathrm{j}\omega)\mathrm{e}^{\mathrm{j}\omega t}\,\mathrm{d}\omega$$

根据绝对可积条件，只有非周期信号才能进行傅里叶变换。但如果是周期信号，满足狄利克雷条件(Dirichlet Conditions)，即满足：

- 在一周期内，连续或只有有限个第一类间断点(可去间断点和跳跃间断点)；
- 在一周期内，极大值和极小值的数目应是有限个；
- 在一周期内，信号是绝对可积的。

则信号存在傅里叶变换。狄利克雷条件只是一个充分不必要条件。一些不满足狄利克雷条件(不是绝对可积的)的函数也存在傅里叶变换，如非周期的函数，可以视作周期是无穷大的函数。当周期趋于无穷时，基频将趋于0，无限细分的求和式将会转化为积分的形式。

MATLAB 中提供了符号数学工具箱，如傅里叶变换和反变换的库函数 fourier 和 ifourier。调用这些函数之前，先用 syms 命令声明哪些是符号变量，且画图时应该采用 ezplot 而不是 plot。

1.4.2 离散时间信号的傅里叶变换与反变换

离散时间信号往往要比连续时间信号容易处理(例如，无需考虑间断点)，判定傅里叶变换是否存在的狄利克雷条件的前两条均不适用，而只需最后一条，将绝对可积改成“绝对可求和”便可。离散时间里也不会遇到像 Dirac 函数这样具有古怪性质的函数。回顾式(1.3)对离散时间信号傅里叶变换(DTFT)的定义：

$$X(e^{j\omega}) = \sum_{n=-\infty}^{\infty} x[n]e^{-j\omega n}$$

其反变换为

$$x[n] = \frac{1}{2\pi}\int_{-\pi}^{\pi} X(e^{j\omega})e^{j\omega n}d\omega$$

可知 $X(e^{j\omega})$ 是周期为 2π 的 ω 的连续函数，由于变换结果是 ω 连续函数而使其在实际应用中受限。因此，工程上常采用时域和频域都是离散的傅里叶变换，我们称之为离散傅里叶变换。

1.4.3 离散傅里叶变换与反变换

回顾式(1.5) 对离散时间信号 $x[n]$ 傅里叶变换(DFT) 的定义

$$X(k) = \sum_{n=0}^{N-1} x[n]e^{-j\frac{2\pi}{N}kn}$$

其反变换为

$$x[n] = \frac{1}{N}\sum_{n=0}^{N-1} X(k)e^{j\frac{2\pi}{N}kn}$$

每计算一个 $X[k]$ 值，要进行 N 次复数相乘，$N-1$ 次复数相加，而 $X[k]$ 共有 N 个点，因此，要完成全部的 DFT 运算需要 N^2 次复数相乘和 $N(N-1)$ 次复数相加。对于复数运算，包括实部和虚部，因此，乘法变 4 倍，加法变 2 倍。整个 DFT 需要 $4N^2$ 次实数相乘和 $2N(2N-1)$ 次实数相加。因此当 N 很大时，计算量相当可观。记旋转因子 $W_N^1 = \exp\left(-j\frac{2\pi}{N}\right)$，其主要性质有：

周期性：$W_N^{(k+N)n} = W_N^{(n+N)k} = W_N^{nk}$。

对称性：$W_N^{kn+\frac{N}{2}} = -W_N^{nk}$；$W_N^{-kn} = (W_N^{nk})^*$。

可约性：$W_N^{nk} = W_{Nm}^{nkm}$；$W_N^{nk} = W_{N/m}^{nk/m}$。

离散傅里叶变换的快速算法(FFT) 为，假设序列 $x(n)$ 的长度满足 $N=2^L$(基 2，如不满足可补 0)，按照奇数、偶数点序列：

$$X[k] = \sum_{n=0}^{N-1} x(n)W_N^{kn} = \sum_{r=0}^{N/2-1} x(2r)W_N^{2kr} + \sum_{r=0}^{N/2-1} x(2r+1)W_N^{k(2r+1)} = \sum_{r=0}^{N/2-1} x_1(r)W_N^{2kr} + W_N^k\sum_{r=0}^{N/2-1} x_2(r)W_N^{2kr}, \quad k=0,\cdots,N-1$$

由于 $W_N^{2kr}=W_{N/2}^{kr}$，所以 $X[k]=X_1[k]+W_N^kX_2[k]$，可以看出 $X_1[k]$，$X_2[k]$ 都是以 $\frac{N}{2}$ 为周期，且 $W_N^{k+\frac{N}{2}}=-W_N^k$，因此：

$$X[k]=X_1[k]+W_N^kX_2[k],\quad k=0,\cdots,\frac{N}{2}-1$$

$$X\left[k+\frac{N}{2}\right]=X_1[k]-W_N^kX_2[k],\quad k=0,\cdots,\frac{N}{2}-1$$

计算逆傅里叶快速变换(IFFT)算法，只需要对 $X[k]$ 取共轭，然后直接利用 FFT 子程序，最后将运算结果取一次共轭，并乘以 $\frac{1}{N}$，即可得 $x(n)$，即

$$x(n)=\text{IDFT}[X[k]]=\frac{1}{N}\Big[\underbrace{\sum_{n=0}^{N-1}X^*[k]W_N^{kn}}_{\text{DFT}[X^*[k]]}\Big]^*$$

1.4.4　希尔伯特变换

希尔伯特变换是以著名数学家大卫·希尔伯特(David Hilbert)来命名的变换。在水声通信中，由于受换能器带宽的限制，传输信号往往在以载波为中心的一个频段上，发送端要把基带信号调制为带通信号，接收端则把带通信号变换为基带信号。为了分析方便，把带通信号和信道简化为等效低通信号与信道。

如果仅考虑一个带通信号 $x(t)$ 的正频率部分，即

$$X_+(f)=u(f)\int_{-\infty}^{\infty}x(t)\mathrm{e}^{-\mathrm{j}2\pi ft}\,\mathrm{d}t$$

其中 $u(f)$ 为频域的阶跃函数，则等效时域函数变为

$$x_+(t)=\frac{1}{2\pi}\int_{-\infty}^{\infty}X_+(f)\mathrm{e}^{\mathrm{j}2\pi ft}\,\mathrm{d}f$$

根据频域阶跃函数的傅里叶反变换求出时域函数为

$$\mathcal{F}^{-1}[u(f)]=\frac{\delta(t)}{2}+\frac{\mathrm{j}}{2\pi t}$$

则有

$$x_+(t)=\frac{x(t)}{2}+\mathrm{j}\,\frac{\hat{x}(t)}{2}$$

其中

$$\hat{x}(t)=\frac{1}{\pi t}*x(t)=\frac{1}{\pi}\int_{-\infty}^{\infty}\frac{x(\tau)}{t-\tau}\mathrm{d}\tau$$

定义为希尔伯特变换。

希尔伯特变换的过程可以看成是滤波器为 $h(t)=\frac{1}{\pi t}(-\infty<t<\infty)$ 的滤波过程。其频域滤波函数为 $H(f)=-\mathrm{j}\,\text{sign}(f)$。因此希尔伯特变换本质上是一个 90° 的移相器。MATLAB 有希尔伯特变换函数，其代码如下：

```
1. clear;clc;close all;
2. fs = 1e4;
3. t = 0:1/fs:1;
```

```
4. x = 2.5 + cos(2 * pi * 203 * t) + sin(2 * pi * 721 * t) + cos(2 * pi * 1001 * t);
5. y = hilbert(x);
6. figure(1);subplot(211)
7. plot(t,real(y),t,imag(y))
8. xlim([0.01 0.03])
9. legend('实部','虚部')
10. title('希尔伯特函数')
11. xlabel('时间 (s)')
12. subplot(212)
13. pwelch([x;y].',256,0,[],fs,'centered')
14. legend('Original','Hilbert')
```

运行结果如图 1-9 所示,可以看出希尔伯特函数对应的频率域只有正的部分。

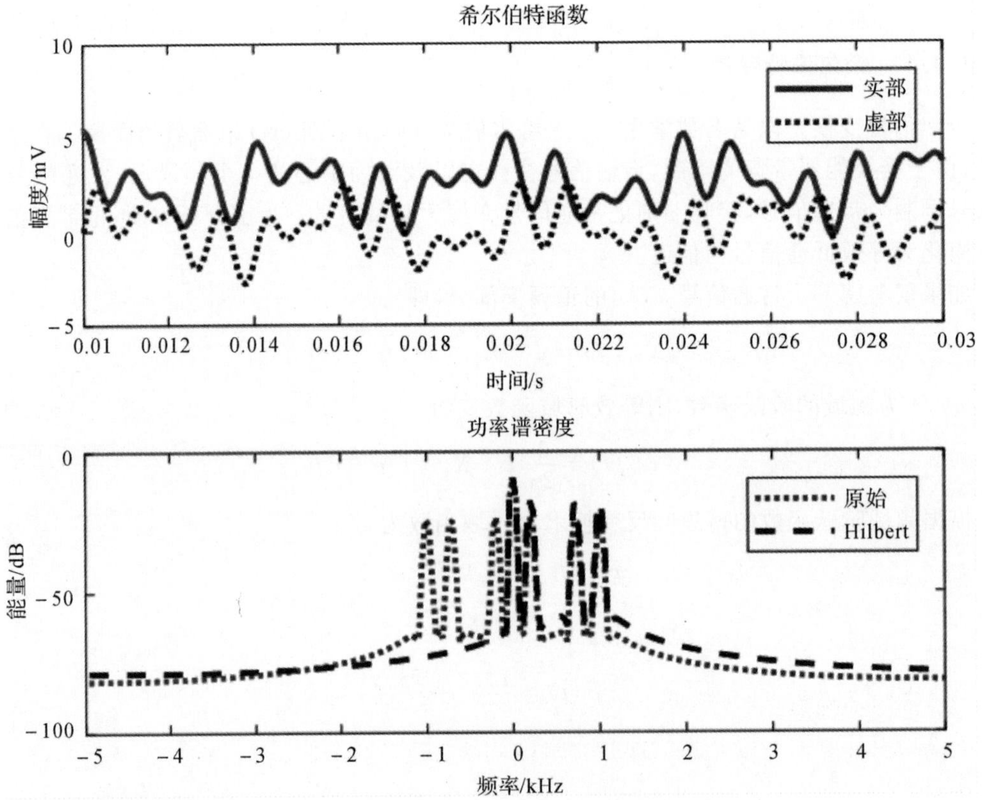

图 1-9　希尔伯特函数及功率谱密度图

1.5　本章小结

本章从水声通信系统与无线通信系统的关系入手,阐述了水声通信系统数字建模,包括时域和频域信号,采用时域 FIR 和 IIR 滤波器进行滤波器的 MATLAB 设计,重点阐述 FIR 和 IIR 滤波器的 MATLAB 设计方法及频响特性分析;对基本的信号变换运算,包括傅里叶变换和希尔伯特变换进行了阐述。

1.6 思考与练习

1. 给信号 $x[n]$ 加零频率成分，写出表达式。

2. 用欧拉公式表达信号 $r\cos(\omega t)$，$r\sin(\omega t)$。

3. 计算下列信号的频率分布 $x_1[n]=\delta[n]$，$x_2[n]=3$，$x_3[n]=\cos(\omega n)$。

4. 已知模拟滤波器的系统函数 $H_a(s)$ 如下：

(1) $H_a(s)=\dfrac{s+a}{(s+a)^2+b^2}$。

(2) $H_a(s)=\dfrac{b}{(s+a)^2+b^2}$。

式中，a、b 为常数，设 $H_a(s)$ 因果稳定，试采用冲激响应不变法将其转换成数字滤波器 $H(z)$。

5. 设 FIR 滤波器的系统函数为

$$H(z)=\frac{1}{10}(1+0.9z^{-1}+2.1z^{-2}+0.9z^{-3}+z^{-4})$$

求该滤波器的单位冲激响应 $h(n)$，判断是否具有线性相位，求其幅度特性函数和相位特性函数。

6. 设 $h_a(t)$ 表示一模拟滤波器的单位冲击响应，即

$$h_a(t)=\begin{cases}e^{-0.9t} & t\geqslant 0\\ 0 & t<0\end{cases}$$

用冲激响应不变法，将此模拟滤波器转换成数字滤波器[用 $h(n)$ 表示单位冲激响应，即 $h(n)=h_a(nT)$]。确定系统函数 $H(z)$，并把 T 作为参数，证明：T 为任何值时，数字滤波器是稳定的，并说明数字滤波器近似低通滤波器还是高通滤波器。

7. 用矩形窗设计一个线性相位高通滤波器，要求过渡带宽度不超过 $\pi/10$ rad。希望逼近的理想高通滤波器频率响应函数 $H_d(e^{j\omega})$ 为

$$H_d(e^{j\omega})=\begin{cases}e^{-j\omega_c} & \omega_c\leqslant\omega\leqslant\pi\\ 0 & \text{其他}\end{cases}$$

(1) 求出该理想高通的单位冲激响应 $h_d(n)$；

(2) 求出加矩形窗设计的高通 FIR 滤波器的单位冲激响应 $h(n)$ 表达式。

8. 设计巴特沃斯数字带通滤波器，要求通带范围为 $0.25\pi\leqslant\omega\leqslant 0.45\pi$，通带最大衰减为 3 dB，阻带范围为 $0\leqslant\omega\leqslant 0.15\pi$ 和 $0.55\pi\leqslant\omega\leqslant\pi$，阻带最小衰减为 40 dB。调用 MATLAB 工具箱 buttord 和 butter 函数进行设计，并显示数字滤波器系统函数 $H(z)$ 的系数，绘制数字滤波器的损耗函数和相频特性曲线。这种设计对应于冲激响应不变法还是双线性变换法？

参考文献

[1] 张平，李文璟，牛凯，等. 6G 需求与愿景[M]. 北京：人民邮电出版社，2021.

[2] 徐文，鄢社锋，季飞，等. 海洋信息获取、传输、处理及融合前沿研究评述[J]. 中国科学：

信息科学，2016，46(8)：1053－1085.
[3] 许天增，许鹭芬. 水声数字通信[M]. 北京：海洋出版社，2010.
[4] 殷敬伟. 水声通信原理及信号处理技术[M]. 北京：国防工业出版社，2011.
[5] 朱昌平，韩庆邦，李建，等. 水声通信基本原理与应用[M]. 北京：电子工业出版社，2009.
[6] 赵瑞琴，申晓红，姜哲. 水声信息网络基础[M]. 西安：西北工业大学出版社，2017.
[7] 何明，陈秋丽，牛彦杰，等. 水声传感器网络拓扑[M]. 南京：东南大学出版社，2019.
[8] 倪秀辉. JANUS 水声通信协议及应用[M]. 北京：海洋出版社，2018.
[9] PROAKIS J G，SALEHI M. Digital communications [M]. 5th ed. New York：McGraw－Hill Education，2007.
[10] KIM K. Conceptual digital signal processing with MATLAB [M]. New York：Springer Nature，2020.

第 2 章　水声信道与海洋声传播

虽然与无线电和光相比，声在水下的传输距离更远，但声波穿透海水，会被海水吸收、折射、散射，被海底和海面反射，也会被噪声干扰[1]。一般来讲，采用数据率×距离来大致衡量通信系统的好坏。水声通信的能力（约为 40 kb/s・km）远低于无线电通信能力（20 Mb/s・km）。

以 5 km 传输为例，水声通信的发送功率约为 50 W，而无线电通信的发送功率约为 500 mW，有近百倍的差距。水声通信的传播速率为 1.5×10^{3} m/s，无线电通信的传播速率为 3×10^{8} m/s，它们之间有 5 个数量级的差距。这构成了水声通信独有的挑战。

2.1　信道衰落分类及模型

在无线通信领域，衰落是指由于信道的变化使接收信号的幅度发生随机变化的现象，即信号衰落。导致信号衰落的信道被称作衰落信道。衰落可按时间、空间、频率三个角度来分类。

(1)从时间上，衰落分为慢衰落和快衰落。慢衰落描述的是信号幅度的长期变化，是传播环境在较长时间、较大范围内发生变化的结果，因此又被称为长期衰落、大尺度衰落。快衰落则描述了信号幅度的瞬时变化，与多径传播有关，又被称为短期衰落、小尺度衰落。慢衰落是快衰落的中值。

(2)从空间上，衰落分为瑞利衰落和莱斯衰落。瑞利衰落适用于从发射机到接收机不存在直射信号的情况，相反，莱斯衰落适用于发射机到接收机存在直射路径的情况。

(3)从频率上，衰落分为平坦衰落和选择性衰落。

相干带宽指某一特定的频率范围，在该频率范围内的任意两个频率分量都具有很强的幅度相关性，即在相干带宽范围内，多径信道具有恒定的增益和线性相位。通常，相干带宽近似等于最大多径时延的倒数。从频域看，如果相干带宽小于发送信道的带宽，则该信道特性会导致接收信号波形产生频率选择性衰落，即某些频率成分信号的幅值可以增强，而另外一些频率成分信号的幅值会被削弱。

与无线信道类似，水声信道也可以分为大尺度衰落和小尺度衰落。信道衰落分类结构图和时、频域分类总结如图 2-1 所示。大尺度衰落：由随距离而变化的信号路径损耗和由障碍物阻挡的阴影效应造成的，与频率无关。小尺度衰落：由多条信号路径的相长干扰和相消干扰造成的。大尺度衰落关系到是否能收到信号，小尺度衰落关系到是否能正确解调出信号。

水声通信主要特点为窄带宽和高误码率。水声信道的特点为传播损失、多途传播、多普勒频移、时变性、环境噪声等。

平坦衰落：基带信号的带宽 $W <$ 相干带宽 B_c，符号周期 $T_s >$ 时延扩展 τ_d。

选择性衰落：信号带宽 $W >$ 相干带宽 B_c，符号周期 $T_s <$ 时延扩展 τ_d。

快衰落：基带信号的带宽 $W <$ 多普勒扩展 f_m，符号周期 $T_s >$ 相干时间 T_c。信道冲激响应在符号周期时延扩展期内变化很快，从而导致信号产生快衰落。从频域上可看出，由快衰落引起的信号失真随发送信号带宽的多普勒扩展的增加而加剧。

慢衰落：基带信号的带宽 $W >$ 多普勒扩展 f_m，符号周期 $T_s <$ 相干时间 T_c。信道冲激响应的变化比要传送的信号码元周期低得多，则可以认为该信道是慢衰落信道，在慢衰落信道中，可认为信道参数在一个或多个信号码元周期内是稳定的。

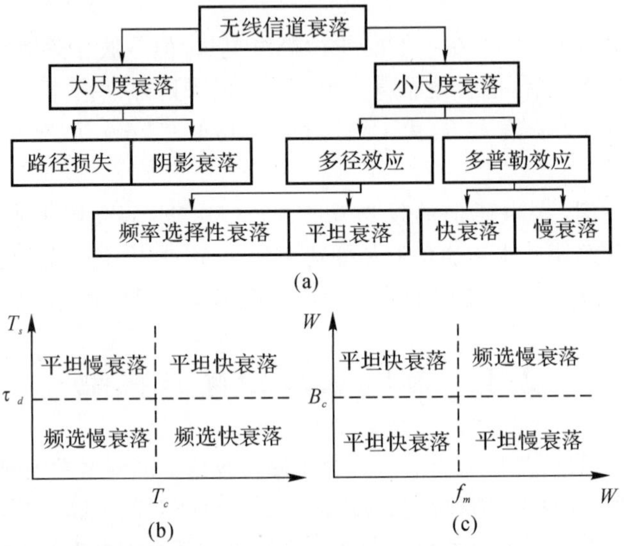

图 2-1　信道衰落和时、频域分类

(a) 分类框架；(b) 时域分类；(c) 频域分类

2.1.1　瑞利衰落和莱斯衰落信道

在阐述瑞利衰落和莱斯衰落信道之前，先回顾随机信号分析基本概念及瑞利随机变量和莱斯随机变量。当一个随机过程所有统计参数不受时间变化的影响时(为常数)，我们称之为严格平稳过程。如果期望和方差这两个统计参数不随时间变化，我们称之为广义平稳过程。高斯(正态)随机变量 $X \sim N(m,\sigma^2)$ 的概率密度函数(Probability Density Function，PDF)定义为

$$p(x)=\frac{1}{\sqrt{2\pi\sigma^2}}\exp\left[-\frac{(x-m)^2}{2\sigma^2}\right]$$

式中：$m=0,\sigma^2=1$ 的高斯变量称为标准正态变量。

联合高斯随机变量具有以下重要性质：

对于联合高斯随机变量，不相关等价于独立；

对于联合高斯随机变量，其线性组合也是联合高斯的；

对于联合高斯随机变量，任何子集都是联合高斯随机的，所有条件子集也是联合高斯随机的。

如果 $X_i \sim N(0,\sigma^2)(i=1,2,\cdots,n)$，则定义 $X=\sum_{i=1}^{n}X_i^2$ 为具有 n 个自由度的 χ^2 随机变量。

如果 $X_i \sim N(0,\sigma^2)(i=1,2,\cdots,n)$，则定义 $X=\sqrt{X_1^2+X_2^2}$ 为瑞利(Rayleigh)随机变量，

即瑞利随机变量是具有 2 个自由度的 χ^2 随机变量的平方根，其均值和方差分别为 $E(X)=\sigma\sqrt{\frac{\pi}{2}}$，$\mathrm{VAR}(X)=\left(2-\frac{\pi}{2}\right)\sigma^2$。瑞利概率密度函数(PDF) 为 $p(x,b)=\frac{x}{b^2}\mathrm{e}^{\left(\frac{-x^2}{2b^2}\right)}$ $(x>0)$。

用 MATLAB 代码产生瑞利信道仿真如下：

```
function H=Ray_model(L)
H = (randn(1,L)+j * randn(1,L))/sqrt(2);
```

此外，Y=raylpdf(X,B)使用相应的比例参数 **B** 计算 X 中每个值的瑞利 PDF。**X** 和 **B** 可以是向量、矩阵或多维数组，它们都具有相同的大小，也就是 Y 的大小。**X** 或 **B** 的标量输入扩展为与其他输入具有相同维度的常量数组。

R=raylrnd(B,m,n)指返回从 Rayleigh 分布中选择的带有参数 **B** 的随机数矩阵，其中标量 m 和 n 是 **R** 的行和列维度。

[phat,pci] = raylfit(data,alpha)指基于给定数据返回最大似然估计值和 100(1-alpha)% 置信区间。可选参数 alpha 的默认值为 0.05，对应于 95%的置信区间。

如果 $X_1\sim N(m_1,\sigma^2)$，$X_2\sim N(m_2,\sigma^2)$，则定义 $X=\sqrt{X_1^2+X_2^2}$ 为莱斯(Rice) 随机变量，定义 $s=\sqrt{m_1^2+m_2^2}$。可以看出当 $s=0$ 时，莱斯随机变量退化为瑞利随机变量，当 s 较大时，莱斯随机变量近似为高斯随机变量。莱斯分布的概率密度函数为

$$p(x,\sigma)=\frac{x}{\sigma^2}\mathrm{e}^{-\frac{x^2+s^2}{2\sigma^2}}I_0\left(\frac{xs}{\sigma^2}\right),x>0$$

其中：$s=\sqrt{m_1^2+m_2^2}$，且 $I_0(x)=\sum_{k=0}^{\infty}\left(\frac{x^k}{2^k k!}\right)^2$。

用 MATLAB 代码产生莱斯信道仿真如下：

```
function H=Ric_model(K_dB,L)
K=10^(K_dB/10);
H = sqrt(K/(K+1)) + sqrt(1/(K+1)) * Ray_model(L);
clear, clf
N=2e5; level=30; K_dB=[-40 15];
Rayleigh_ch=zeros(1,N); Rician_ch=zeros(2,N);
marker=['s','o','^'];
% Rayleigh model
Rayleigh_ch=Ray_model(N);
[temp,x]=hist(abs(Rayleigh_ch(1,:)),level);
plot(x,temp,['k-' marker(1)]), hold on
% Rician model
for i=1:length(K_dB);
    Rician_ch(i,:)=Ric_model(K_dB(i),N);
    [temp x]=hist(abs(Rician_ch(i,:)),level);
    plot(x,temp,['k-' marker(i+1)]);
end
xlabel('x'), ylabel('次数')
legend('Rayleigh','Rician, K=-40dB','Rician, K=15dB')
```

采用 MATLAB 代码产生的对比结果如图 2-2 所示。

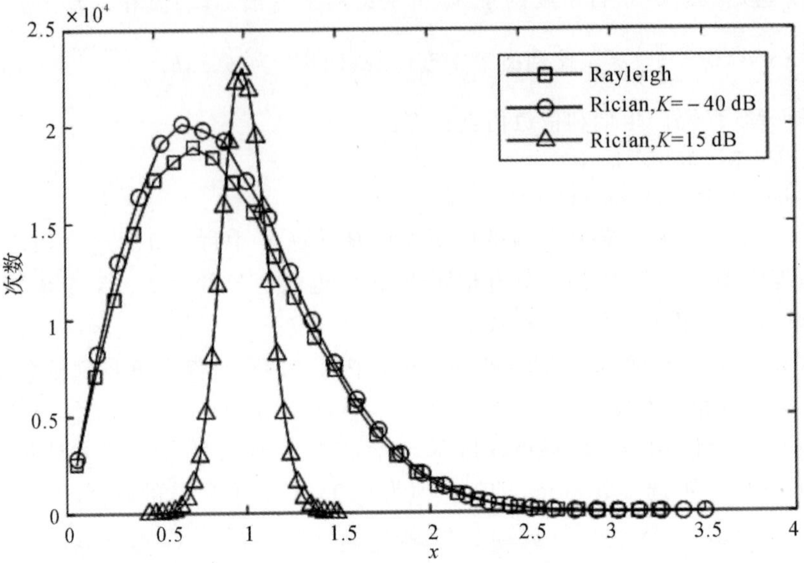

图 2－2 瑞利衰落和莱斯衰落信道分布图

MATLAB 库函数中提供了产生概率分布密度的函数，命令如下：

```
pd = makedist(distname,Name,Value)
```

通过输入概率分布参数产生指定概率分布目标模型下的随机变量。例如：

```
pd = makedist('Normal','mu',75,'sigma',10)
```

产生均值为 75，标准方差为 10 的正态分布。通过改变分布模型名称可以产生不同分布类型下的随机变量，例如指数分布(Exponential)，泊松分布(Poisson)，瑞利分布(Rayleigh)，莱斯分布(Rician)，均匀分布(Uniform)等。

在选择衰落信道建模时，通常通过收发信号端是否存在直达波来判断是哪种衰落模型：有直达波的(当然也可能存在反射路径)为莱斯衰落信道，收发端若存在一个或多个反射路径(无直达路径)的为瑞利衰落信道。MATLAB 通过库函数 comm. RayleighChannel，comm. RicianChannel 来分别对瑞利和莱斯信道建模。例如，要仿真一个信号采样频率为 96 kHz，最大多普勒频移为 13 Hz，指定时延为 0 s，10×10^{-3} s，15×10^{3} s，路径平均增益为[0，－3，－3]，dB，的瑞利信道如下：

```
rayChan = comm.RayleighChannel(...
    'SampleRate',96000, ...
    'MaximumDopplerShift',13, ...
    'PathDelays',[0 10e-3 15e-3], ...
    'AveragePathGains',[0, -3, -3], ...
    'Visualization','Impulse response');
```

在 MATLAB 2020a 版本中运行以下程序可以获得冲激响应函数图：

```
tx = randi([0 1],500,1);
dbspkMod = comm.DBPSKModulator;
dpskSig = dbspkMod(tx);
y = rayChan(dpskSig);
```

类似地，可以设置莱斯信道环境参数：

```
1. fs = 3.84e6;
2. pathDelays = [0 200 800 1200 2300 3700] * 1e-9;
3. avgPathGains = [0 -0.9 -4.9 -8 -7.8 -23.9];
4. kfact = 10;
5. fD = 50;
6. ricianChan = comm.RicianChannel('SampleRate',fs, ...
7.      'PathDelays',pathDelays, ...
8.      'AveragePathGains',avgPathGains, ...
9.      'KFactor',kfact, ...
10.      'MaximumDopplerShift',fD, ...
11.      'Visualization','Impulse and frequency responses');
```

2.1.2　传播损失

研究水下声通信，必须先了解声音在水下的传播特点，传播模型有很多，但通信中较多采用的是射线模型。其中，声速剖面是海洋声传播研究中最重要的参数，直接决定着自由空间中声线的传播规律。通常说的声速都是指平面波的相速度，主要与温度、盐度及压力(深度)有关。声速与上述各因素有着较复杂的关系，通常都用经验公式来表示。

$$c = 1449.2 + 4.6T - 0.055T^2 + (1.34 - 0.01T)(S - 35) + 0.016Z \tag{2.1}$$

式(2.1)是较为常见的声速剖面公式，其中：c 表示海水声速(m/s)，T 表示海水温度(℃)，S 表示海水盐度(‰)，Z 表示海水深度(m)。海水平均声速通常认为是 1 500 m/s，实际中测量声速一般通过水文数据利用经验公式计算，或者使用声速测量仪器直接测量。

水声通信和水下目标定位中常常需要对声波在海洋中的传播进行详细研究。许多研究者研究了声波在海水中的吸收，并建立了经验方程，如 Thorp 公式、Schulkin 和 Marsh 模型以及 Fisher 和 Simmons 公式。Fisher 和 Simmons 公式发现了硼酸对吸收的松弛效应，并提供了随频率变化的更详细的吸收系数形式。然而，还没有使用这些模型对水声传播进行仿真。本书旨在采用 MATLAB 建模方法对声波吸收进行验证和对比，在给定深度(D)、盐度(S)、温度(T)、pH 值和声波发射器频率(f)值下计算出海水对声的吸声量，以获得低吸收损耗的最佳传输链路[2]。

水下声信号由于传播和海水吸收而衰减。路径损耗是从发射端到接收端信号强度的损失量。传播损失是声音信号在几何扩展和声能量吸收造成的。计算公式为[3]

$$PL = k10\log(R) + \alpha(f)r \tag{2.2}$$

式中：R 是以 m 为单位计算的；r 是以 km 为单位计算的；k 是扩展因子。当信号传输的媒介是无边界的，扩展因子是球面的时，$k=2$，如果有边界扩展，视其为柱状扩展，此时 $k=1$，通常也可取值 $k=1.5$。$\alpha(f)$ 为吸收系数(dB/km)。根据 Thorp 公式[4]、Schulkin - Marsh 和 Francois -Garrison 公式计算的吸收损失如图 2 - 3 所示。

Thorp 公式主要对 100 Hz ～ 300 kHz 的声音吸收损耗进行经验总结，即

$$\alpha_{\text{Th}}(f) = \frac{0.11f^2}{1+f^2} + \frac{44f^2}{4\,100+f^2} + 2.75\times10^{-4}f^2 + 0.003 \tag{2.3}$$

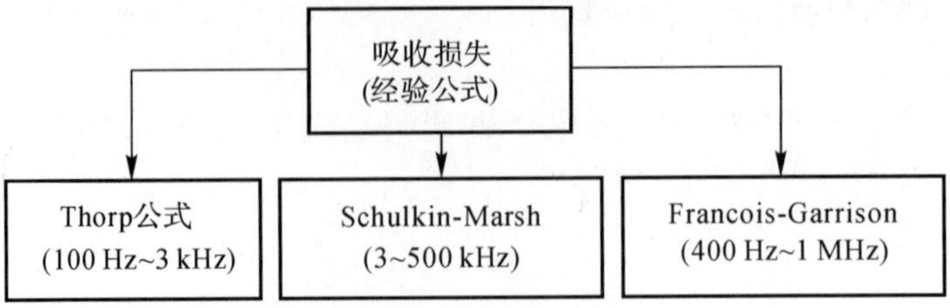

图 2-3　不同频率范围声吸收损失经验公式框图

根据该公式编写MATLAB代码如下：

```
1. fsq=(Fc/1e3)^2;
2. alpha=0.11*fsq/(1+fsq)+44*fsq/(4100+fsq)+2.75*1e-4*fsq+0.003;
3. TL=20*log10(R)+alpha*R*1e-3;%含球面扩展
```

Schulkin - Marsh 公式主要处理的声频率范围是 3～500 kHz。Francois - Garrison 公式经验上处理的声频率范围是 400 Hz～1 MHz，表达式为

$$\alpha_{FG}(f)=8.686\times10^3\left(\frac{Af_Tf^2}{f_T^2+f^2}+\frac{Bf^2}{f_T}\right)(1-6.54\times10^{-4}p) \tag{2.4}$$

式中：$A=2.34\times10^{-6}$；$B=3.38\times10^{-6}$；p 是水的静压力(kg/cm³)；弛豫频率为 $f_T=21.9\times10^{\left(6-\frac{1520}{T+273}\right)}$ (kHz)。

Francois - Garrison 公式的吸收系数(dB/km)与信号频率的关系表明：在任何固定温度和深度下，其声能量损失随频率的增加而增加。对于极短距离通信，吸收项的贡献不如扩展项重要。随着距离的增加，吸收项开始占主导地位。对于水声通信，信号频率引起的衰减变化尤为重要，因为使用更高的频率可能会提供更高的数据速率。然而，在海洋环境中，没有任何其他类型的辐射能够与低频声波一样进行远距离通信[5]。

2.1.3　多途传播/时间色散效应/频率选择性衰落

正如身处室内发出声音会被四周的墙壁反射从而产生回声一样，在海洋中声音的传播也会有不同达到路径，这些声波相互叠加引起接收信号幅度、相位随着时间变化而变化，称为多途或多径效应。该效应会导致信号在时域产生幅度衰落和码间干扰，严重影响通信系统的传输速率，同时，在频域上表现为频率选择性衰落。多途信道可以建模为一个线性有限冲激响应(Finite Impulse Response，FIR)信道函数，记为

$$h(t,\tau)=\sum_{i=1}^{N}a_i(t)\delta(t-\tau_i) \tag{2.5}$$

式中：$a_i(t)$，$\delta(t-\tau_i)$ 分别为多途的幅度和单位脉冲函数(Dirac delta function)。在通信领域，最大时延 τ_{max} 和均方根延时扩展[Root - Mean - Squared (RMS) Delay Spread] τ_{rms} 是两个非常重要的参数，表示通信信道支持高数据速率通信的能力，反映了码间干扰 ISI 可能导致的通信性能下降的概率[6]。τ_{rms} 定义为

$$\tau_{rms}=\sqrt{\frac{\sum_{i=1}^{N}P_i\tau_i^2}{\sum_{i=1}^{N}P_i}-\left(\frac{\sum_{i=1}^{N}P_i\tau_i}{\sum_{i=1}^{N}P_i}\right)^2} \tag{2.6}$$

式中：$P_i = a_i^2(t)$。有了这个概念之后，可以从能量时延剖面研究多途结构。如果信道在传输带宽上不是常量，信号存在扭曲且难以建立可靠链路，由此引出：

相干带宽的定义：相干带宽是带宽的统计测量，其信道被视为平坦信道，这意味着通过信道的两个信号经历相似的增益和相位旋转。

相干带宽是指在发送信号时，信号没有严重失真的频率范围，RMS 延迟扩展 τ_{rms} 与相干带宽成反比：

$$B_c \propto \frac{1}{\tau_{\text{rms}}} \tag{2.7}$$

式中：τ_{rms} 越大意味着无线信道变得更具频率选择性。相关系数大于 0.9 的相干带宽要求为 $B_c = \dfrac{1}{50\tau_{\text{rms}}}$，而相关系数大于 0.5 的相干带宽要求为 $B_c = \dfrac{1}{5\tau_{\text{rms}}}$。

在设计无线通信系统的符号结构时，应根据 τ_{rms} 定义符号长度。例如，如果符号长度大于 $10\tau_{\text{rms}}$，认为无线通信系统不考虑符号间干扰（ISI）。如果小于 $10\tau_{\text{rms}}$，必须使用多种技术（如均衡器）避免 ISI。如果符号长度远远小于 $10\tau_{\text{rms}}$，则不可能进行可靠通信。为了将多径影响限制在一定范围内，信号带宽一定要小于相干带宽 B_c，通常可设计码元宽度大于最大多径时延的 2 倍，即 $2\tau_{\max}$。与陆地无线电信道的多径扩展以纳秒为量级相比，水声信道多径扩展为毫秒量级，甚至是秒级。

总之，相干带宽如果小于信号带宽，则需要用到均衡器以对抗码间干扰。当然，除了均衡器技术之外，还可以采用插入保护间隔、分集技术、选择合理的调制技术和工作频带等抵抗多径影响。

2.1.4　多普勒频移／频率色散效应／时间选择性衰落

无线信道随时间、位置、环境等而变化。如果无线信道每时每刻都在变化，将无法了解无线信道的特性，也无法设计无线通信系统。因此，假设无线信道在一定时间（即相干时间）内是恒定的。

相干时间（T_C）的定义为信道冲激响应不发生变化的时间间隔。

水声通信中，多普勒（Doppler）效应的产生主要是由相对运动和海洋波浪运动、湍流等因素引起的。与多径时延结构类似，多普勒功率谱提供了相干时间的统计信息。多普勒功率谱受收发之间移动性的影响，而功率延迟分布受多径影响。移动的无线通信收发端产生多普勒频移（Δf）表示如下：

$$\Delta f = \frac{v}{\lambda}\cos\theta = \frac{vf}{c}\cos\theta \tag{2.8}$$

式中：v, λ, θ, c 分别表示移动无线通信设备（水声通信中指收、发换能器）的相对速度、载波波长、相对于移动无线设备方向的到达角以及波速。当接收器沿波传播方向的相反方向（$\theta = 0°$）移动时，多普勒频移为最大值 $f_m = \dfrac{v}{\lambda}$；当接收器沿波传播方向的相同方向（$\theta = 180°$）移动时，多普勒频移为$-\dfrac{v}{\lambda}$；当接收器运动方向与波传播方向垂直（$\theta=90°$）时，多普勒频移为 0。因此，相干时间 T_C 与多普勒扩展成反比，表示为

$$T_C \propto \frac{1}{f_m} \tag{2.9}$$

根据参考文献[6]，当相干系数大于0.5时，$T_C \simeq \dfrac{0.423}{f_m}$。

如果符号持续时间大于相干时间，则信道在符号传输期间改变，称之为快速衰落。另外，如果符号持续时间小于相干时间，则信道在符号传输期间不改变，称之为慢衰落。多普勒效应的影响不仅引起信道的时间选择性衰落，另外，还会表现为频移和多普勒扩展，可对接收信号在时域长度上产生展宽和压缩的变化，影响载波和信号同步，从而增加误码率。

例如：假设收发端相对速度为5节，即5倍的1.852 km/h，约3.572 m/s，声速记为1.5 km/s，假设载波中心频率为10 kHz，则最大多普勒频移为

$$f_m = \frac{vf}{c} = \frac{3.572 \times 10^4}{1.5 \times 10^3}\ \mathrm{Hz} = 17.15\ \mathrm{Hz}$$

最大多普勒频移与中心频率之比（称为多普勒因子）大于千分之一，该值比陆地无线电通信高好几个数量级，意味着水声通信中接收信号相比发送信号而言，可能存在大于千分之一的长度伸缩，伸缩量甚至大于一个码元宽度。

为了将多普勒影响降到最低，可以采取多普勒补偿措施，或采用帧为单位发送数据，且保证每帧的伸缩远小于一个码元。值得注意的是：对于宽带信号，其频率偏移量会随信号频率的大小而变化，不能简单地用单一频偏量进行补偿。

2.1.5 时变性

水声信道建模可为水声通信系统的设计、算法实现及通信系统性能评估提供重要依据。

发射端通过信道将信息传输给接收端，因此，可以将信道看成是对信号进行变换的随机滤波器。水声通信中，常将水声信道看为缓慢时变的相干多途信道。

相干多途信道的定义为：传输介质、边界、收发点等都不随时间变化，发射信号沿着随机多径到达接收点并相互相干叠加（声波满足叠加原理）的信道。可用线性时不变滤波器来表征这类型信道[7]。在仿真实验中，通常可以用声线理论对该类信道建模。

由于海洋水体的变化和波动，使得水声信道具有时变特性，海洋常被看成是一个时变、空变的滤波器，对信号的幅度、相位都产生影响。因此对时变水声信道建模非常重要。假设在t时刻之前输入一个$\delta(\tau)$脉冲信号，接收端收到的信号为$h(t,\tau)$，则该信号为时变信道的冲激响应，将其关于t进行傅里叶变换，得到时延多普勒双扩展函数$H(f,\tau)$，即[8-10]

$$H(f,\tau) = \int_{t=0}^{\infty} h(t,\tau)\exp(-\mathrm{j}2\pi ft)\,\mathrm{d}t \tag{2.10}$$

时变传输函数与之类似，将时变冲激响应$h(t,\tau)$关于τ进行傅里叶变换，得到

$$H(f,t) = \int_{t=0}^{\infty} h(t,\tau)\exp(-\mathrm{j}2\pi f\tau)\,\mathrm{d}\tau \tag{2.11}$$

多径信道在时间上展宽输入信号的波形，而时变信道则产生多普勒频谱展宽。用脉冲相关法可以测量信道的相干特性，从而观察到信道的缓慢时变特性。

2.1.6 环境噪声

天然的人工因素产生的环境噪声对水声通信有着不可忽视的严重影响。水声信道中的天然因素产生噪声是主要的海洋环境背景噪声，如洋流、波浪、下雨以及鱼虾觅食的声音等，极地环境的破冰噪声或远处的航船噪声。船舶交通的影响直接取决于航行的区域，与航线、通航计

划、海峡通道、海湾、港口、海岸等相关。它也更适用于较低的工作频率，即小于 0.5 kHz。然而，高达 100 Hz 的噪声是主要的噪声源。在海湾和港口相关的工业活动也是噪声的主要来源之一。此外，这些地区的海洋生物、潮汐和湍流也导致了非常嘈杂的噪声环境。在沿海水域，风引起的波浪、破碎的波浪、海洋生物和海上交通等都是噪声源。

在深海中，噪声谱具有更大的多样性。随着频率的增加，有潮汐和波的静水压效应，地震扰动、海洋湍流、波浪之间的非线性相互作用，风和热噪声产生的波。还有一些环境现象不会永久发生，但会对环境噪声产生重大影响，如(海面的)降雨、(海底或亚海底的)地震活动、火山爆发等产生的噪声，它们以一种显著的方式影响较低的频率谱，频率非常高且大小可变。

与主流或瞬变流(可能在特定时间内产生)相关的湍流以及海洋水团的大规模运动也会产生背景噪声。湍流将产生传感器可检测的压力差。表面波是影响环境噪声的主要现象之一，可检测到的环境噪声高达 25 kHz，即不仅在较低的频谱范围内。

2.2　海洋声传播与声速剖面

通过式(2.1)可以看出季节和日变化影响上层海洋的海洋学参数。而影响声传播的所有这些参数都是与所处的地理位置有关。图 2-4 显示了一组典型的声速剖面图，在较温暖的季节(或一天中较温暖的部分)，靠近海面区域的温度升高，因此朝向海面的声速增加。这种近地表因阳光照射而加热(以及随后的冷却)的声速剖面对水面舰艇声纳有着深远的影响。因此，白天的加热会导致下午声呐性能下降，这一现象被称为午后效应。然而，季节性变化要大得多，因此在声学上更为重要。

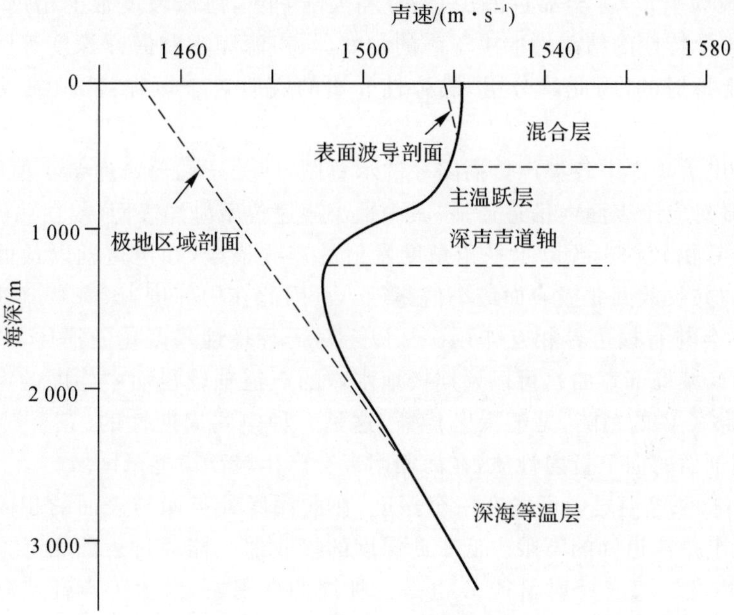

图 2-4　典型的海底声速剖面图

在非极地地区，由于海-气界面的风浪活动，近地表水得以混合。该近地表混合层温度恒定(上述平静、温暖的地表条件除外)。因此，在这个等温混合层中，由于式(2.1)中的最后一项压力梯度效应，声速剖面随深度增加。这是近海表面声波导区，上层搅拌得越频繁，混合层越深，与图 2-4 所示的声速剖面混合层的偏差就越小。因此，通过某一区域的大气风暴会将近地表水混合，从而形成、加深或增强现有的近海表面声波导区。

混合层下方是温跃层，温度随深度降低，因此声速也随深度降低（因为温度比深度在此时对声速的影响更大）。在温跃层以下，温度是恒定的（约 2℃），声速因压力的增加而增加。因此，在深等温区和混合层之间，必然有一个最小声速区，通常称为深海声道轴。然而，在极地地区，水面附近的水是最冷的，因此最低声速位于海-气（或冰）界面，如图 2-4 所示。在水深几百米的大陆架区域（浅海区），只有图 2-4 声速剖面的上面部分区域。上部区域声速变化还取决于季节和时间。

当然，海洋声速剖面在时间和空间上都不是固定不变的。相反，海洋有其独有的中尺度现象，据估计，它包含了 90%以上的海洋动能。与这些现象相关的时间和距离尺度分别为数月和数百公里。此外，还有缓慢移动的洋流，如墨西哥湾流，水平尺度高达 10 km 的内波，垂直尺度为其十分之一左右，时间尺度为分钟到小时的量级，还有相当多厘米级的微观结构。

一般来说，上述所有海洋结构都会对声传播产生影响，既可以作为声传播衰减源，也可以作为声波动源。中尺度和墨西哥湾流样现象可通过距离相关或三维声学模型进行确定性处理，而内波和微观结构现象目前常采用随机模型进行处理。

海底的结构和底质情况是由覆盖在深海海洋地壳上的薄层沉积物和大陆架大陆地壳上相对较厚的层结组成。分层的性质取决于许多因素，包括地质年龄和局部地质活动。因此，相对较新的沉积将以平行于海床的平面分层为特征，而较老的沉积物和靠近地壳板块边界的沉积物可能经历了显著的变形。引起沉积物分层变形的其他地质特征是盐底和断层。

海床通常较为平坦，甚至靠近海山、海脊和大陆斜坡，海床坡度很少超过 10°。在数值模型中处理海底声学特性的精确性取决于声的收发器、声源频率和海洋深度等因素。由于底部声学剖面是向上折射的，因此，（分层）黏弹性介质的底质对于短程、低频或浅海声传播至关重要。

图 2-5 给出了海洋中各类声传播路径的示意图，即关于局部声速最小值的路径：A、B 和 C。路径 A 和 B 对应于表面声信道传播，其中最小声速位于海洋表面（或在北极情况下位于冰盖下方）。路径 C 由较深声源以水平角角度发射的声线描绘，在声道轴以最低声速传播。该局部最小值趋向并收敛到北极表面最小值路径 A。因此在中纬度，深海声道轴的声音可以长距离传播，而不会与有损边界相互作用。从以上对声环境地理变化的描述，结合斯内尔定律（声音向低声速区域局部弯曲），可以预期极地水域的声道轴较浅而中纬度的声道轴更深。路径 D 的角度比路径 C 的稍陡，是汇聚区传播，这是一种空间周期性的（35～70 km）再聚焦现象，由于深声速剖面的向上折射性质，在海面附近会产生较高声能量区域。

回顾图 2-4，深等温层中可能有一个深度，在此深度处声速与表面的相同。该深度称为临界深度，实际上是声道轴的下限。低于此深度的接收器只能通过表面相互作用路径接收来自远处浅源的声音。海底反射路径 E 也是一种周期性现象，但由于声音从海底反射时的损失，周期距离和总传播距离较短。图 2-5 的右侧描绘了浅海区域（如大陆架）中的声传播。在这里，声音在一个波导中传播，波导上方是海洋表面，波导下方是海底。

海洋中声音传播的模型是复杂的，因为环境是横向变化的，所有环境都以相当复杂的方式对不同频率的声传播产生影响。因此，图 2-5 的射线示意图具有局限性，尤其是在低频率下。

本章将分别从深海和浅海环境条件下阐述海洋中声传播的特征。

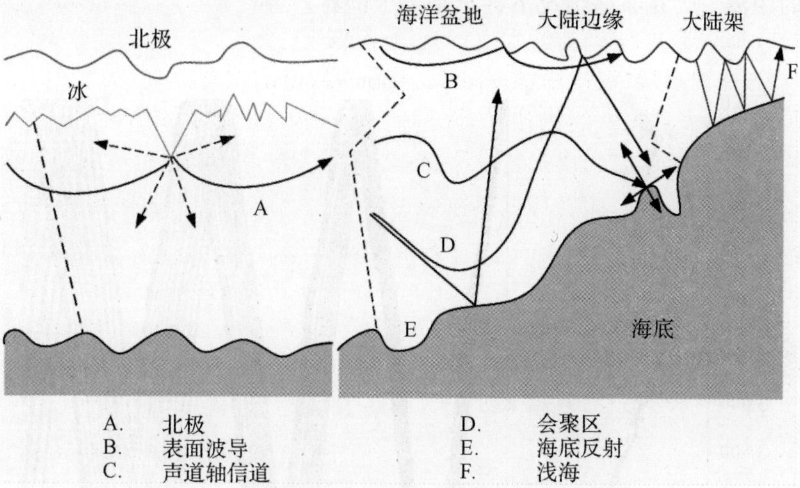

图 2-5　海洋中各种类型声传播路径的示意图

2.3　深海声传播

2.3.1　汇聚区传播

汇聚区传播(Convergence－Zone Propagation)的声场模式如图 2－6 所示，汇聚区(CZ)传播是因为从近海面声源发出的声音形成向下的波束，该波束在沿着海洋中的深度方向产生折射路径后，在海面附近重新出现，以形成高声强区(汇聚或聚焦)在距离震源几十千米的地方。这种现象在范围内是重复的，高强度区域之间的距离称为汇聚区范围。

汇聚区传播的重要性源于它允许高强度和低失真声信号的远程传输。最早的汇聚区传播报道可追溯到 20 世纪 60 年代初，当时 Hale 报告的实验数据涵盖了近 750 km 的范围，清楚地显示了 13 个不同的汇聚区[13]，它们之间的间距约为 55 km。Hale 还详细讨论了汇聚区存在的环境条件，并尝试使用射线声理论对汇聚区结构进行理论描述。图 2－6(a)显示了典型双声道轴剖面的情况，这是由于居住在大西洋的水与通过直布罗陀海峡的地中海外流混合而形成的。

汇聚区的产生必须满足两个条件。第一，声源必须靠近海表面，以便向上和向下的声线在向下的方向上产生一个良好的准直波束。第二，为了避免靠近表面声信道(混合传播模式)，声源必须位于声速随深度降低的区域(负声速梯度区)。满足这些条件后，获得了如图 2－6(b)所示的典型声传输损耗曲线(频率为 200 Hz，发收深度分别为 20 m，50 m)的理论解。

2.3.2　深海声信道传播

深海声信道传播(Deep－Sound－Channel Propagation)，又称 SOFAR(Sound Fixing And Ranging)信道传播，最早报道于第二次世界大战时期[14]。SOFAR 声信道允许完全通过折射路径进行声传输(见图 2－7)，这意味着信道中的声能量传播可以到达更长距离，而不会在海面或海底遇到反射而产生大量声损失。由于低传输损耗，声道轴中小型炸药的声音信号可以传数千公里的距离——在某些情况下甚至是半个世界。

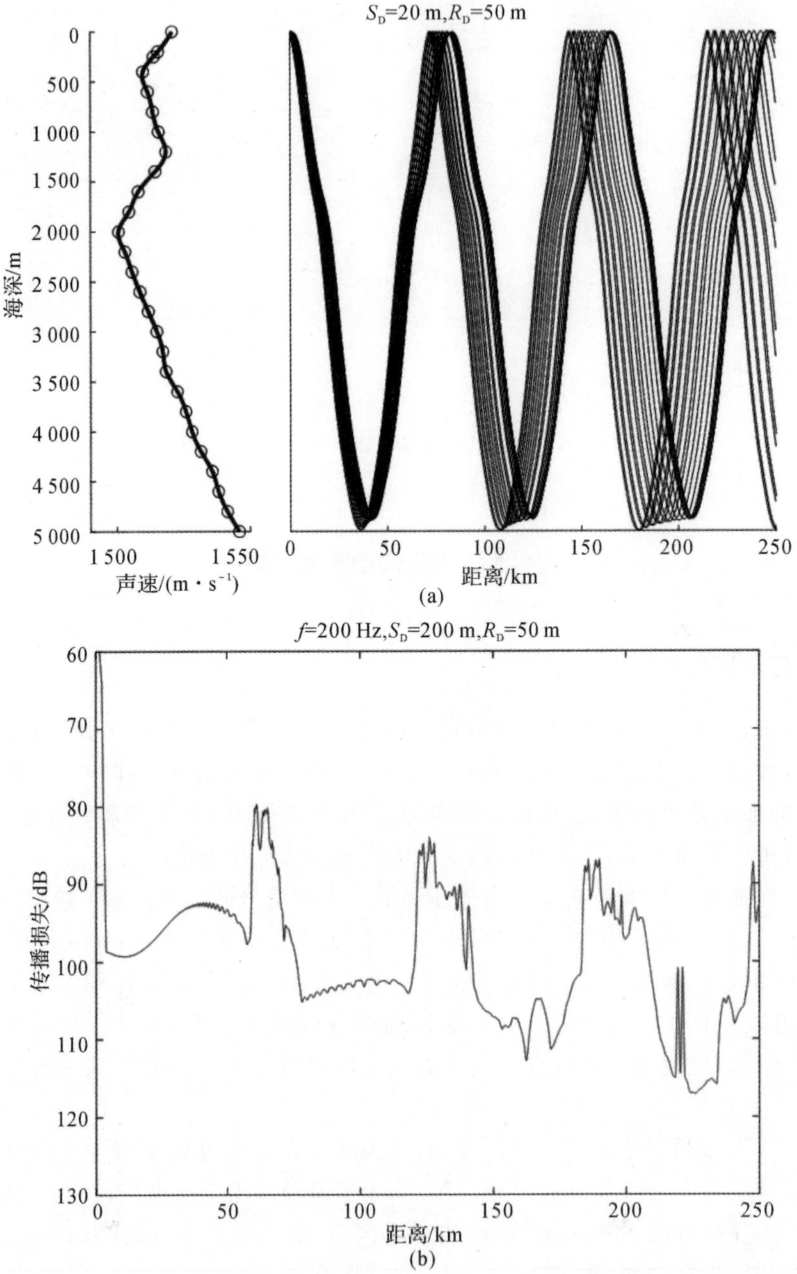

图 2-6　汇聚区 200 Hz 声传播示意图

(a)声传播路径每隔 65 km 重新聚焦在地表附近；(b)对应的声传输损耗图

在所有纬度上，声道轴并不像海面波导一样有效。声道轴的深度从中纬度的 1 000 m 左右到极地的海洋表面不等。存在低损耗折射路径的一个必要条件是声速轴位于海面以下，否则传播将完全是表面相互作用和有损的(如北极传播)。在中纬度及中高纬度地区,声道轴传播是进行远程传输的最有效方式。

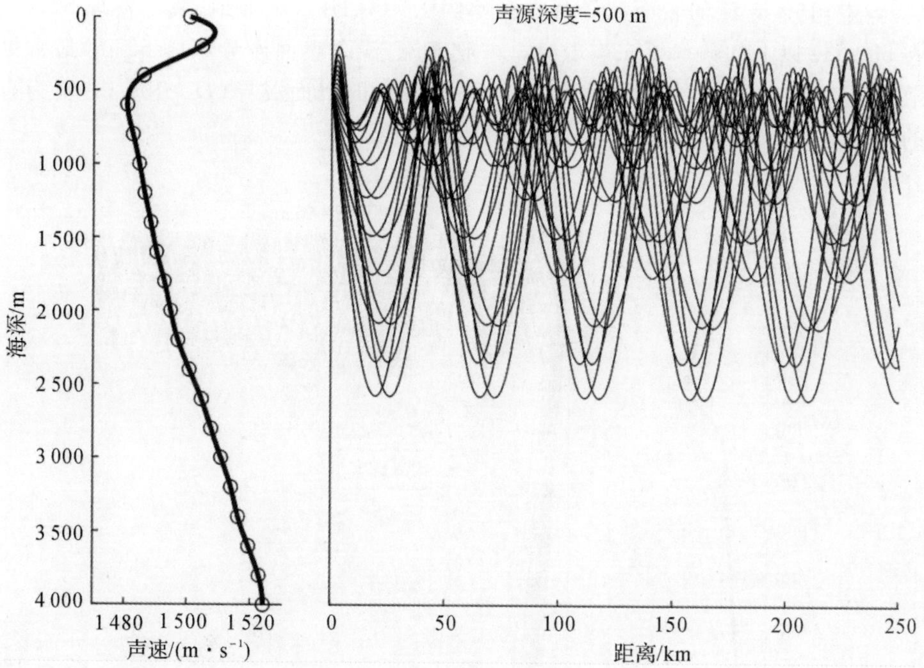

图 2-7　深海声信道传播示意图

2.3.3　表面波导传播

表面波导传播(Surface-Duct Propagation)现象发生在世界海洋的温带多风地区,温度分布出现在海面下方的等温层。等温是由风的搅拌所维持的,在一场大风暴后会向更深的地方延伸,微风期间又会变得更浅。混合层深度也有季节性。

在声学上,由于静水压力导致声速随深度略有增加[0.016 m · s^{-1}/m,见式(2.1)]最后一项,等温混合层起到波导的作用。使得放置在混合层中声源发射的声能将被捕获在表面信道中。图 2-8 给出了表面波导传播的示意图,射线图显示,在$\pm 3°$的圆锥体范围内发射的能量能被约束在表面波导信道中,而较陡的射线将离开信道并通过深折射路径传播。中间没有声线到达的地方便形成了声影区,其上方受到表面波导信道的下边界(海深约 150 m)的限制。由于衍射和信道扩散等波动效应会发生内渗。在实际的实验情况下,阴影区也被海面上散射的声音以及海底反射能量所均匀化。

一般来说,表面波导在平静的海洋中性能良好,而传播条件随着海况的增加而迅速恶化。表面波导不是一个非常稳定的特征,因为上层仅加热 1℃就会使声速增加 3 m/s,从而将表面波导转变为非引导性等速表面层。另外,图 2-8 中的射线不适合在低频率下展示。事实上,当声波波长变得太大时,表面波导不再捕捉能量。这种波理论截止现象在其他类型的信道传播中也都很常见,给定深度 D(以 m 为单位),表面波导截止频率的近似公式为[15]

$$f \approx \frac{1\,500}{0.008D^{1.5}} \tag{2.12}$$

低于该频率时，任何能量都不能在表面波导中传播。

图2-8中，150 m深的表面波导截止频率约为100 Hz。类似地，我们发现50 m深的混合层仅在530 Hz以上的频率下充当声道。一般来说，浅海表面波导($D<50$ m)最常见，但它们仅在散射损耗显著的较高频率下才有效。另外，较深的表面波导($D>100$ m)更为有效，因其允许的声频率低得多，但这类波导出现的可能性较低。

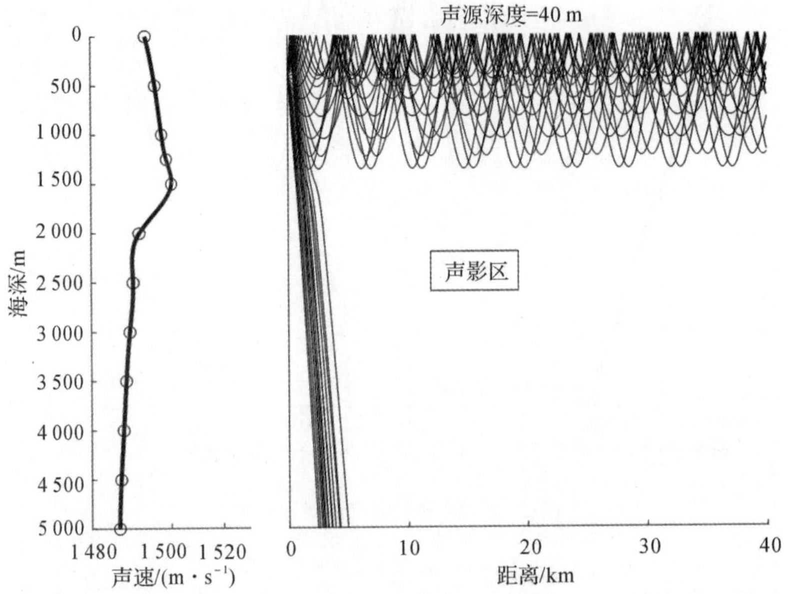

图2-8　表面波导传播示意图

2.3.4　北极声传播

北极声传播(Arctic Propagation)以整个水深剖面的声线向上折射为特征，导致能量在冰底面重复反射。声速剖面通常可以近似为两个直线段，在上部200m处有陡峭的坡度，形成一个坚固的表面信道，然后在下面形成一个标准的静水压梯度(0.016 m/s/m)。上层的陡坡是由于温度和盐度随深度的增加而增加。冰盖附近的低盐度是融化的淡水造成的。

图2-9中的射线图显示，能量主要部分在200 m深的表面信道内的冰盖下方传导，部分沿着更深的折射路径。然而，在一个±17°圆锥体内的所有声线都可以在无底部相互作用情况下长距离传播。主要的声能损耗显然与表面散射损耗有关，随着频率的增加在30 Hz以上迅速衰减。然而，在低于10 Hz的频率下，传播效果也很差。因此，似乎有一个窄带的频率，10～30 Hz在北极环境中有最佳传播效果[16]。

粗糙冰底的散射导致高频损耗，但低频损耗是由完全不同的机制造成的。在低频情况下，声音无法有效地被捕获在北极声信道中，这些低频声束变得更陡，最终与海底底质相互作用。最佳频率主要取决于声源深度和水深。因此，较浅的声源或较小的水深都会导致较高的最佳频率。

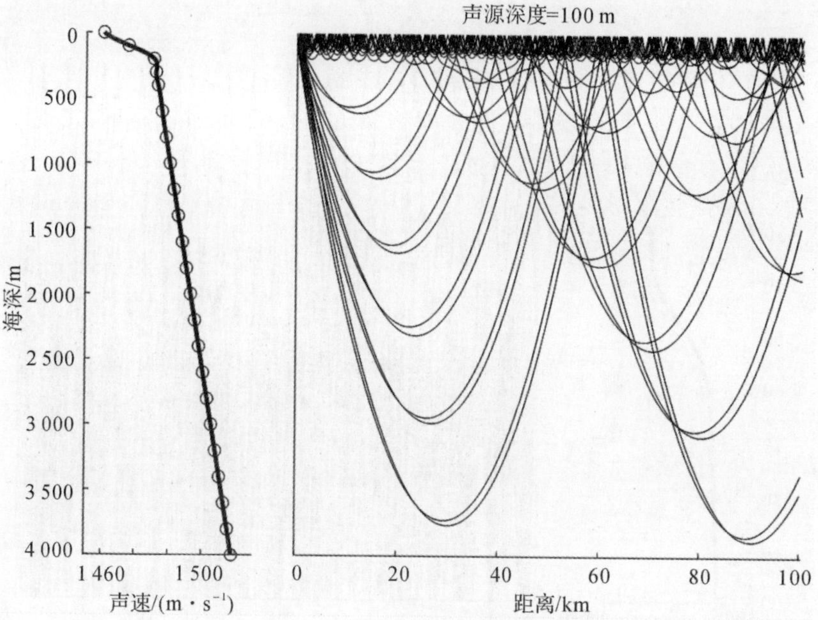

图 2-9　极地声传播示意图

2.4　浅海声传播

浅海声传播的主要特征是声速剖面向下折射或在深度上几乎恒定，这意味着远程声传播仅通过与海底相互作用的路径进行。因此，重要的声线路径要么是底部的反射，要么是表面反射后再经底部反射。典型的浅海环境位于水深达 200 m 的大陆架上。

浅海声学在理论和实验中都得到了深入的研究。然而，理论和测量的结果未能给我们提供准确预测浅海中远程传播所需的定量解。原因是浅海环境的复杂性。在浅海中，海表面、水体和海底属性都是重要的，海洋声学参数在时间、空间上都是变化的，这些参数通常没有足够的细节和精度，无法获得满意的长期预测结果。

图 2-10 显示了 100 m 深浅海信道中射线传播示意图。声速剖面图是夏季地中海地区的典型特征。有一个温暖的表层导致向下折射，因此对所有射线重复与底部相互作用。由于海底是一个有损边界，浅海中的传播主要由低频和中频（<1 kHz）与海底反射的损耗和高频下的散射损耗决定。声速剖面的季节变化显著，冬季时接近等速。冬季与海底底部的相互作用比夏季的少，意味着冬季的传播条件通常比夏季好。

所有声信道传播的一个共同特征是存在低频截止。因此，存在一个临界频率，低于该频率时，浅水信道不再是波导信道，导致源辐射的能量直接传播到海底。此时，截止频率计算为

$$f_0 \approx \frac{c_w}{4D\sqrt{1-(c_w/c_b)^2}} \tag{2.13}$$

式中：c_w，c_b，D 分别表示各向同性的水声速度，海底声速及深度。如果是硬底质，可以认为 $c_b \to \infty$，则 $D=\lambda/4$。真实中的底质不会无穷大，因此，截止频率必然高于硬底质情形下的截止频率。

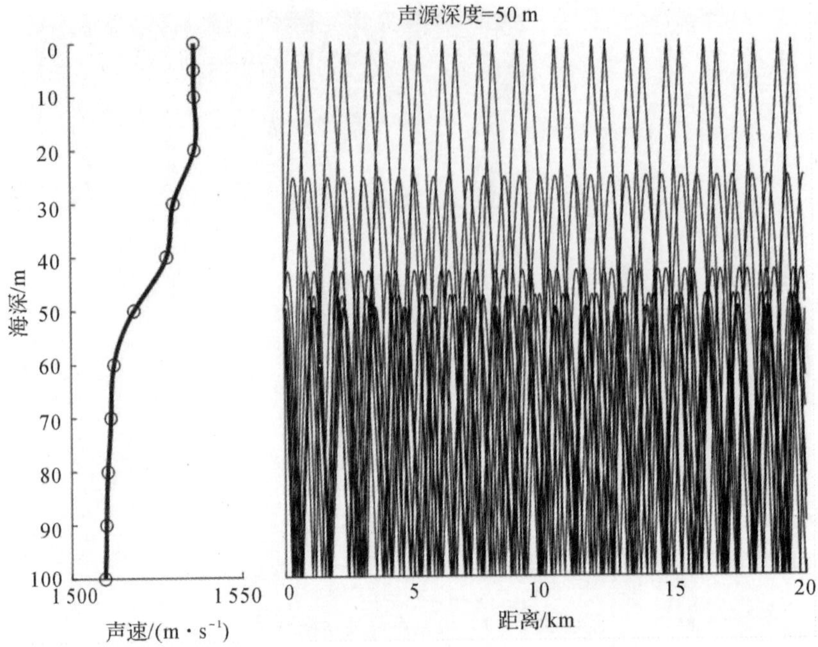

图 2-10　浅海信道中射线传播示意图

最佳频率是海洋中类似导管传播的一般特征。它是在高频和低频下竞争传播和衰减机制的结果。在高频区域，散射损耗随着频率的增加而增加。在较低的频率下，情况更加复杂。随着波长的增加，管道限制声音的效率降低(截止现象)。随着频率的降低，声音对有损海床的穿透力增加，导致水声的总体衰减随着频率的降低而增加。因此，我们在高频和低频都能得到高衰减，而中频的衰减最低。Jensen 和 Kuperman 指出[17]，浅海声传播的最佳频率强烈依赖于水深($f_{opt} \propto D^{-1}$)，在一定程度上依赖于声速剖面，但仅弱依赖于海底类型。通常，对于 100 m 水深，最佳频率在 200～800 Hz 范围内。

2.5　路径的横向变化对声传播的影响

从海深的纵向来看，海洋声学环境具有水平分层的特点。仿真中常假设环境参数，如声速剖面，水深和海底地质都近似不变。实际中，因为海洋中总是存在一定程度的横向变化。甚至在某些情况下，沿传播路径的横向变化会强烈影响声场模式。

假如一开始声射线在表面波导传播，当距离较远时(如超过 10km)，近海面的声速剖面可能由原来的正梯度变为负梯度，此时将导致几乎所有的声能都从表面波导信道中泄漏出来。从而使得海面附近声能量衰减非常严重。

另一种情形如图 2-11 所示，给出了海山的存在对声传播也造成极大影响。利用声学模型可以准确预测出海山对声传播的影响。显然，在没有海山的情况下声场结构将与存在海山时的大不相同，海山的出现可能造成声影区。

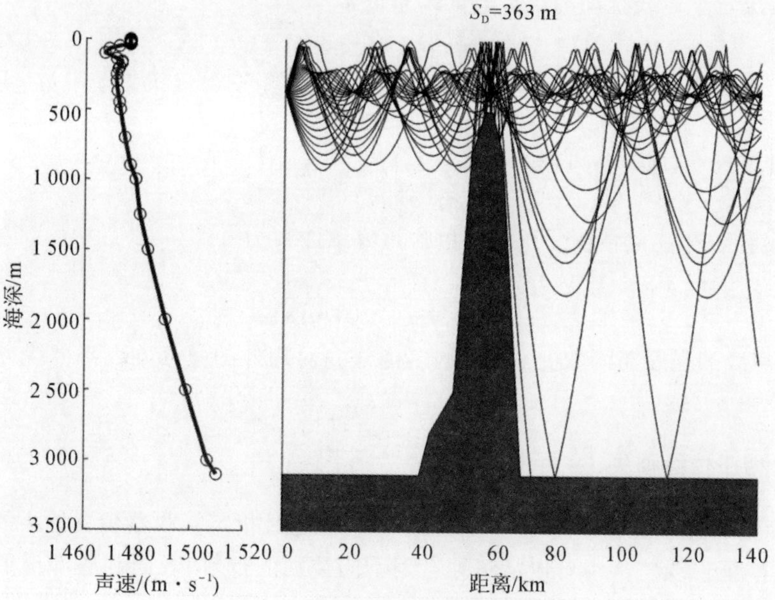

图 2-11　海山对声传播的影响示意图

2.6　声传播强度计算

2.6.1　动态声线跟踪

事实证明，存在一个简单的微分方程，它提供了有关声线路径在声线发射角或声源的无穷小扰动下如何发生变化。这些方程构成了动态声线跟踪的基础，可用于计算沿声线的幅度。在这里，仅介绍最终结果。有关更详细的讨论，请参考文献[18]。

动态声线方程是

$$\frac{\mathrm{d}q}{\mathrm{d}s}=cp(s),\qquad \frac{\mathrm{d}p}{\mathrm{d}s}=-\frac{c_{nn}}{c^2(s)}q(s) \tag{2.14}$$

式中：c_{nn} 是声速在垂直于射线路径方向上的曲率。要得到 c_{nn} 的公式，我们要注意 c 在法向上的导数是

$$c_n=\nabla c\cdot \boldsymbol{n} \tag{2.15}$$

其中 $\boldsymbol{n}=(n_{(r)},n_{(z)})$ 是声线的法线，它在以下导数中被视为一个固定量。因此：

$$c_n(r,z)=c_r(r,z)n_{(r)}+c_z(r,z)n_{(z)} \tag{2.16}$$

重复这个过程，可以得到：

$$c_{nn}(r,z)=\nabla c_n(r,z)\cdot n=c_{rr}(r,z)n_{(r)}^2+2c_{rz}n_{(r)}n_{(z)}+c_{zz}n_{(z)}^2 \tag{2.17}$$

由于 $\boldsymbol{n}_{\mathrm{ray}}=c[-\zeta(s),\xi(s)]$ 给出了有辅助变量 ξ 和 ζ 的声线法线，因此：

$$c_{nn}=c^2\left(\frac{\partial^2 c}{\partial r^2}\zeta^2-2\frac{\partial^2 c}{\partial r\partial z}\zeta\xi+\frac{\partial^2 c}{\partial z^2}\xi^2\right) \tag{2.18}$$

因此，可以得到法向声速曲率的简单公式，该公式仅使用声速相对于笛卡尔坐标 r 和 z 的二阶偏导数。

初始条件决定了声线扰动的类型。如果采取：

$$\left.\begin{aligned} q(0) &= 0 \\ p(0) &= \frac{1}{c(0)} \end{aligned}\right\} \tag{2.19}$$

然后就角度对声线进行扰动，可以证明：

$$rq(s) = J(s) \tag{2.20}$$

因此，q 与雅可比行列式成正比。然后可以将声线幅度写为

$$A_0(s) = \frac{1}{4\pi}\left|\frac{c(s)\cos\theta_0}{rc(0)q(s)}\right|^{1/2} \tag{2.21}$$

总之，沿声线的强度与函数 $q(s)$ 成反比，通过一对额外的微分方程与声线方程积分，可以很容易地计算出 $q(s)$。

2.6.2 相干传播损失

任何一点的压力场都涉及识别所有本征声线，即通过指定接收器位置的声线。例如，如图 2-12 所示的本征声线。从中可以清楚地看到不同类别的折射、表面和底部反射声线，这些声线在接收器位置形成回波图案。

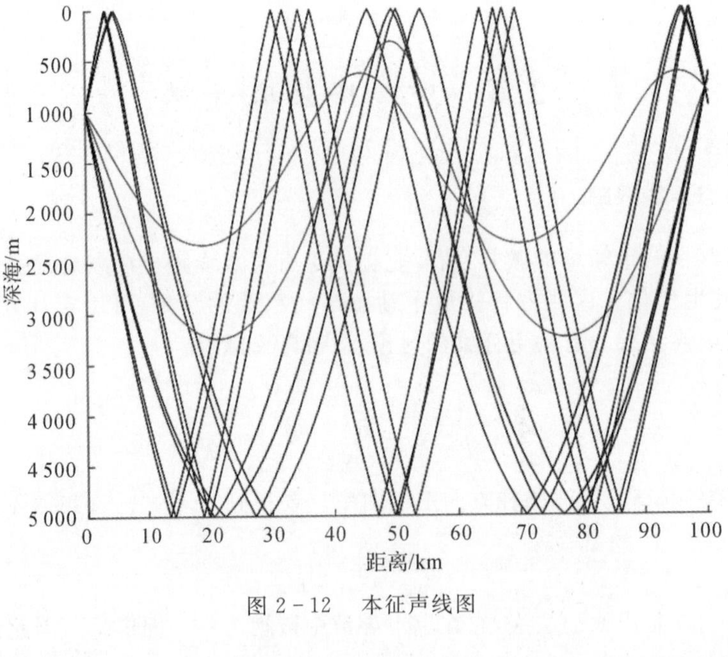

图 2-12 本征声线图

每个本征声线根据其在该点的强度和相位对复杂压力场做出贡献。强度的计算方法是简单地将每个本征声线的贡献相加，从而得出：

$$p^{(C)}(r,z) = \sum_{j=1}^{N(r,z)} p_j(r,z) \tag{2.22}$$

式中：$N(r,z)$ 表示在特定接收器位置对声场有贡献的本征声线数；$p_j(r,z)$ 是由该本征声线产生的压力。在近场中，可能只有三种重要的声线：直达声线、海底反射声线和海面反射声线。剩余的本征声线以比临界角更陡的角度照射底部，因此强烈衰减。在较长的范围内，通常会有

多次撞击表面和底部的路径或沿不同折射路径的本征声线。

一旦将相位和强度与声线路径相关联，就可以完成压力场的计算。传播损失的定义如下：

$$\mathrm{TL}(s) = -20\log\left|\frac{p(s)}{p^0(s=1)}\right| \tag{2.23}$$

式中：$p^0(s)$ 是自由空间中的点源在距离声源 1 m 处的压力。因此：

$$p^0(s=1) = \frac{1}{4\pi} \tag{2.24}$$

传播损失如图 2-13(a)所示，在近场中，可以看到相位的作用，即表面反射和直达声线路径相互干扰，形成劳埃德镜图案[19]。

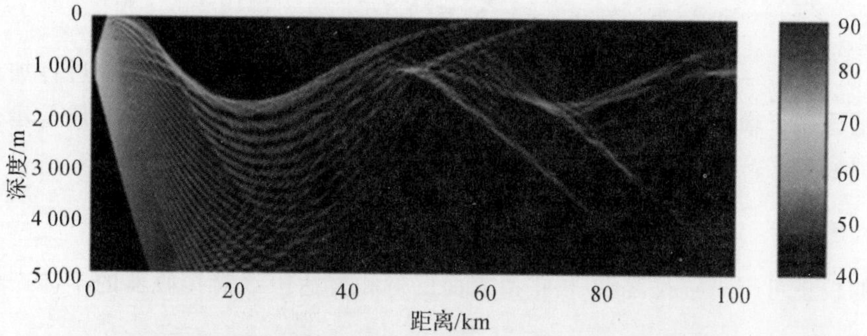

(a)

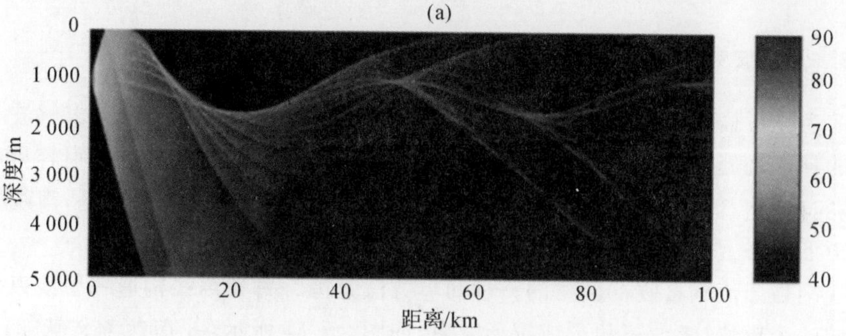

(b)

图 2-13　传播损失

(a)相干传播损失；(b)非相干传播损失

2.6.3　非相干传播损失

声线方法常用于高频问题：它们是在这种假设下导出的，而其他方法在更高的频率下变得不太实用。然而，进入高频时，干扰模式的细节不太稳定，因为准确预测需要极其详细的环境知识，但是这种知识通常是匮乏的。另外，声呐性能评估可能只需要平滑的传播损失结果。

在这些条件下，可以使用非相干计算，其中忽略每个与本征声线相关的压力相位。这导致了：

$$p^{(I)}(r,z) = \left[\sum_{j=1}^{N(r,z)} |p_j(r,z)|^2\right]^{1/2} \tag{2.25}$$

这种形式也有一些计算上的优势。通常，根据声线数量和声线步长进行的采样不太重要，因为缺少导致详细干涉图案的相位项[20]。非相干传播损失如图 2-13(b) 所示。显然，非相干结果比相干结果平滑得多。

2.6.4 半相干传播损失

虽然相干传播损失可能表示的结果非常详细，以至于在实际中无法观察到，但非相干计算可以在高频下也有相当稳定的平滑特征。在许多实际应用中需要的是某种折中的解决方案，它即保留了对详细环境不敏感的特性，也消除了无法预测的其他特性。

实现这一点有多种技术。它们基本上是非正式的或基于经验的。下面举的一个例子：由下式定义的半相干传播损失计算为

$$p^{(S)}(r,z)=\left[\sum_{j=1}^{N(r,z)} S(\theta_0)\ |p_j(r,z)|^2\right]^{1/2} \tag{2.26}$$

这里，$S(\theta_0)$ 是一个形状函数，它将声线的幅度作为其发射角度的函数进行加权。这种类型的公式也适用于辐射模式不是全方位的声源。然而，我们在这里的兴趣是重建在近场中预期的劳埃德镜模式。对于均匀半空间中的声源，劳埃德镜模式由下式给出：

$$S(\theta_0)=2\sin^2\left(\frac{\omega z_0 \sin\theta_0}{c_0}\right) \tag{2.27}$$

类似的校正可用于接收器，以校正由表面反射和直达声线对接收器的干涉产生的方向性图案。

2.6.5 几何波束

到目前为止所描述的声线方法通过引入由声线形成的新曲线坐标系来求解波动方程。这个坐标系的神奇之处在于，只要沿着每条声线求解一组常微分方程，就可以很容易地构造传播时间和幅度。当然，传播时间和幅度会立即产生沿每条声线的压力场。但是，声线模型的用户通常需要矩形网格上的场，其节点通常位于由声线形成的曲线网格之间。

从声线网格插值到接收器网格的一种简单方法是围绕每条声线构造一个波束。借用有限元文献中的一个想法，考虑三角形或帽形波束，如图 2-14 所示，并在参考文献[21] 中介绍。这些波束的振幅是锥形的，因此它在波束中心声线上从 $A_0(s)$ 线性变化，在任意一侧线性衰减到零。波束的半宽度 $W(s)$ 由波束振幅消失的中心声线的距离定义。精确选择此宽度，以使波束在其相邻声线的位置消失（因此，波束宽度取决于声线选择的密度）。因此，波束的压力为

$$P^{\text{beam}}(s,n)=A^{\text{beam}}(s)\phi(s,n)\mathrm{e}^{\mathrm{i}\omega\tau(s)} \tag{2.28}$$

式中：ω 是声源频率；$\tau(s)$ 是沿声线的传播时间；$\phi(s,n)$ 是帽状函数，即

$$\phi(s,n)=\begin{cases}\dfrac{W(s)-n}{W(s)}, & n\leqslant W(s)\\ 0, & \text{其他}\end{cases} \tag{2.29}$$

式中：s 是射线的弧长；$W(s)$ 为波束宽度；n 是从接收器到波束中心声线的正则化距离。

要求该波束在其中心声线（$n=0$ 处）上的振幅与几何声线理论结果相匹配，因此 $A^{\text{beam}}=A_0(s)$ 直接由动态声线方程导出。波束的半宽度 $W(s)$ 为

$$W(s)=|q(s)\delta\theta_0| \tag{2.30}$$

式中：$\delta\theta_0$ 是相邻声线之间的角间距；$q(s)$ 是来自动态声线方程的扩散项。

通过简单地用高斯形状替换帽状函数，可以得到一个稍微宽容一些的公式：

$$\varphi(s,n)=\mathrm{e}^{-\left(\frac{n}{W(s)}\right)^2} \tag{2.31}$$

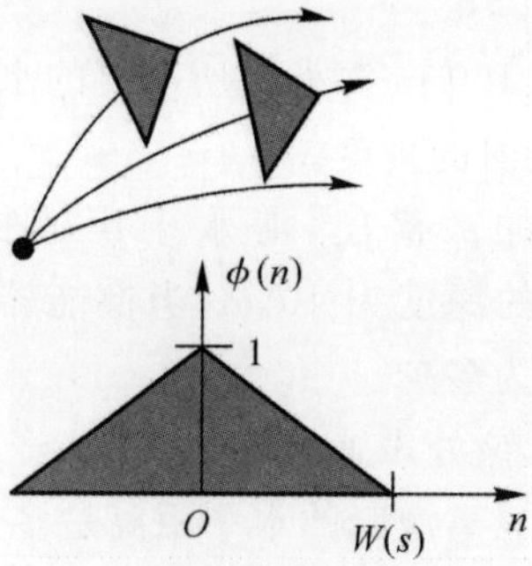

图 2-14　围绕每条射线构造几何波束

由此产生的高斯波束在整个波束中具有稍大的积分能量，因此每个波束的振幅必须相应降低：

$$A^{\text{beam}}(s)=\frac{1}{(2\pi)^{1/4}}\sqrt{\frac{\delta\theta_0}{r}\frac{c(s)}{c(0)}\frac{2\cos\theta_0}{W(s)}} \tag{2.32}$$

高斯形状的使用产生了压力场的一些平滑，然而，波束宽度 $W(s)$ 在焦散处消失，产生奇点。Weinberg 和 Keenan 建议通过施加最小波束宽度 $\pi\lambda$（其中 λ 为波长）来限制波束聚焦到某一点的能力[20]。经验推导的焦点极限消除了焦散点处的奇异性，通常提高了精度。后一种方法是 Bucker 在 20 世纪 70 年代初最初提出的高斯波束跟踪方法的衍生物。在 Bucker 的原著中，波束宽度的选择相当随意，然而，在后来的工作中，他提出了一种基于声线弧长的方法[21]。这些波束仅用于对声场进行插值，并不近似于在海洋中传播的真实高斯波束的物理特性。

2.7　本章小结

本章先从无线通信信道衰落类型及分类入手，具体介绍了水声信道的传播损失、多径、多普勒以及时变性分析和环境噪声分析等；然后，介绍了海洋声传播与声速剖面等概念，海洋声传播速度跟海洋中的温度、盐度、深度有关；海洋声传播分层现象明显，构成汇聚区传播、深海声信道传播、表面波导传播及北极声传播等，本章简述了浅海声传播的特点，以及路径的横向变化对声传播产生影响；介绍了声传播强度的计算过程，简述了动态声线跟踪模型，相干、非相干、半相干传播损失及几何波束。

2.8　思考与练习

1. 海洋中的声速具有怎样的特性？它对声传播具有哪些影响？
2. 声线弯曲满足的基本条件是什么？定性说明它们之间的规律。
3. 影响水声信道时变性的主要因素有哪些？
4. 简述声场传播的主要声场模型。
5. 香农公式的意义是什么？信道带宽和信噪比如何实现转换？

6. 海水中的声速值从海面的 1 500 m/s 均匀减小到 1 000 m 深处的 1 450 m/s。求：

(1)速度梯度；

(2)使海表面的水平声线达到 100 m 深处时所需要的水平距离；

(3)上述声线到达 100 m 深处时的角度。

7. 驱逐舰要搜索一艘水中的敌潜艇，海水中声速梯度为 −0.1 m/s，海面声速为 1 500 m/s，驱逐舰的声呐换能器的深度为 10 m，当换能器的俯角为 4.5°时，发现水平距离 1 000 m 处的潜艇，问潜艇的深度为多少？

8. 一艘潜艇位于 180 m 深处，该处声速为 1 500 m/s。它的声呐换能器在与水平的仰角 10°处探测到一个水面船只。问船只离潜艇的水平距离是多少？

9. 设通信系统的通信距离 $R=10$ km，信号频率 $f=2$ kHz，发射声源级 SL＝190 dB，采用全向发射换能器和接收换能器。假设信道为加性高斯白噪声信道，带宽主要由传播损失决定。试计算信道的等效 3 dB 带宽和信道容量。若信号频率增加为 $f=10$ kHz，这时信道的等效带宽和可实现的最大信息数据率各为多少？

参考文献

[1] 朱敏，武岩波. 水声通信技术进展[J]. 中国科学院院刊，2019，34(3):288－296.

[2] AL－ABOOSI Y Y, AHMED M S, SHAH N S, et al. Study of absorption loss effects on acoustic wave propagation in shallow water using different empirical models[J]. Journal of Engineering and Applied Sciences, 2017, 12(22): 6474－6478.

[3] AL－ABOOSI Y Y, SHA′AMERI A Z. Improved underwater signal detection using efficient time frequency de－noising technique and pre－whitening filter[J]. Applied Acoustics, 2017(123): 93－106.

[4] THORP W H. Analytic description of the low-frequency attenuation coefficient[[J]. The Journal of the Acoustical Society of America, 1967, 42(1): 270－270.

[5] FISHER F H, SIMMONS V P. Sound absorption in sea water[J]. The Journal of the Acoustical Society of America, 1977, 62(3): 558－564.

[6] RAPPAPORT T S. Wireless communications: principles and practice, prentice－hall, upper saddle river, NJ: prentice－hall[D]. New York:New York University, 2002.

[7] 韦佳利. 水声信道中 MFSK 通信研究[D]. 北京:中国科学院大学，2016.

[8] WU F Y, YANG K, TONG F, et al. Compressed sensing of delay and doppler spreading in underwater acoustic channels[J]. IEEE Acces, 2018, 6:2169－3536.

[9] 伍飞云，杨坤德，童峰. 稀疏水声信号处理与压缩感知应用[M]. 北京：电子工业出版社，2020.

[10] 童峰，伍飞云，周跃海. 水声信道估计[M]. 北京：科学出版社，2021.

[11] 夏梦璐. 浅海起伏环境中模型-数据结合水声信道均衡技术[D]. 杭州：浙江大学，2012.

[12] JENSEN F B, KUPERMAN W A, PORTER M B, et al. Computational ocean acoustics[M]. Berlin: Springer Science & Business Media, 2011.

[13] HALE F E. Long-range sound propagation in the deep ocean[J]. Acoustical Society of America, 1961, 33:456-464.

[14] EWING M, WORZEL J L. Long-range sound transmission[M]. New York: Geological Society of America, 1948.

[15] URICK R J. Principles of underwater sound[M]. 3th ed. New York: McGraw-Hill, 1983.

[16] JENSEN F B, KUPERMAN W A. Optimum frequency of propagation in shallow water environments[J]. Acoustical Society of America, 1983(73):813-819.

[17] CERVENÝ V. Ray tracing algorithms in three-dimensional laterally varying layered structures[M]. Boston: Seismic Tomography, 1987.

[18] JENSEN F B, KUPERMAN W A, PORTER M B, et al. Computational ocean acoustics[M]. New York: Modern Acoustics and Signal Processing, 2011.

[19] PORTER M B, LIU Y C. Finite-element ray tracing[C]//in Proceedings of the International Conference on Theoretical and Computational Acoustics. World Scientific, Singapore, 1994: 947-956.

[20] WEINBERG H, KEENAN R E. Gaussian ray bundles for modeling high-frequency propagation loss under shallow-water conditions[J]. Acoustical Society of America, 1996, 100(3): 1421-1431.

[21] BUCKER H P. A simple 3-D Gaussian beam sound propagation model for shallow water[J]. Acoustical Society of America, 1994, 95(5): 2437-2440.

第3章 海洋环境软件包 BELLHOP 的使用

BELLHOP 是一种用于预测海洋环境中声压场的波束跟踪模型。它可用 Fortran、MATLAB 和 Python 实现,并可以在多个平台(Mac、Windows 和 Linux)上使用。一个简单的算法可以用来形成波束跟踪结构。算法可以实现几种类型的波束,包括高斯波束和帽形波束,这些波束具有基于几何和物理的扩展定律。BELLHOP 可以产生各种有用的输出,包括本征声线、到达和接收时间序列、传播损失或声压[1]。它允许顶部和底部边界(测高和测深)以及声速剖面中的距离依赖性。附加输入文件允许指定定向源以及边界介质的地声特性。还可以提供顶部和底部反射系数。声压的计算基于高斯光束理论[2-3],可以使用不同的近似值,即几何波束(默认选项),具有射线中心坐标的波束,具有 Cartesian 坐标的波束,高斯射线无束近似。

3.1 BELLHOP 程序图

3.1.1 输入

BELLHOP 最简单的情况(也是典型的情况),就是只有一个输入文件,它被称为环境文件,包括声速剖面图(Sound Speed Profile, SSP)以及有关海底的信息。但是,如果存在一个与距离相关的底部,则必须添加一个海底地形文件,其中包含定义水深的距离-深度对。类似地,如果存在与距离相关的海洋声速,则必须创建一个 SSP 文件,并将声速列在常规网格中。此外,如果希望指定任意底部反射系数来表征底部,则必须提供底部反射系数文件,其中包含定义反射率的角度-反射系数对。曲面也实现了类似的功能。因此,可以选择提供顶部反射系数和顶部形状(称为测高文件)。

通常假设声源是全方位的。然而,如果有一个声源波束图,则必须提供一个声源波束图文件,其中包含定义它的角度-振幅对。

BELLHOP 根据在主环境文件中选择的选项读取这些文件。

提供画图程序(plotssp、plotbty、plotray 等)以显示每个输入文件。

3.1.2 输出

BELLHOP 根据主环境文件中选择的选项生成不同的输出文件。

通常从声线跟踪选项开始,该选项生成一个文件,其中包含从声源发出的一系列声线。如果选择了"本征声线(eigenray)"选项,则该系列声线将被筛选为仅包含指定接收器位置的声线。文件格式与"标准声线跟踪(standard ray - tracing)"选项中使用的格式相同。声线文件通常用于了解能量如何在通道中传播。程序 plotray 用于显示这些文件。

通常人们感兴趣的是计算声源的传播损失。传播损失基本上是单位强度的声源产生的声强。传播损失信息写入"shade"文件,该文件可以使用 plotshd 显示为二维曲面,或者可以使用 plottlr 画出指定深度上随距离变化的传播损失，使用 plottld 画出指定距离上随深度变化的传播损失[4]。

如果想得到的不仅仅是声源的强度，而是整个时间序列，那么可以选择“arrivals”计算。生成的“arrivals”文件包含振幅-延时对，定义通道中每个回波的响度和延时。可以使用 plotarr 来显示回波模式。或者，它可以传递给卷积器，卷积器将特定声源时间序列的回波相加，以生成接收器时间序列。程序 plotts 可用于绘制声源或接收器时间序列。

使用 BELLHOP 时，需要先下载声学工具箱，在运行 BELLHOP 时，使用的命令在 MATLAB 库函数中可能会不存在，这时，可以在 https://oalib - acoustics. org/Rays/index. html 中下载。下载完成后，可以在“主页—设置”路径中将所下载的文件夹添加到路径当中。

3.2　声速剖面和声线轨迹

在这里考虑一个深水情况下的 Munk 声速分布。通常应该从绘制声速剖面图和声线跟踪开始。输入文件(也称为环境文件)是一个简单的文本文件，并且必须具有一个“. env”扩展。通常最容易从一个示例文件开始(在这里考虑 MunkB_ray. env)：

```
1.'Munk profile'  ! TITLE
2.50.0  ! FREQ (Hz)
3.1  ! NMEDIA
4.'SVF'  ! SSPOPT (Analytic or C-linear interpolation)
5.51   0.0 5000.0   ! DEPTH of bottom (m)
6.      0.0 1548.52 /
7.   200.0 1530.29 /
8.   250.0 1526.69 /
9.   400.0 1517.78 /
10.   600.0 1509.49 /
11.   800.0 1504.30 /
12. 1000.0 1501.38 /
13. 1200.0 1500.14 /
14. 1400.0 1500.12 /
15. 1600.0 1501.02 /
16. 1800.0 1502.57 /
17. 2000.0 1504.62 /
18. 2200.0 1507.02 /
19. 2400.0 1509.69 /
20. 2600.0 1512.55 /
21. 2800.0 1515.56 /
22. 3000.0 1518.67 /
23. 3200.0 1521.85 /
24. 3400.0 1525.10 /
25. 3600.0 1528.38 /
26. 3800.0 1531.70 /
```

```
27. 4000.0 1535.04 /
28. 4200.0 1538.39 /
29. 4400.0 1541.76 /
30. 4600.0 1545.14 /
31. 4800.0 1548.52 /
32. 5000.0 1551.91 /
33.'A' 0.0
34. 5000.0 1600.00 0.0 1.0 /
35.1   ! NSD
36.1000.0 /   ! SD(1:NSD) (m)
37.51   ! NRD
38.0.0 5000.0 /   ! RD(1:NRD) (m)
39.1001   ! NR
40.0.0 100.0 /   ! R(1:NR ) (km)
41.'R'   ! 'R/C/I/S'
42.41   ! NBeams
43.-20.0 20.0 /   ! ALPHA1,2 (degrees)
44.0.0 5500.0 101.0   ! STEP (m), ZBOX (m), RBOX (km)
```

在上面环境文件中的“!”后面是注释，可以选择是否写上，程序无法读取注释中的内容（“!”与前面的参数之间需要有空格）。

声源频率(第 2 行)对于基本声线轨迹并不十分重要。声线与频率无关。但是，频率可能会对声线步长产生影响，因为代码假定在更高的频率下需要更精确的声线轨迹。

NMedia(第 3 行，介质层数)在 BELLHOP 中始终设置为 1。此参数是为了与声学工具箱中的其他模型兼容，这些模型能够处理多介质层问题。

顶部选项(第 4 行)指定为“SVF”，其中三个字母分别表示应使用样条曲线拟合来插值声速剖面，将海洋表面模拟为真空，所有衰减值均以 dB/(m·kHz)为单位。在这里选择样条曲线拟合，因为知道轮廓是平滑变化的。在这种情况下，样条曲线拟合会生成外观更平滑的声线跟踪图，关于其更多字母所表示的含义可以参考文献[4]的 21 页。

第 5 行中唯一重要的参数是底部深度(5 000 m)，表示声速剖面中需要读取的最后一行。BELLHOP 不使用前两个参数。

接下来是一系列海洋声速剖面的深度－声速对。声速剖面中的最后一个值必须是先前指定的底部深度值。为了确保与声学工具箱中的其他模型兼容，通常使用“/”终止每一行。其他模型期望衰减、剪切速度和密度作为附加参数，“/”表明停止读取并使用默认值。

接下来，选项字母“A”表示底部将建模为声弹性半空间。下面一行指定半空间的声速为1 600 m/s。

接下来的 6 行指定声源个数和深度、垂直方向接收器个数及深度、接收器水平取值个数及范围。深度始终以 m 为单位，范围以 km 为单位。在第一次运行中，将生成一个声线跟踪，因此接收器的位置是不相关的。在本次的例子中，已指定 51 个接收器深度。通常，如果只是想要接收器深度的均匀分布来显示声场。为了避免用户输入所有这些数字，可以选择只输入第一个和最后一个值，并以“/”结束该行。该代码检测到提前终止，然后通过插值生成一整套接收机。

第 41 行是运行类型。选择选项“R”来进行声线跟踪运行。然后，以下几行指定声线的数量和角度限制[以(°)为单位]。我们遵循一个惯例，即零度是水平发射的光线，向底部发射的光线是正角度。

对于声线跟踪运行，如果使用超过 50 条光线，所绘的图通常会变得过于混乱。角度限制由用户感兴趣的区域部分决定。

最后一行(第 44 行)指定用于跟踪声线的步长(以 m 为单位)，以及声场绘制的距离和深度范围。通常，应选择 0 的步长，然后 BELLHOP 将自动选择约 1/10 的水深。无论选择什么步长，BELLHOP 都会在跟踪声线时动态调整步长，以确保每条声线精确地落在给定声速的所有深度上。因此，声速剖面本身通常控制声线步长。如果提供的声速点比所需的要多，BELLHOP 会运行得更慢。另外，对于给定的声速剖面采样，可以通过指定小于默认值的步长来获得更精确的声线跟踪。

现在已经创建了输入文件，那么可以开始使用 MATLAB 例程 plotssp.m 绘制声速剖面图。运行该命令的 MATLAB 命令的语法为：plotssp MunkB_ray。其中“MunkB_ray”是 BELLHOP 的输入文件名。生成的声速剖面图如图 3-1 所示。

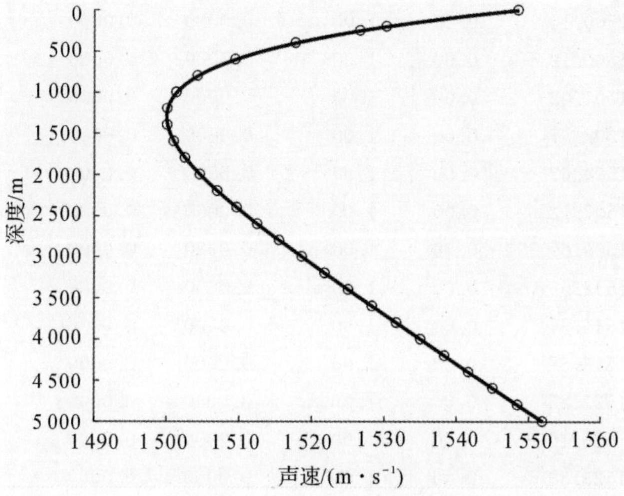

图 3-1　Munk 声速剖面图

从声速剖面图开始，以逻辑的方式介绍场景。然而，在实践中，建议先在输入文件上进行试运行。BELLHOP 将生成如下所示的打印文件，该文件以清晰的格式回显输入数据。此外，它会在遇到无法理解的事情时停止。因此，通过检查打印文件，通常可以清楚地看到任何格式错误。

```
BELLHOP/BELLHOP3D

BELLHOP- Munk profile
frequency =    50.00      Hz

Dummy parameter NMedia =          1
```

Spline approximation to SSP

Attenuation units：dB/mkHz

VACUUM

Depth =　　5000.00 m

Sound speed profile：

z (m)	alphaR (m/s)	betaR	rho (g/cm^3)	alphaI	betaI
0.00	1548.52	0.00	1.00	0.0000	0.0000
200.00	1530.29	0.00	1.00	0.0000	0.0000
250.00	1526.69	0.00	1.00	0.0000	0.0000
400.00	1517.78	0.00	1.00	0.0000	0.0000
600.00	1509.49	0.00	1.00	0.0000	0.0000
800.00	1504.30	0.00	1.00	0.0000	0.0000
1000.00	1501.38	0.00	1.00	0.0000	0.0000
1200.00	1500.14	0.00	1.00	0.0000	0.0000
1400.00	1500.12	0.00	1.00	0.0000	0.0000
1600.00	1501.02	0.00	1.00	0.0000	0.0000
1800.00	1502.57	0.00	1.00	0.0000	0.0000
2000.00	1504.62	0.00	1.00	0.0000	0.0000
2200.00	1507.02	0.00	1.00	0.0000	0.0000
2400.00	1509.69	0.00	1.00	0.0000	0.0000
2600.00	1512.55	0.00	1.00	0.0000	0.0000
2800.00	1515.56	0.00	1.00	0.0000	0.0000
3000.00	1518.67	0.00	1.00	0.0000	0.0000
3200.00	1521.85	0.00	1.00	0.0000	0.0000
3400.00	1525.10	0.00	1.00	0.0000	0.0000
3600.00	1528.38	0.00	1.00	0.0000	0.0000
3800.00	1531.70	0.00	1.00	0.0000	0.0000
4000.00	1535.04	0.00	1.00	0.0000	0.0000
4200.00	1538.39	0.00	1.00	0.0000	0.0000
4400.00	1541.76	0.00	1.00	0.0000	0.0000
4600.00	1545.14	0.00	1.00	0.0000	0.0000
4800.00	1548.52	0.00	1.00	0.0000	0.0000
5000.00	1551.91	0.00	1.00	0.0000	0.0000

(RMS roughness =　0.00　)

ACOUSTO－ELASTIC half－space

5000.00	1600.00	0.00	1.00	0.0000	0.0000

Number of source　depths =　　　　1

```
Source depths (m)
  1000.00

Number of receiver depths =           51
Receiver depths (m)
  0.00000      100.000      200.000      300.000      400.000
  500.000      600.000      700.000      800.000      900.000
  1000.00      1100.00      1200.00      1300.00      1400.00
  1500.00      1600.00      1700.00      1800.00      1900.00
  2000.00
  ...     5000.00000

Number of receiver ranges =       1001
Receiver ranges (km)
  0.00000      0.100000     0.200000     0.300000     0.400000
  0.500000     0.600000     0.700000     0.800000     0.900000
  1.00000      1.10000      1.20000      1.30000      1.40000
  1.50000      1.60000      1.70000      1.80000      1.90000
  2.00000
  ...     100.000000

Ray trace run
Geometric hat beams in Cartesian coordinates
Point source (cylindrical coordinates)
Rectilinear receiver grid: Receivers at rr( : ) x rd( : )

Number of beams in elevation    =          41
Beam take-off angles (degrees)
  -20.0000     -19.0000     -18.0000     -17.0000     -16.0000
  -15.0000     -14.0000     -13.0000     -12.0000     -11.0000
  -10.0000     -9.00000     -8.00000     -7.00000     -6.00000
  -5.00000     -4.00000     -3.00000     -2.00000     -1.00000
  0.00000
  ...     20.000000000000000
___________________________________________________________________

Step length,      deltas =     0.0000000000000000        m

Maximum ray depth, Box%z =     5500.0000000000000        m
Maximum ray range, Box%r =     101000.00000000000        m


Step length,      deltas =     500.00000000000000        m (automatically selected)
```

CPU Time =   0.312E−01s

运行 BELLHOP 的 MATLAB 命令是：bellhop MunkB_ray。其中“MunkB_ray”是输入文件名。假设成功完成任务，BELLHOP 将生成一个名为“MunkB_ray. prt”的打印文件和一个名为“MunkB_ray. ray”的声线文件。可以通过仔细检查打印文件，以验证问题是否按预期设置，以及 BELLHOP 是否已运行完毕。后者可以通过检查打印文件中有没有错误消息，以及打印文件的最后一行是否显示所用的 CPU 时间来验证。

下一步是使用 MATLAB 命令绘制声线：

```
plotray MunkB_ray.
```

结果如图 3 - 2 所示。其中，范围轴以 m 为单位。如果首选 km 数，则只需设置全局 MATLAB 变量：

```
units = 'km'
```

根据声线是击中一个边界还是两个边界，使用不同的颜色显示声线。曲面和底部反弹的数量会写入声线文件中，因此修改 plotray 以对光线进行颜色编码就变得非常简单。

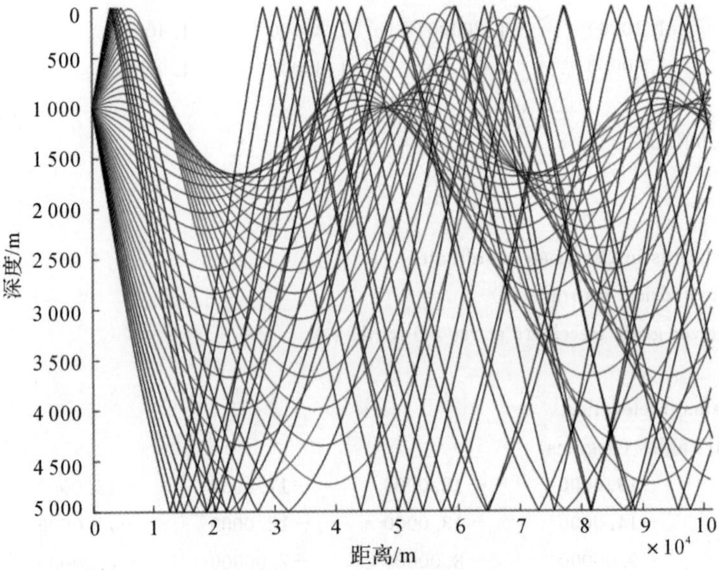

图 3 - 2　Munk 声速剖面的声线跟踪

3.3　本征声线图

BELLHOP 还可以生成本征声线图，仅显示连接声源和接收器的声线。为此，只需将运行类型更改为“E”。

另外，通常需要使用更多的声线数量。例如，如果像在上一个例子中那样使用 41 条声线，那么这些声线在很长的范围内分布得很广。然后，在保存声线时，可能会大幅度地错过接收器的位置。因此，本例中的声线数增加到 5 001。使用的声线越多，特征声线计算就越精确。但是，运行时间将相应增加。

通常应使用单个声源和接收器进行本征声线计算。否则，生成的声线图将过于混乱。输入文件为 MunkB_eigenray. env，使用 plotray 命令绘制特征声线，得到如图 3－3 所示中的曲线图。

MunkB_eigenray. env

```
'Munk profile'  ! TITLE
50.0  ! FREQ (Hz)
1  ! NMEDIA
'CVF'  ! SSPOPT (Analytic or C—linear interpolation)
51  0.0 5000.0  ! DEPTH of bottom (m)
    0.0 1548.52 /
  200.0 1530.29 /
  250.0 1526.69 /
  400.0 1517.78 /
  600.0 1509.49 /
  800.0 1504.30 /
 1000.0 1501.38 /
 1200.0 1500.14 /
 1400.0 1500.12 /
 1600.0 1501.02 /
 1800.0 1502.57 /
 2000.0 1504.62 /
 2200.0 1507.02 /
 2400.0 1509.69 /
 2600.0 1512.55 /
 2800.0 1515.56 /
 3000.0 1518.67 /
 3200.0 1521.85 /
 3400.0 1525.10 /
 3600.0 1528.38 /
 3800.0 1531.70 /
 4000.0 1535.04 /
 4200.0 1538.39 /
 4400.0 1541.76 /
 4600.0 1545.14 /
 4800.0 1548.52 /
 5000.0 1551.91 /
'A' 0.0
5000.0 1600.00 0.0 1.0 /
1  ! NSD
1000.0 /  ! SD(1:NSD) (m)
1  ! NRD
800.0 /  ! RD(1:NRD) (m)
```

```
1      ! NR
100.0 /    ! R(1:NR ) (km)
'E'    ! 'R/C/I/S'
5001    ! NBeams
-25.0 25.0 /    ! ALPHA1,2 (degrees)
0.0 5500.0 101.0    ! STEP (m), ZBOX (m), RBOX (km)
```

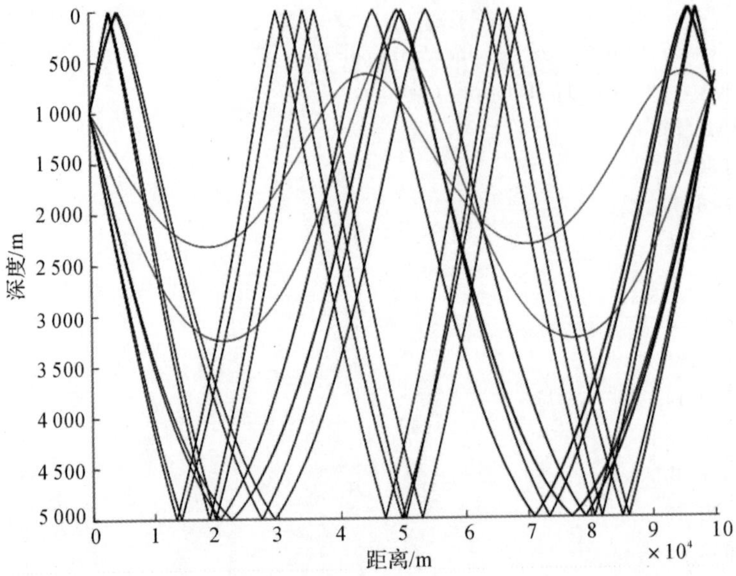

图 3-3　声源为 1 000 m,接收器为 800 m 的 Munk 声速剖面的本征声线

3.4　传播损失

可以通过选择运行类型"C"来计算传播损失,如下面输入文件所示。然后针对指定的接收器网格计算声压场 p,并按比例调整,使 $20\log_{10}|p|$ 是以 dB 为单位的传播损失。还可以选择多个声源深度,在这种情况下,BELLHOP 会按顺序为每个声源深度运行。频率(此处为 50 Hz)现在是一个非常重要的参数,因为干扰模式与波长直接相关。当存在衰减时,频率也会影响衰减。波束数 NBeams 通常设置为 0,表示 BELLHOP 自动选择适当的值。

MunkB_coh. env

```
'Munk profile, coherent'    ! TITLE
50.0    ! FREQ (Hz)
1    ! NMEDIA
'CVW'    ! SSPOPT (Analytic or C-linear interpolation)
51   0.0 5000.0    ! DEPTH of bottom (m)
     0.0 1548.52 /
   200.0 1530.29 /
   250.0 1526.69 /
   400.0 1517.78 /
```

```
  600.0 1509.49 /
  800.0 1504.30 /
 1000.0 1501.38 /
 1200.0 1500.14 /
 1400.0 1500.12 /
 1600.0 1501.02 /
 1800.0 1502.57 /
 2000.0 1504.62 /
 2200.0 1507.02 /
 2400.0 1509.69 /
 2600.0 1512.55 /
 2800.0 1515.56 /
 3000.0 1518.67 /
 3200.0 1521.85 /
 3400.0 1525.10 /
 3600.0 1528.38 /
 3800.0 1531.70 /
 4000.0 1535.04 /
 4200.0 1538.39 /
 4400.0 1541.76 /
 4600.0 1545.14 /
 4800.0 1548.52 /
 5000.0 1551.91 /
'A' 0.0
 5000.0 1600.00 0.0 1.8 0.8 /
1   ! NSD
1000.0 /   ! SD(1:NSD) (m)
201   ! NRD
0.0 5000.0 /   ! RD(1:NRD) (m)
501   ! NR
0.0 100.0 /   ! R(1:NR ) (km)
'C'   ! 'R/C/I/S'
0   ! NBeams
-20.3 20.3 /   ! ALPHA1,2 (degrees)
0.0 5500.0 101.0   ! STEP (m), ZBOX (m), RBOX (km)
```

先对其 BELLHOP,然后运行 MATLAB 命令：

```
plotshd MunkB_coh.shd.
```

运行结果如图 3-4 所示。

当运行类型选择“C”时,产生的是相干传播损失(Transmission Loss,TL)计算,将其修改为“S”或“I”,将会分别产生半相干和非相干传播损失计算。运行类型中第二个字母可以用来选择所使用的特定波束类型。默认使用“B”,高斯波束[4]。

之后可以使用 MATLAB 命令读取声压场：

[PlotTitle, PlotType, freqVec,~, atten, Pos, pressure]=read_shd('MunkB_coh.shd');

之后可以使用命令缩减声压场维度：

pres=squeeze(pressure);

得到的将会是 NRD * NR 维度的声压场。

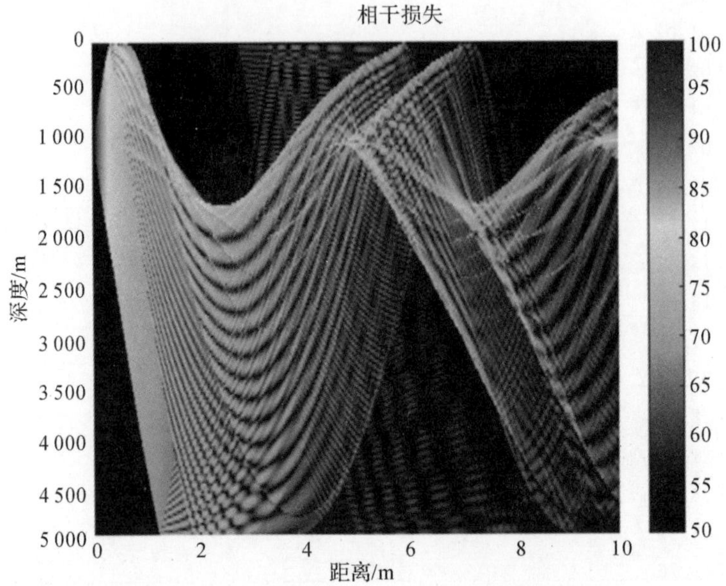

图 3-4 Munk 声速剖面的传播损失图

3.5 定 向 源

考虑自由空间中的点源(在均匀介质中)。BELLHOP 环境文件使用深度为±10 000 m 的声速剖面。为了确保没有边界反射,使用声弹性半空间选项,声速和密度与水柱内的声速和密度精确匹配。将 NBeams 和 Step 设置为 0,让代码自动选择适当的值。这种情况下的环境文件如下所示,产生的 TL 图如图 3-5 所示。

omni. env

```
1.'Point source in free space'
2. 100.0 ! Frequency (Hz)
3. 1
4. 'CAF'
5. -10000.0 1500.0 0.0 1.0 /
6. 1500 0.0 10000.0
7.-10000.0 1500.0 0.0 1.0 /
8. 10000.0 /
9. 'A' 0.0
10. /
11. 1 ! NSD
12. 0.0 / ! SD(1:NSD)
```

13. 501 ! NRD

14. −5000.0 5000.0 / ! RD(1:NRD)

15. 501 ! NR

16. −10.0 10.0 / ! R(1:NR) (km)

17. 'C' ! Run type: 'Ray/Coh/Inc/Sem'

18. 0 ! NBEAMS

19. −180 180 / ! ALPHA1,2 (degrees)

20. 0.0 10001.0 10.0 ! STEP (m), ZBOX (m), RBOX (km)

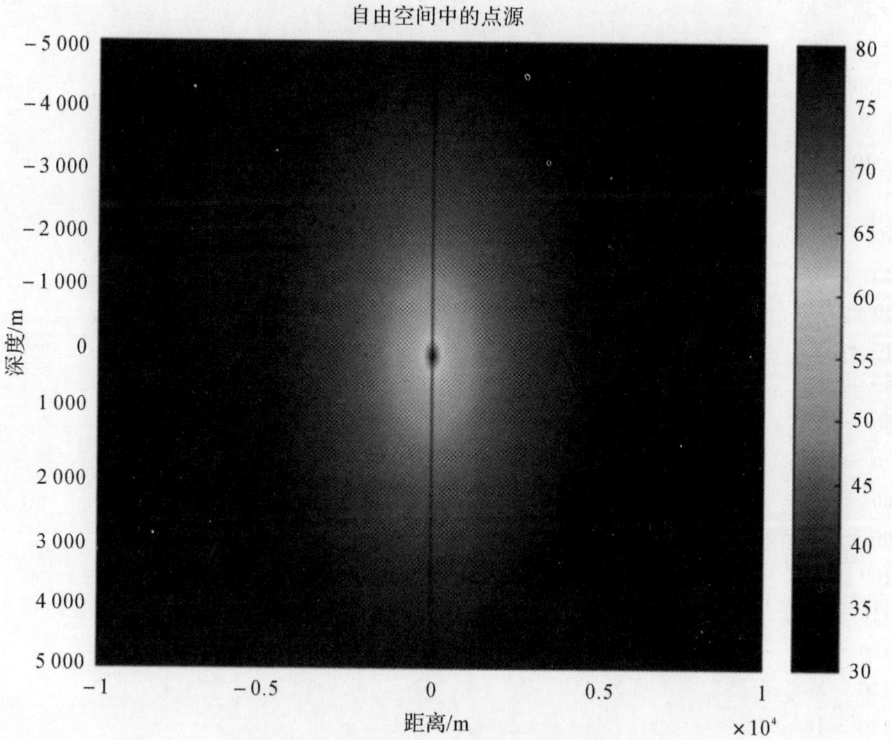

图 3-5　自由空间中点源的传播损失

定向声源是水下声学中常用的声源。通常,方向图是通过调整一组离散的全向投影仪的相位和振幅生成的。但是,需要对多个声源进行字段计算,以及对字段进行合并的后处理。

另一种选择是向 BELLHOP 提供声源波束模式的选项。要做到这一点,只需提供一个".sbp"的附加文件,包含定义波束模式的角度—等级对。第一行表示这类对的数量。其中,角度以(°)为单位,等级以 dB 为单位。

shaded.sbp

1. 37

2. −180 10

3. −170 −10

4. −160　0

5. −150 −20

6. −140 −10

```
-130 -30
-120 -20
-110 -40
-100 -30
-90 -50
-80 -30
-70 -40
-60 -20
-50 -30
-40 -10
-30 -20
-20  0
-10 -10
0  10
10 -10
20  0
30 -20
40 -10
50 -30
60 -20
70 -40
80 -30
90 -50
100 -30
110 -40
120 -20
130 -30
140 -10
150 -20
160  0
170 -10
180  10
```

为了指示 BELLHOP 读取这样一个声源波束模式文件，只需将运行类型的第三个字母设置为"＊"，如下所示。由此产生的 TL 图如图 3－6 所示。

shaded.env

```
'Shaded point source in free space'
100.0  ! Frequency (Hz)
1
'CAF'
0.0 1500.0 0.0 1.0 /
1500 0.0 5000.0
-5000.0 1500.0 0.0 1.0 /
5000.0 /
```

```
9.'A', 0.0
10./
11.1   ! NSD
12.0.0 /   ! SD(1:NSD)
13.501   ! NRD
14.-5000.0 5000.0 /   ! RD(1:NRD)
15.501   ! NR
16.-10.0 10.0 /   ! R(1:NR ) (km)
17.'C *'   ! Run type: 'Ray/Coh/Inc/Sem'
18.361   ! NBEAMS
19.-180 180 /   ! ALPHA1,2 (degrees)
20.0.0 5001.0 10.0   ! STEP (m), ZBOX (m), RBOX (km)
```

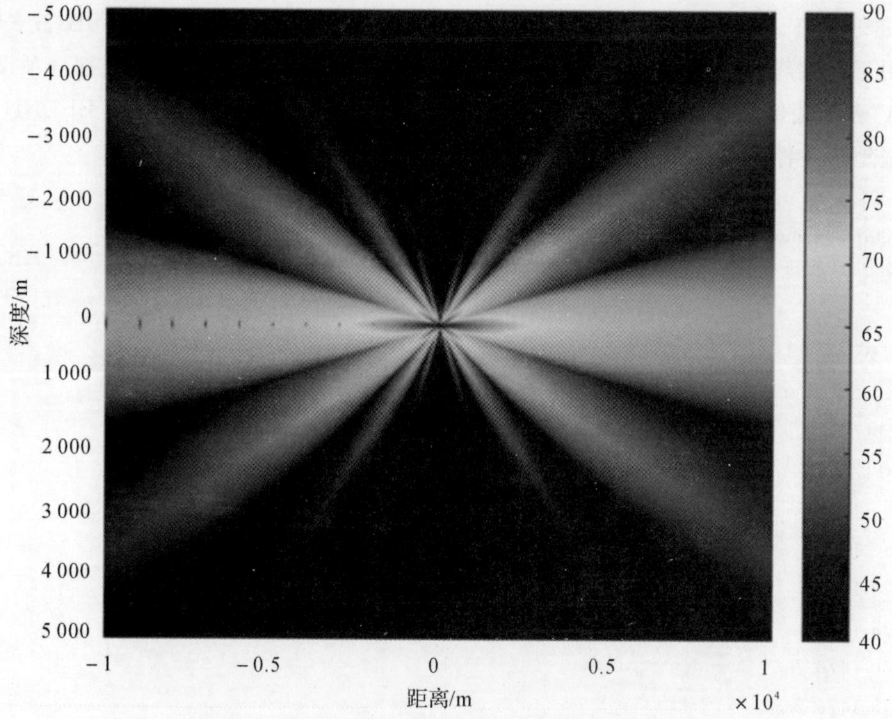

图 3-6　自由空间中使用声源波束模式的传播损失

3.6 距离相关边界

3.6.1 分段线性边界:Dickins 海山

这里考虑将 Dickins 海山案作为第一个例子。海底测深被理想化为在 3 000 m 深度是平坦的,除了海山在 20 km 范围内上升到 500 m 深度。海山被模拟成一个底部为 20 km 的三角形。海底地形在一个单独的文件中定义,文件扩展名为“.bty”,如下所示。其中,第 1 行“L”表示分段线性拟合,或指定“C”表示曲线拟合。在这里想要三角形海山,所以选择分段线性拟合。第 2 行是测深点的数量，其后的几行是定义测深的距离-深度对。按照通常的 BELLHOP 惯例，距离以 km 为单位，深度以 m 为单位。海底地形必须从零范围（如果对反向散射场感兴趣，则为负"范围"）开始定义，直到声场计算的最大关注范围。

DickinsB. bty

```
1. 'L'
2. 5
3. 0 3000
4. 10 3000
5. 20 500
6. 30 3000
7. 100 3000
```

环境文件如下所示。在第 4 行的顶部选项是"CVW"。"C"表示希望以分段线性的方式对声速 *C* 进行插值。"V"是海洋表面的标准真空选项。"W"表示衰减单位为 dB/波长，因为这些单位用于提供环境说明。环境文件的水深规定为 3 000 m。在第 36 行，底部选项设置为"A *"。"A"表示底部的声弹性半空间，这是一种典型选择，此处引入" * "表示 BELLHOP 读取补充海底地形文件"DickinsB. bty"。

DickinsB. env

```
1. 'Dickins seamount'        ! TITLE
2. 230.0                     ! FREQ (Hz)
3. 1                         ! NMEDIA
4. 'CVW'                     ! SSPOPT (Analytic or C-linear interpolation)
5. 525 0.0 3000.0            ! DEPTH of bottom (m)
6. 0 1476.7 /
7. 5 1476.7 /
8. 10 1476.7 /
9. 15 1476.7 /
10. 20 1476.7 /
11. 25 1476.7 /
12. 30 1476.7 /
13. 35 1476.7 /
14. 38 1476.7 /
15. 50 1472.6 /
16. 70 1468.8 /
17. 100 1467.2 /
18. 140 1471.6 /
19. 160 1473.6 /
20. 170 1473.6 /
21. 200 1472.7 /
22. 215 1472.2 /
23. 250 1471.6 /
24. 300 1471.6 /
```

```
25. 370 1472.0 /
26. 450 1472.7 /
27. 500 1473.1 /
28. 700 1474.9 /
29. 900 1477.0 /
30. 1000 1478.1 /
31. 1250 1480.7 /
32. 1500 1483.8 /
33. 2000 1490.5 /
34. 2500 1498.3 /
35. 3000 1506.5 /
36.'A *' 0.0
37.3000.0 1550.0 0.0 1.5 0.5 /
38.1                          ! NSD
39.18.0 /                  ! SD(1:NSD) (m)
40.201                          ! NRD
41.      0.0 3000.0 /             ! RD(1:NRD) (m)
42.1001                            ! NR
43.    0.0 100.0 /              ! R(1:NR) (km)
44.'CB'                           ! 'R/C/I/S'
45.0                               ! NBEAMS
46.-89.0 89.0 /               ! ALPHA1,2 (degrees)
47.0.0 3100.0 101.0             ! STEP (m), ZBOX (m), RBOX (km)
```

使用 MATLAB 命令:plotbty DickinsB 可以绘制出海底地形图。

人为的海山尖端会产生大量的衍射能量,通过插入额外的测深点来绕过不连续性,可以进一步改善这一点。

在选择将海底地形图与传播损失绘制到一起时,可以在编辑器中写上 MATLAB 命令:

TL_DickinsB.m

```
1. global units
2. units = 'km';
3. bellhop DickinsB
4. plotshd( 'DickinsB.shd')%画出传播损失
   plotbty 'DickinsB'
```

结果如图 3-7 所示。

3.6.2　绘制单波束传播损失

BELLHOP 通过汇总一系列波束来计算声场。有时,需要绘制其中的单个波束,此时可以将顶部选项(第 4 行)中的第五个字母设置为"I"来调用此选项。然后,还必须在 NBeams(第 45 行)之后添加第二个整数,以表示所感兴趣的特定波束。具体设置参数见 DikinsB OneBeam.env 文件。TL 的结果如图 3-8 所示。

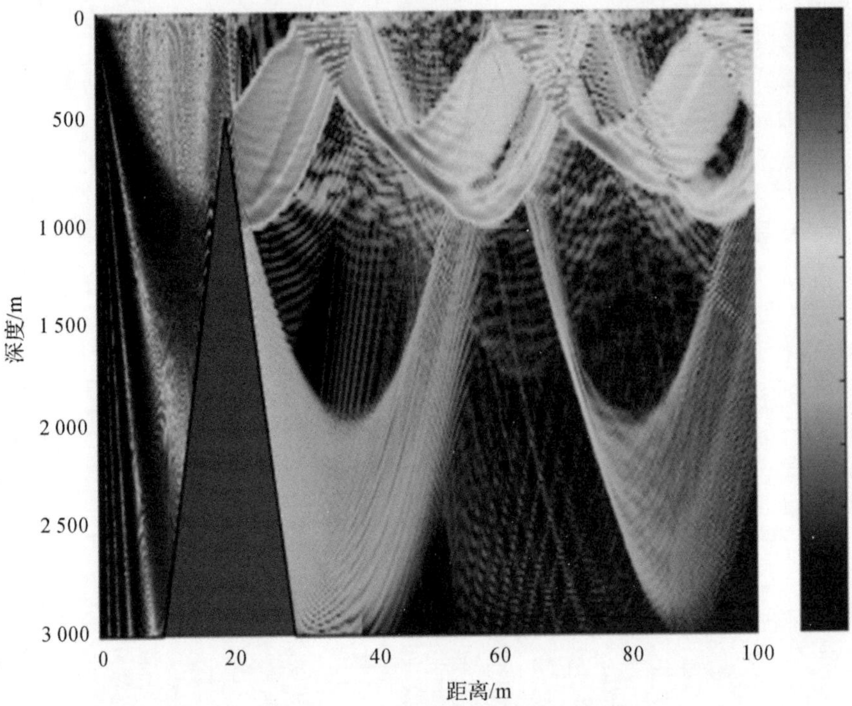

图 3-7　Dickins 海山传播损失

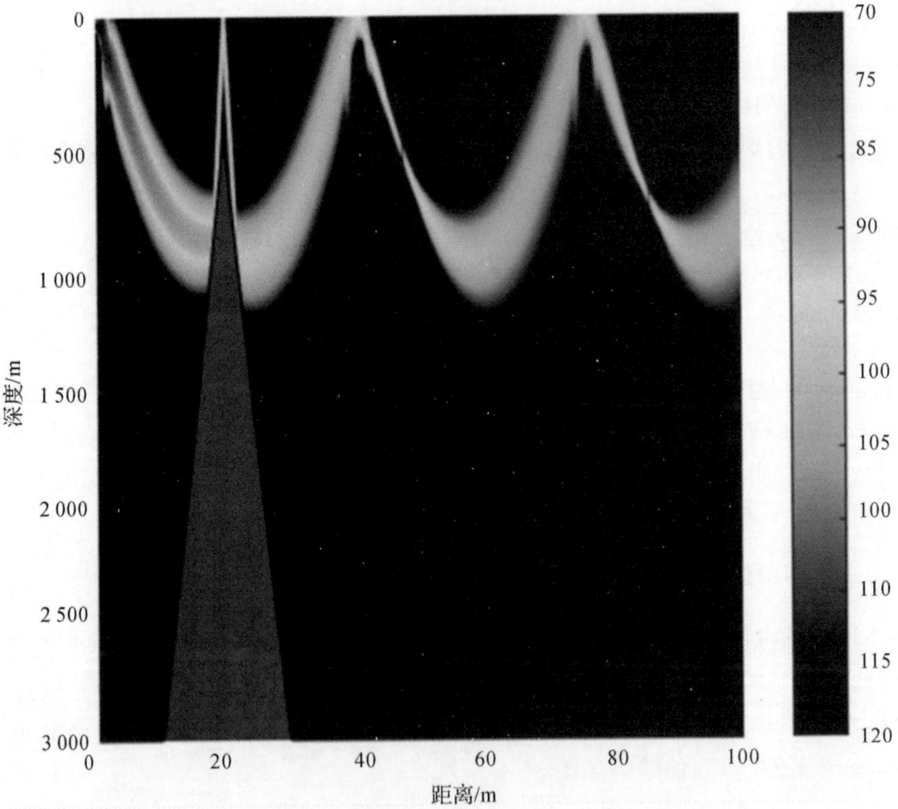

图 3-8　选择单波束时的传播损失

"具体设置参数见 DickinsB oneBeam. env 文件。"

DickinsB_oneBeam. env

```
'Dickins seamount'            ! TITLE
230.0                   ! FREQ (Hz)
1                 ! NMEDIA
'CVW   I'               ! SSPOPT (Analytic or C-linear interpolation)
525 0.0 3000.0          ! DEPTH of bottom (m)
   0 1476.7 /
   5 1476.7 /
  10 1476.7 /
  15 1476.7 /
  20 1476.7 /
  25 1476.7 /
  30 1476.7 /
  35 1476.7 /
  38 1476.7 /
  50 1472.6 /
  70 1468.8 /
 100 1467.2 /
 140 1471.6 /
 160 1473.6 /
 170 1473.6 /
 200 1472.7 /
 215 1472.2 /
 250 1471.6 /
 300 1471.6 /
 370 1472.0 /
 450 1472.7 /
 500 1473.1 /
 700 1474.9 /
 900 1477.0 /
 1000 1478.1 /
 1250 1480.7 /
 1500 1483.8 /
 2000 1490.5 /
 2500 1498.3 /
 3000 1506.5 /
'A *' 0.0
3000.0  1550.0     0.0  1.5 0.5 /
1                 ! NSD
18.0 /                  ! SD(1:NSD) (m)
201                     ! NRD
      0.0 3000.0 /                ! RD(1:NRD) (m)
```

```
1001                ! NR
  0.0 100.0 /            ! R(1:NR) (km)
'CB'               ! 'R/C/I/S'
21 12                ! NBeams, IBeam
-15.0 15.0 /              ! ALPHA1,2 (degrees)
0.0 3100.0 101.0           ! STEP (m), ZBOX (m), RBOX (km)
'MS' 1.0 100.0          ! BeamType, epmult, Rloop (km)
 1 5 'P'              ! NImage IBWin
```

3.6.3 曲线边界:抛物线底面

在上面的示例中,海底地形是以分段线性的方式定义的。但是,在某些情况下,需要更平滑的形状。此时,只需将测深文件中的第一个字母更改为“C”,即可调用曲线选项。声线图如图 3-9(a)所示,TL 如图 3-9(b)所示。深度与范围的关系为 $D(r)=500\sqrt{1+4r}$,其中 r 的单位为 km,深度 D 的单位为 m。

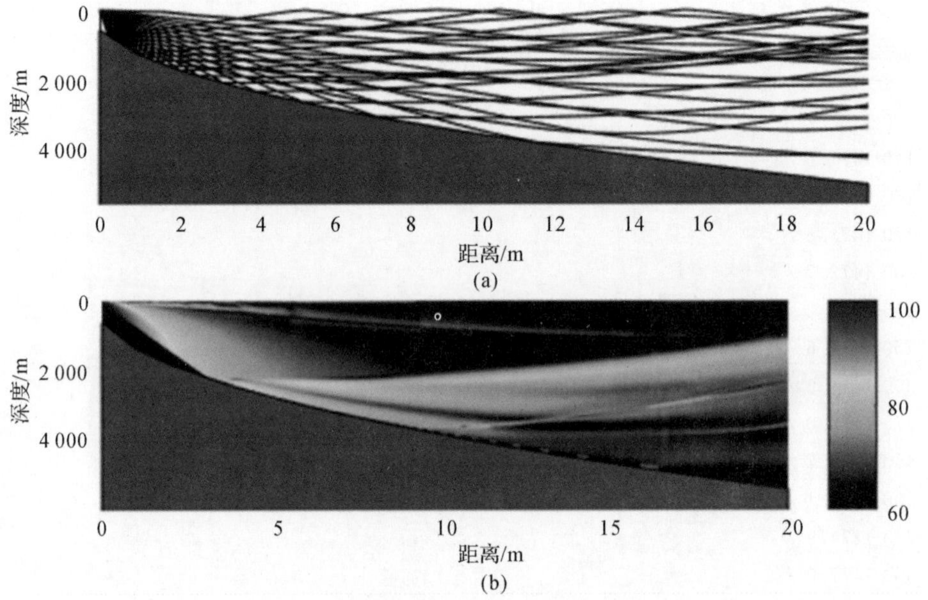

图 3-9 抛物线测深剖面的曲线边界插值

(a)声线轨迹; (b)传播损失

3.7 与距离相关的声速剖面

在 BELLHOP 中,与距离相关的声速曲线很容易处理。基本输入文件在形式上与范围无关,与 SSP 的输入文件相同,只是使用选项字母“Q”作为第一个字母(“Q”表示“四边形”SSP 插值)。这种情况下的输入文件如下所示。

Gulf_ray_rd.env

```
'Topgulf'
```

```
50.0
1
'QVW'
0 0.0 5000.0
0.0 1536.00 /
200.0 1506.00 /
700.0 1503.00 /
800.0 1508.00 /
1200.0 1508.00 /
1500.0 1497.00 /
2000.0 1500.00 /
3000.0 1512.00 /
4000.0 1528.00 /
5000.0 1545.00 /
'A*' 0.0
5000.00 1800.0 0.0 2.0 0.1 0.0
1 ! NSD
300.0 / ! SD(1:NSD) (m)
101 ! NRD
0.0 5000.0 / ! RD(1:NRD) (m)
1001 ! NR
0.0 125.0 / ! R(1:NR ) (km)
'R' ! 'R/C/I/S'
29 ! NBeams
-14.0 14.0 / ! ALPHA1,2 (degrees)
1000.0 5500.0 126.0 ! STEP (m), ZBOX (m), RBOX (km)
```

必须在扩展名为“.ssp”的文件中的矩形网格上提供所需的 SSP。

Gulf_ray_rd.ssp

```
1. 9
2. 0.0   12.5   25.0   37.5   50.0   75.0   100.0   125.0 201
3. 1536   1536   1536   1536   1536   1536   1536   1536   1536
4. 1506   1508.75   1511.5   1514.25   1517   1520   1524   1528   1528
5. 1503   1503   1503   1502.75   1502.5   1502   1502   1502   1502
6. 1508   1507   1506   1505   1504   1503   1501.5   1500   1500
7. 1508   1506.6   1505   1503.75   1502.5   1500.5   1499   1497   1497
8. 1497   1497   1497   1497   1497   1497   1497   1497   1497
9. 1500   1500   1500   1500   1500   1500   1500   1500   1500
10. 1512   1512   1512   1512   1512   1512   1512   1512   1512
11. 1528   1528   1528   1528   1528   1528   1528   1528   1528
12. 1545   1545   1545   1545   1545   1545   1545   1545   1545
```

第 1 行表示配置文件的数量，即 SSP 矩阵中的列数。第 2 行给出了这些剖面的实际范围

(以 km 为单位)。下面几行的声速单位是 m/s,并且每行对应一个固定深度。使用的实际深度取自原始环境文件,在本例中为 Gulf - ray、rd. env 的第 6～15 行。

为了获得 2D SSP 的最佳计算,应确保波束步长在剖面范围,并且不超过其范围。要做到这一点,可以使用一个测深或测高文件,该文件在其样本中包含这些剖面范围。本例测深文件如下所示。

Gulf_ray_rd. bty

```
1.'L'
2.8
3. 0.0 5000
4.12.5 5000
5.25.0 5000
6.37.5 5000
7.50.0 5000
8.75.0 5000
9.100.0 5000
10.125.0 5000
```

然后可以使用 MALTAB 中的命令来绘制声速剖面图：

plotssp2d Gulf_ray_rd.

其中"Gulf_ray_rd. env"是 BELLHOP 输入文件的名称,结果如图 3 - 10 和图 3 - 11 所示。

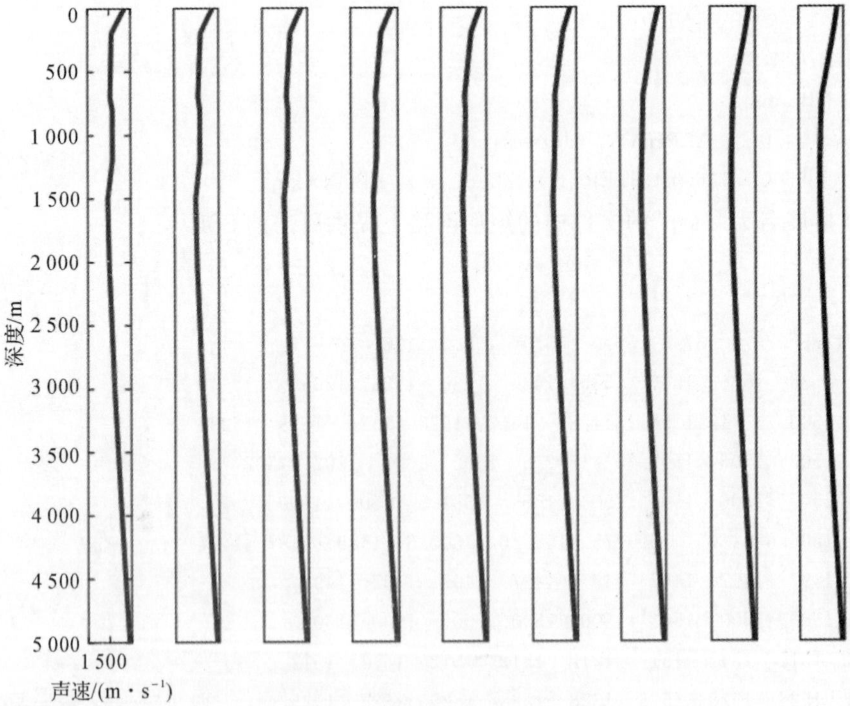

图 3 - 10　范围相关的声速剖面图

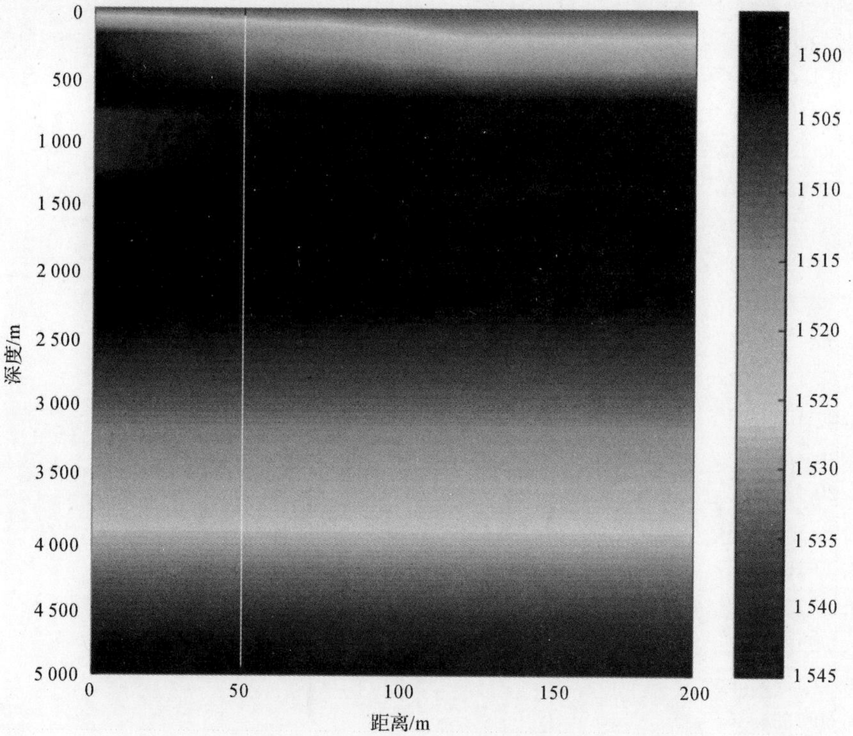

图 3 - 11　彩色表面显示的 SSP

3.8　到达量计算和宽带结果

BELLHOP 中的 arrivals 选项用于生成包含宽带计算关键信息的输出文件。我们只需要与每个回波相关的振幅和行程时间[1]。使用夏威夷 Kauai 的一个站点处的 SSP 作为例子，此处的 SSP 是由 XBT 或 CTD 测得的，如图 3 - 12 所示。我们怀疑该区域的底部具有相当强的反射性，因此将选择包含底部反射的声线。图 3 - 13 中显示了 50 m 深度处声源的声线轨迹（此处将声线颜色都改为了黑色）。

3.8.1　相干和非相干传播损失

声学调制解调器可以设计为不同的频率，这取决于人们希望如何权衡最大可用范围与带宽或数据速率。这里设计的中心频率为 10 kHz。输入文件如下所示。

Kauai. env

```
1.'Kauai Freq = 10 kHz, Sd = 50 m' ! TITLE
2. 10000.000 ! FREQ (Hz) [acomms: 3.5 kHz, 10 kHz]
3. 1 ! NMEDIA
4. 'CVWT' ! SSPOPT
5. 0 0.0 971 ! NMESH SIGMA DEPTH_of_BOTTOM (m)
6. 0.0 1538.20 / ! added point
```

7. 1.90 1538.28 / ! xbt
8. 7.00 1538.36 /
9. 12.10 1538.41 /
10. 17.20 1538.51 /
11. 22.30 1538.56 /
12. 27.40 1538.61 /
13. 32.50 1538.70 /
14. 37.60 1538.83 /
15. 42.70 1539.00 /
16. 47.80 1539.09 /
17. 52.90 1539.03 /
18. 58.00 1539.06 /
19. 63.10 1538.90 /
20. 68.20 1538.82 /
21. 73.20 1538.56 /
22. 78.30 1537.52 /
23. 83.40 1536.47 /
24. 88.50 1534.77 /
25. 93.50 1534.52 /
26. 98.60 1534.35 /
27. 103.70 1534.14 /
28. 108.70 1533.54 /
29. 113.80 1533.36 /
30. 118.90 1532.78 /
31. 123.90 1532.58 /
32. 129.00 1532.16 /
33. 134.00 1531.67 /
34. 139.10 1531.60 /
35. 144.10 1531.00 /
36. 149.20 1530.31 /
37. 154.20 1528.52 /
38. 159.20 1528.05 /
39. 164.30 1527.76 /
40. 169.30 1527.11 /
41. 174.30 1525.74 /
42. 179.40 1525.20 /
43. 184.40 1524.05 /
44. 189.40 1524.10 /
45. 194.50 1522.77 /
46. 199.50 1521.22 /
47. 204.50 1519.71 /
48. 209.50 1518.81 /
49. 214.50 1517.63 /

50. 219.50 1517.20 /
51. 224.60 1515.90 /
52. 229.60 1512.79 /
53. 234.60 1512.17 /
54. 239.60 1511.92 /
55. 244.60 1511.09 /
56. 249.60 1510.63 /
57. 254.60 1509.91 /
58. 259.60 1508.44 /
59. 264.50 1507.40 /
60. 269.50 1506.74 /
61. 274.50 1506.48 /
62. 279.50 1506.12 /
63. 284.50 1506.00 /
64. 289.50 1505.36 /
65. 294.40 1504.95 /
66. 299.40 1504.23 /
67. 304.40 1503.52 /
68. 309.40 1503.11 /
69. 314.30 1503.11 /
70. 319.30 1503.06 /
71. 324.30 1502.71 /
72. 329.20 1502.41 /
73. 334.20 1502.27 /
74. 339.10 1501.89 /
75. 344.10 1501.56 /
76. 349.00 1501.52 /
77. 354.00 1501.29 /
78. 358.90 1499.91 /
79. 363.90 1498.93 /
80. 368.80 1498.25 /
81. 373.80 1498.28 /
82. 378.70 1498.28 /
83. 383.60 1498.07 /
84. 388.60 1497.00 /
85. 393.50 1496.30 /
86. 398.40 1495.84 /
87. 403.40 1495.48 /
88. 408.30 1495.29 /
89. 413.20 1495.17 /
90. 418.10 1495.10 /
91. 423.00 1494.89 /
92. 427.90 1494.61 /

93. 432.90 1494.33 /
94. 437.80 1493.93 /
95. 442.70 1493.58 /
96. 447.60 1493.48 /
97. 452.50 1493.53 /
98. 457.40 1493.38 /
99. 462.30 1493.31 /
100. 467.20 1493.29 /
101. 472.10 1493.29 /
102. 477.00 1493.08 /
103. 481.90 1493.04 /
104. 486.70 1492.94 /
105. 491.60 1492.41 /
106. 496.50 1491.74 /
107. 501.40 1491.52 /
108. 506.30 1491.49 /
109. 511.10 1491.32 /
110. 516.00 1490.58 /
111. 520.90 1490.44 /
112. 525.70 1489.65 /
113. 530.60 1489.26 /
114. 535.50 1488.70 /
115. 540.30 1488.49 /
116. 545.20 1488.20 /
117. 550.00 1487.60 /
118. 554.90 1487.41 /
119. 559.80 1487.30 /
120. 564.60 1487.28 /
121. 569.40 1487.12 /
122. 574.30 1486.88 /
123. 579.10 1486.77 /
124. 584.00 1486.88 /
125. 588.80 1486.90 /
126. 593.60 1486.25 /
127. 598.50 1486.03 /
128. 603.30 1486.07 /
129. 608.10 1486.08 /
130. 613.00 1486.15 /
131. 617.80 1485.89 /
132. 622.60 1485.86 /
133. 627.40 1485.79 /
134. 632.20 1485.59 /
135. 637.10 1485.34 /

```
641.90 1485.15 /
646.70 1484.73 /
651.50 1484.77 /
656.30 1484.74 /
661.10 1484.76 /
665.90 1484.81 /
670.70 1484.84 /
675.50 1484.94 /
680.30 1484.69 /
685.10 1484.65 /
689.90 1484.13 /
694.60 1484.19 /
699.40 1484.01 /
704.20 1483.99 /
709.00 1483.98 /
713.80 1483.95 /
718.50 1484.00 /
723.30 1484.05 /
728.10 1484.09 /
732.80 1484.20 /
737.60 1484.33 /
742.40 1484.40 /
747.10 1484.43 /
751.90 1484.61 /
756.70 1484.95 /
761.40 1484.84 /
766.20 1484.86 /
770.90 1484.87 /
775.70 1484.95 /
780.40 1484.84 /
785.10 1484.84 /
789.90 1484.91 /
794.60 1484.95 /
799.40 1484.49 /
971.00 1484.49 / ! added point, depth from Google Earth
'A' 0.0
971 1600.000 0.000 1.8 0.5 0.000 / ! fit to data from KauaiEx
1 ! NSD
50 ! SD(1:NSD) (m)
300 ! NRD [1 m increments]
1 300 / ! RD(1:NRD) (m)
1000 ! NRR [5 m increments]
0.015 15.0 / ! RR(1:NR ) (km)
```

179. 'CB' ! Run-type: 'R/C/I/S'

180. 0 ! NBEAMS

181. -15 15 / ! ALPHA(1:NBEAMS) (degrees)

182. 0 1400.0 15.1 ! STEP (m) ZBOX (m) RBOX (km)

运行结果如图 3-14 所示。我们发现,对于这个特定频率,每 5～10 m 采样一次的声速似乎效果最好,较大的间距采样会导致分辨率较差[1]。非相干传播损失如图 3-15 所示。

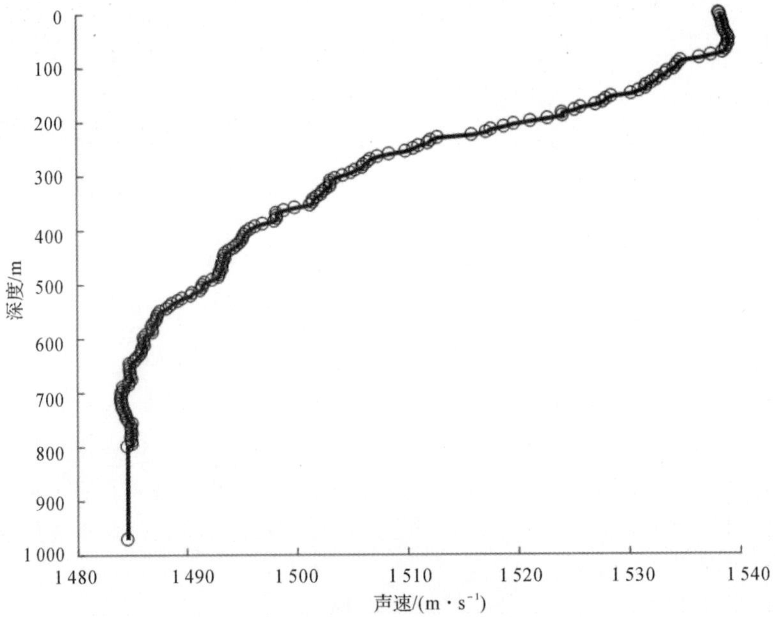

图 3-12 Kauai 环境的 SSP

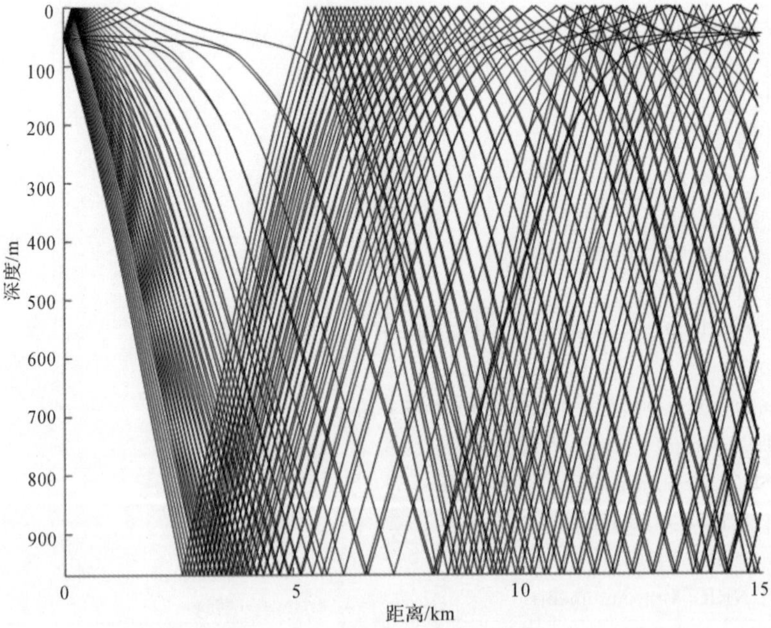

图 3-13 Kauai 环境的声线轨迹

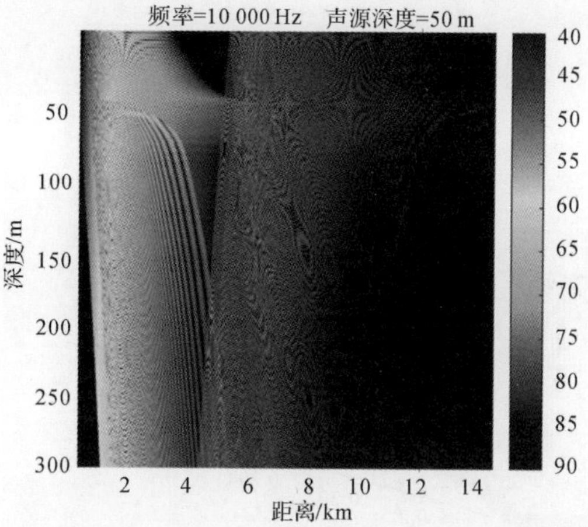

图 3－14　Kauai 环境的相干传播损失

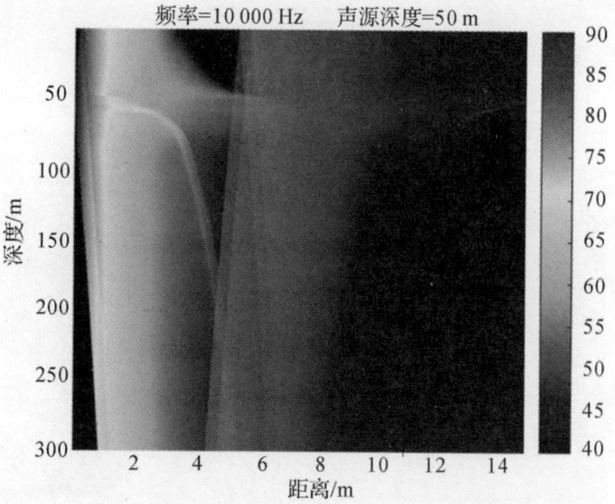

图 3－15　Kauai 环境的非相干传播损失

3.8.2　绘制信道冲激响应图

为了计算信道冲激响应，可以选择运行类型为“A”。当 BELLHOP 完成时，它会生成一个“Kauai.arr”文件，该文件包含到达信息表(冲激响应)。对于每个声源深度、接收机深度和接收机范围，它包含回波或到达的数量。然后为每个到达提供到达的振幅、相位和传播时间。此外，还提供了有关声源和接收器处的声线发射角度以及顶部和底部反弹次数的补充信息。可以使用命令绘制到达文件中的数据：

plotarr(‘Kauai.arr’, 20, 5, 1)。

其中第一个参数是文件名，后面三个整数表示接收器范围、接收器深度和声源深度的索引。运行结果如图 3－16～图 3－18 所示。可以使用 MATLAB 命令来读取到达文件中的数据：

[Arr, Pos] = read_arrivals_asc(‘Kauai.arr’)。

也可以根据其中的数据来画出信道冲激响应图。

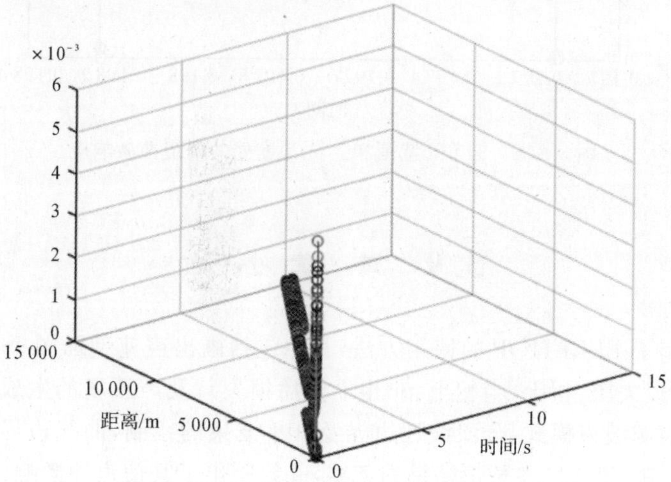

图 3－16　冲激响应作为范围的函数

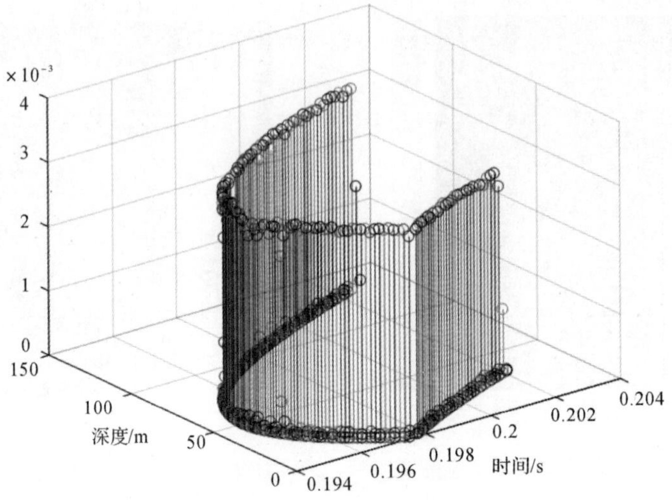

图 3-17　深度函数的冲激响应

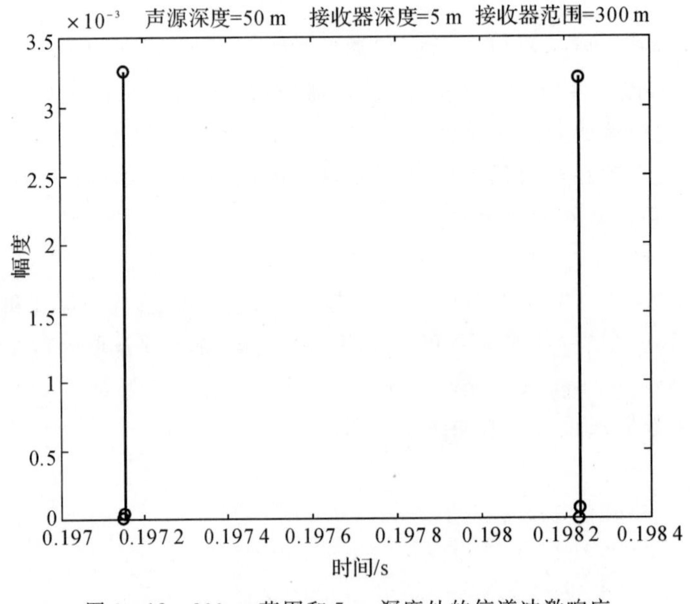

图 3-18　300 m 范围和 5 m 深度处的信道冲激响应

3.9　本章小结

本章简单介绍了 BELLHOP 的使用方法，其中包括画出声速剖面图(SSP)、声线轨迹图、本征声线图、传播损失图(相干、半相干、非相干传播损失)，及声压场的生成，定向声源的传播损失及如何选择声源波束模式、分段线性边界及其单波束的绘制，曲线边界的绘制、与距离相关的 2D SSP 的绘制，到达量和宽带结果的获得，并绘制出了其信道冲激响应图。

3.10　思考与练习

1. 在 3.2 节的 MunkB_ray. env 环境文件中，35～44 行分别表示什么意思？

2. 本章环境文件中的运行类型有哪些？分别起什么作用？

3. 画出 3.2 节 MunkB_ray. env 环境文件的相干传播损失图。

4. 画出 Kauai 环境下，声源深度为 50 m，接收器深度为 100 m，范围为 5 km，角度为±70°的信道冲激响应图。

5. 尝试使用命令[Arr，Pos] = read_arrivals_asc('Kauai. arr')中的数据画出冲激响应图。

参考文献

[1]　PORTER M B. The BELLHOP manual and user's guide: preliminary draft [R]. Heat，Light，and Sound Research，Inc，2011.

[2]　PORTER M B，BUCKER H P. Gaussian beam tracing for computing ocean acoustic fields[J]. Acoustical Society of America，1987，82(4):1349－1359.

[3]　JENSEN F，KUPERMAN W，PORTER M，et al. Computational Ocean Acoustics [M]. 2nd ed. New York:Springer，2011.

[4]　杨坤德，雷波，卢艳阳. 海洋声学典型声场模型的原理及应用[M]. 西安：西北工业大学出版社，2018.

第4章 信道编码

在通信系统中,除了提高信噪比,如加大发射功率,降低接收设备的自身噪声外,还可以从调制、解调的方式,信道编码和解码等方式入手降低误码率,实现远距离传输。信道编码又称差错控制编码、纠错码、抗干扰编码或可靠性编码等,始于20世纪50年代,成熟于20世纪70年代。信道编码按照一定规则引入冗余度,以期在接收端发现错误(如检错码)、纠正错误(如纠错码)。纠错码一定能检错,反之则不一定。

(1)纠错码可分为线性码与非线性码、分组码与卷积码、检错码和纠错码等。

1)线性码与非线性码:如果纠错码各码组信息和监督元的函数关系是线性的,即满足线性方程式关系,则称为线性码,否则为非线性码。

2)分组码与卷积码:前者各码元仅与本组的信息元有关,后者码元不仅与本组有关,还和前面若干组信息元有关。

3)检错码和纠错码:能发现错误的编码叫检错码,能纠正错误的编码叫纠错码。

(2)差错控制方式。利用检错码和纠错码进行差错控制的方式有三种:检错重发,前向纠错和混合纠错。

1)检错重发又称自动请求重传(Automatic Repeat Request,ARQ),这个过程中一定有反馈信道用于收、发两端信息交互,如常用的循环冗余校验码。

2)前向纠错方式(Forward Error Correction,FEC)是指发送端编码后再在接收端解码,可以自动发现并纠正错误,不需要反馈信息。但解码设备比较复杂,对信道的适应性较差,目前通信系统,大部分都采用FEC方式,典型的有卷积码、Turbo码、Polar码和LDPC码等。

3)混合纠错方式(Hybrid Error Correction,HEC),是ARQ和FEC结合的方式,如果在纠错范围内,则自动纠错;如果错误过多,则通过反馈要求重传。这种方式兼具自动纠错和检错重发的优点,因此实际中越来越广泛地被使用。

4.1 伪随机编码理论基础

4.1.1 伽罗瓦(Galois)域理论

伪随机编码理论涉及一些基本概念,包括集合、群、域的概念,再引出伽罗瓦(Galois)域理论。

集合是指具有某种特定性质的具体的或抽象的对象汇总而成的集体。其中,构成集合的这些对象称为该集合的元素。

群表示一个拥有满足封闭性、满足结合律、有单位元、有逆元的二元运算的代数结构。在一个群中可以进行加法和乘法两种运算。如果在一个元素集合G中只能进行加法或乘法一种运算,就把G叫作加法交换群或乘法交换群。交换群(Commutative Group)也叫阿贝尔群

(Abelian Group)。

如果在一组对象 F 上定义了加法和乘法运算，则 F 是一个域，当且仅当 F 在加法下形成交换群，F 在乘法下形成交换群且加法和乘法满足分配律。

若 F 的元素个数为有限个，则称 F 为有限域或伽罗瓦(Galois)域。若 F 中有 n 个元素，则称 F 为 n 阶有限域。常用的只含(0,1)二个元素的二元集 F_2 对模 2 加和模 2 乘是一个域。

在标准整数算术中，多项式的加减是通过相加或相减进行的，而在有限域中，加减是通过异或运算符完成的，它们是相同的[2]。

例如：将多项式 x^6+x^4+x+1 和 $x^7+x^6+x^3+x$ 多项式在 F_2 域中相加。

解：求异或得 $x^6+x^4+x+1+(x^7+x^6+x^3+x)=x^7+x^4+x^3+1$。

Galois 域中多项式的乘法与标准整数乘法运算相同，但在乘法之后执行的加法与 Galois 域上述异或运算类似。

例如：将多项式 x^6+x^4+x+1 和 $x^7+x^6+x^3+x$ 多项式在 F_2 域中相乘。

解：先相乘得 $(x^6+x^4+x+1)(x^7+x^6+x^3+x)=x^{13}+x^{12}+x^{11}+x^{10}+x^9+x^8+x^6+x^5+x^4+x^3+x^2+x$。

采用 MATLAB 可以实现多项式 p_1、p_2 的相乘运算“p3 = gfconv(p1, p2)”。注意，MATLAB 中，左边为低次幂(从 0 次幂开始)，右边为高次幂。其代码如下：

```
1. p1 = [1 1 0 1]; % 1 + x + x3
2. p2 = [1 1 1 0 1]; % 1 + x + x2 + x4
3. p3 = gfconv(p1, p2) %(1+x+x3) * (1+x+x2+x4)
```

得到的答案为

```
p3 = [1 0 0 0 0 0 0 1] % 1 + x7
```

假设 $a(x)$ 和 $b(x)\neq 0$ 是 F_2 上的多项式。F_2 上有唯一的一对多项式，称为 F_2 上的商 $q(x)$ 和余数 $r(x)$，因此 $a(x)=q(x)b(x)+r(x)$。

例如：将多项式 $f_1(x)=x^5+x^3+x^2+1$ 和 $f_2(x)=x^4+x^3+1$ 多项式在 F_2 域中相除。

解：

$$
\begin{array}{r}
x+1 \\
x^4+x^3+1\overline{)\,x^5+x^3+x^2+1} \\
\underline{x^5+x^4+x} \\
x^4+x^3+x^2+x+1 \\
\underline{x^4+x^3+1} \\
x^2+x
\end{array}
$$

因此有 $(x^5+x^3+x^2+1)=(x^4+x^3+1)(x+1)+(x^2+x)$。

采用 MATLAB 可以实现多项式 p_2，p_1 相除运算“[q,r] = gfdeconv(p2, p1)”。其代码如下：

```
1. p1 = [1 1 0 1]; % 1 + x + x3
2. p2 = [1 0 0 0 0 0 0 1]; % 1 + x7
3. [q,r] = gfdeconv(p2, p1) % (1 + x7)/(1 + x + x3)
```

得到的答案为

```
q = [1 1 1 0 1];% 1 + x + x2 + x4
r = 0;
```

1. 不可约多项式

如果 $p(x)$ 在 F_q 中没有次数小于 m 但大于 0 的除数多项式，则称多项式 $p(x)$ 在 F_q 中是不可约的。显然，$p(x)$是不可约多项式的充要条件是 $p(x)$不能表成 F_q 中两个次数小于 $p(x)$ 次数的多项式的乘积。

例如：x^3+x^2+1 是 F_2 中不可约的，因为没有次数小于 3 的可分解因子。

x^4+x^2+1 是 F_2 中可约的，因为分解因子 x^2+x+1 次数 2 是小于 4 的。

$x^4+x^3+x^2+1$ 是 F_2 中不可约的，因为没有次数小于 4 的可分解因子。

2. 本原多项式

次数为 m 的不可约多项式 $p(x)\in F_2$ 称为本原多项式，当最小正整数 n 有 $p(x)/(x^n-1)$，且 $n=2^m-1$。

一个第 m 次本原多项式 $p(x)\in F_2$ 的根的集合$\{\alpha_j\}$的阶数为 2^m-1。所有本原多项式都是不可约多项式，但不是所有不可约多项式都是本原多项式。

例如：x^2+x+1 是本原多项式，因为类似 x^n-1 的除数的最小多项式为 x^3-1。因为 $3=2^2-1$。

x^3+x^2+1 是本原多项式，因为类似 x^n-1 的除数的最小多项式为 x^7-1。因为 $7=2^3-1$。

$x^6+x^5+x^4+x^3+x^2+x+1$ 不是本原多项式，因为它不是不可约多项式。它可以分解为 x^3+x^2+1 和 x^3+x+1。

采用 MATLAB 可以检验 m 次多项式 $p(x)\in F_2$ 是否为本原多项式，通过命令“ck = gfprimck(p)；”。输出结果 ck=−1 不是不可约，ck = 0 不可约但不是本原多项式，ck=1 是本原多项式。比如判断 $x^6+x^5+x^4+x^3+x^2+x+1$ 是否为本原多项式。输入：

```
p = [1 1 1 1 1 1 1] % 1+x+x3+x3+x4+x5+x6
ck = gfprimck(p);
```

得到的答案为 ck = −1。

表明此式为非不可约多项式，也就是非本原多项式。

用 MATLAB 生成本原多项式，通过命令“p = primpoly(m,'all')”，如输入：

```
m=4;
p = primpoly(m,'all')
```

输出为：Primitive polynomial(s) = D^4+D^1+1，D^4+D^3+1，以及 p =19，25。p 为本原多项式系数的十进制表示。

设 G 是一个 n 阶乘法交换群。若 G 中有一个 n 阶元素，则 G 中 n 个元素都可以表示成 a 的幂，称 G 是一个 n 阶循环群，而 a 叫作 G 的一个生成元。在有限域中，交换群的生成元称为有限域的本原元(Primitive Element)。

用 MATLAB 生成默认(default)本原多项式，通过命令“p = gfprimdf(m)”，采用 gfpretty 函数可以以多项式的方式展示结果。如：

```
1. for m = 3:5
2.     gfpretty(gfprimdf(m,3))
3. end
```

4.1.2 循环冗余校验

循环冗余校验(Cyclic Redundancy Check，CRC)是一种用来检测或校验数据传输或者保存后可能出现的错误的编码方式，为校验和的一种，是两个字节数据流采用二进制除法(没有进位，使用 XOR 来代替减法）相除所得到的余数。其中被除数是需要计算校验和的信息数据流的二进制表示。除数是一个长度为 $n+1$ 的预定义（短）的二进制数，通常用多项式的系数来表示。在做除法之前，要在信息数据之后先加上 n 个 0。

定义模 2 除法：将某数除以 2 后取余数。模 2 除法每一位除的结果不影响其他位，即不向上一位借位，所以实际上就是异或。在 CRC 计算中有应用到模 2 除法。CRC 校验本质上是选取一个合适的除数，要进行校验的数据是被除数，然后做模 2 除法，得到的余数就是 CRC 校验值。CRC 用于检错，用于实现自动请求重传功能。

CRC 常用的生成多项式有 8 位，16 位和 32 位等，用 MATLAB 表示，如：

```
% CRC8 x8+x5+x4+1; x8+x2+x1+1; x8+x7+x6+x4+x2+1
% CRC16 x16+x15+x2+1; x16+x12+x5+1
```

取 8 位的生成多项式为

```
poly=[1 1 1 0 1 0 1 0 1];
```

对于 CRC 编码和解码的程序为

```
encode_crc=crc_encode(x, poly);
[crc_debit, error]=crc_decode(encode_crc,poly);
```

调用的编码程序有：

```
function encode_crc=crc_encode(msg, poly)
msg1=[msg zeros(1,length(poly)-1)];
[~,r]=deconv(msg1, poly);
%多项式除法：r为余数，此为十进制多项式除法
r=abs(r);
for i=1:length(r)
    a=r(i);
    if(mod(a,2)==0) % 将余数变为模二结果
        r(i)=0;
    else
        r(i)=1;
    end
end
encode_crc=[msg, r(length(msg)+1:end)];
```

调用的 CRC 解码程序有：

```
function [crc_debit, error]=crc_decode(x,poly)
N=length(poly);
[~,r]=deconv(x,poly);
r=mod(abs(r),2);
if r==zeros(1,length(x))
    error=0;
else
    error=1;
end
crc_debit=x(1:length(x)-N+1);
```

4.2 卷 积 码

4.2.1 卷积码编码

前向纠错编码系统除了应用分组码(Block Code)外,还有卷积码(Convolutional Code),在同等编码效率和纠错性能的条件要求下,卷积码比分组码更简单,因此在前向纠错(Forward Error Correction,FEC)系统中,卷积码应用广泛。卷积码又称连环码,于 1955 年由 Peter Elias 等人提出,1967 年,Andrew Viterbi 提出了最大似然(Maximum Likelihood,ML)解码算法,易于实现具有较小约束长度的卷积码的软判决解码。Viterbi 算法配合序贯解码的软判决,使卷积码在 20 世纪 70 年代广泛应用于深空和卫星通信系统。经典的卷积码可认为是有限冲激响应滤波器(FIR),而递归卷积码则可看为是无限冲激响应滤波器(IIR)。递归码常是典型的系统码。而递归系统码(Recursive Systematic Convolutional,RSC)又称为伪系统码(Pseudo - Systematic Codes)。

与分组码的无记忆不同,卷积码每个码段中的 n 个码元不仅与该码段信息有关,还与前面 $m-1$ 个信息元有关,通常采用(n,k,m)表示,具有 k 个输入和 n 个输出的卷积编码器的速率为 k/n,m 为编码的约束长度。

卷积码的编码分为两类:前馈和反馈。在每类中又可分为系统(输入数据也直接用在输出中)和非系统两种形式。本书主要介绍非系统形式的前馈编码器。

编码效率为 1/3 的线性卷积编码器(3,1,3)如图 4 - 1 所示,二进制数据流进入移位寄存器中,寄存器包含一系列存储单元,其内容根据模 2 加运算以创建编码输出数据流。编码器输入为 $x(n)=[x(0),x(1),x(2),\cdots]$。

编码器输出的数据流为 $Y=[y_1(0),y_2(0),y_3(0),y_1(1),y_2(1),y_3(1),...]$。输出的关系可以采用卷积运算表示为

$$y_1(n)=x(n)+x(n-1)=x(n)*g_1(n)$$
$$y_2(n)=x(n)+x(n-2)=x(n)*g_2(n)$$
$$y_3(n)=x(n)+x(n-1)+x(n-2)=x(n)*g_3(n)$$

该关系式也可用冲激响应表示为

$$g_1(n)=(110),\quad g_2(n)=(101),\quad g_3(n)=(111)$$

对冲激响应进行变换,得到 D(D 表示存储单元的单位延迟)转换域输入、输出关系表示为

$$Y_1(D)=X(D)*G_1(D)$$
$$Y_2(D)=X(D)*G_2(D)$$
$$Y_3(D)=X(D)*G_3(D)$$

从而可以构造变换矩阵

$$\boldsymbol{G}(D)=[G_1(D)\quad G_2(D)\quad G_3(D)]$$

最终表达式为

$$\boldsymbol{Y}(D)=X(D)\boldsymbol{G}(D)$$

卷积码的约束长度 m 是最长输入移位寄存器的长度(最大存储单元数)加 1,即最大存储单元数为 $m-1$ 个。采用 MATLAB 的卷积码编码过程如下:

```
1. clear all;clc;
2. x=[1 0 0 1 0];
3. y1 = mod(conv(x,[1 1 0]),2);
4. y2 = mod(conv(x,[1 0 1]),2);
5. y3 = mod(conv(x,[1 1 1]),2);
6. Y = [y1;y2;y3];
```

代码中[1 1 0]长度为3,即约束长度为3,但存储单元为2个延迟器。

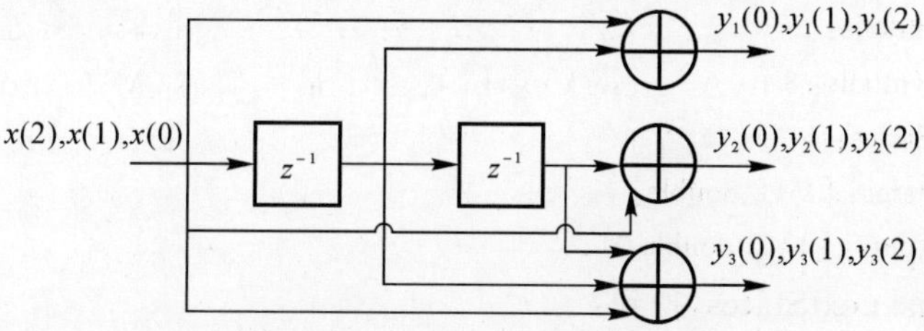

图4-1 编码效率为1/3的线性卷积编码器

灾难码:如果非零输入序列生成所有输出序列为零,则称该编码器为灾难性的。灾难码可能会由于接收到的码字中的少量错误而使无限数量的数据错误。验证是否为灾难码非常重要。

码率为$1/n$的卷积码,转移矩阵$\boldsymbol{G}(D)=[G_1(D) \quad G_2(D) \quad G_3(D)]$为非灾难码的条件是当且仅当最大公约数(Greatest Common Divisor,GCD)满足

$$\mathrm{GCD}[G_1(D) \quad G_2(D) \quad G_3(D)]=D^l$$

其中:l为非负整数。

例如,对于$G_1(D)=1+D+D^2$,$G_2(D)=1+D^3$ 由于$\mathrm{GCD}=1+D^1+D^2$,因此为灾难码。

卷积码除了用编码器表示外,还可以采用树图、状态图(State Diagram)以及格型图(Trellis Diagram,也称网络或篱笆图)表示。如图4-1所示的编码器,可得到图4-2的状态图,图中定义虚线表示输入数据为0,斜线右边三位数表示输出数据。圆圈内的符号表示四种不同状态,如S_0表示00状态。

状态图不包含解码所需的时间信息。因此,网格图是为了克服这一缺点而开发的。格型图通过添加时间轴来扩展状态图的时间信息。在网格图中,这些节点垂直排列,表示编码器的状态,每个节点对应于从前一个节点转换为输入位后的编码器状态,横轴表示时间,分支上的标签表示状态转换的编码器输出位和导致转换的输入位。

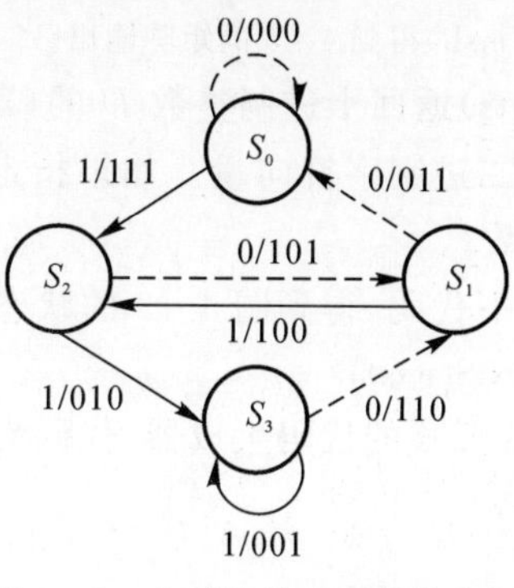

图4-2 非系统卷积码的状态图

MATLAB 程序创建的网格结构，将代码生成器指定为八进制值的向量。二进制值和多项式形式表示采用最左边的位是最高有效位(Mosc Significant Bit，MSB)方式，这些二进制数字表示从寄存器输出到图中两个加法器的连接。根据图 4-1 和图 4-2 的卷积编码器，[1 1 0]、[1 0 1]、[1 1 1]根据以上规则分别得到八进制的 6/5/7，此时约束长度为 3，因此，MATLAB 程序创建网格结构的代码为

```
trellis =poly2trellis(3,[6 5 7]);
```

输出结果为

```
 numInputSymbols: 2
numOutputSymbols: 8
       numStates: 4
      nextStates: [4×2 double]
         outputs: [4×2 double]
```

如果输入 trellis. nextStates，得到：

```
0    2
0    2
1    3
1    3
```

意思是不同行表示不同状态，如第 1 行为 00 状态，第 4 行为 11 状态。不同列表示输入数不同，第 1 列表示输入 0，第 2 列表示输入 1，对应的结果表示在这样的情况下会转移到下一个状态的情况，如第 2 行第 2 列，对应 2，意思是状态 1，输入 1 时，下一状态变为 2。

如果输入 trellis. outputs，得到：

```
0    7
3    4
5    2
6    1
```

对于以上结果的行和列的概念与之前讨论的类似，但输出的结果表示编码器最终得到的值。值得注意的是，该 outputs 值为八进制数。可以采用 oct2dec 进行八进制到十进制的变换。MATLAB 十进制与二进制之间的转换函数有以下几种：

b = de2bi(d)：将非负十进制整数 d 转换为二进制行向量。如果 $\boldsymbol{d}$ 是一个向量，输出 $\boldsymbol{b}$ 是一个矩阵，其中每一行是 $\boldsymbol{d}$ 中相应元素的二进制形式。

b=de2bi(d,n)：具有 n 列输出。b= de2bi(d,[],p) 特指基为 p。如：

```
d_array = [1 2 3 4];
b_array = de2bi(d_array,5,'left-msb')
```

得到 4×5 的矩阵输出。

binStr =dec2bin(D,minDigits)返回十进制整数 D 的(不少于 minDigits 位数)二进制表示形式。输出参数 binStr 是一个二进制字符向量。如果指定的位数较少，则 dec2bin 仍会返回表示输入数字所需的二进制位数。

MATLAB R2020a 上运行以下代码，得到图 4-3 的状态转换图。

```
commcnv_plotnextstates(trellis. nextStates);
```

MATLAB 还提供指定多项式形式的代码生成器，代码为

```
trellis = poly2trellis(3,{'x2 + x','x2 + 1','x2 + x + 1'})
```

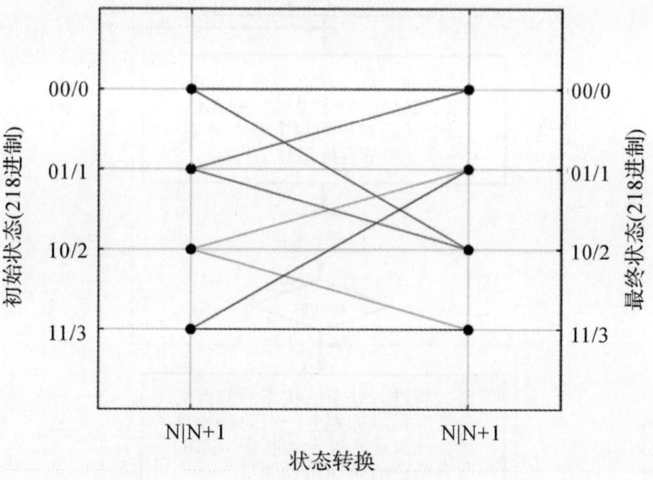

图 4-3　状态转换图

4.2.2　卷积码解码

卷积码解码可以分为代数解码和概率解码两大类，代数解码根据生成矩阵和监督矩阵解码，最主要的方法是大数逻辑解码。而概率解码主要有维特比(Viterbi)解码和序列解码，也是如今主要的解码方法。

维特比解码：一种最大似然解码方法，把接收的码字与所有可能的码字进行比较，选择一种码距最小的码字作为解码输出。由于实际中接收序列很长，维特比解码简化的方法是分段累接处理，每段码字计算，比较一次，保留码距最小的路径直至译完。解码过程的判决分为硬判决和软判决。图 4-4 为维特比解码流程图。

(1)硬判决解码中，检查每个接收信号并做出"硬"判决，以确定发送信号是 0 还是 1。这些决定构成维特比解码器的输入。从解码器的角度来看，通过将信道视为无记忆信道，似然函数的编译是定义信道比特度量的主要步骤。这些条件概率首先转换为对数似然函数，然后转换为比特度量。

(2)在软判决解码中，"旁侧信息"由接收机比特判决电路产生，并且接收机利用该旁侧信息。与在硬判决解码中分配 0 或 1 不同，软判决建立了四个区域，即"强 1""弱 1""强 0"和"弱 0"。对于决定不太明确的信号，会给出中间值。通过对加性高斯白噪声信道进行软判决解码，可使硬判决维特比解码器的编码增益增加 2～3 dB。

维特比算法是一种动态规划算法，用于获得最可能的隐藏状态序列(称为维特比路径)的最大后验概率估计，尤其是在马尔可夫信息源和隐马尔可夫模型(Hidden Markov Model, HMM)中，该隐藏状态序列产生一系列观察值。

维特比算法在 CDMA 和 GSM 数字蜂窝、卫星、深空通信和 802.11 无线局域网中使用的卷积码的解码中得到了普遍应用。也常用于语音识别、语音合成、关键词识别、计算语言学和生物信息学。例如，在语音到文本(语音识别)中，声音信号被视为观察到的事件序列，而一串文本被认为是声音信号的"隐藏原因"。维特比算法根据声音信号找到最可能的文本字符串。

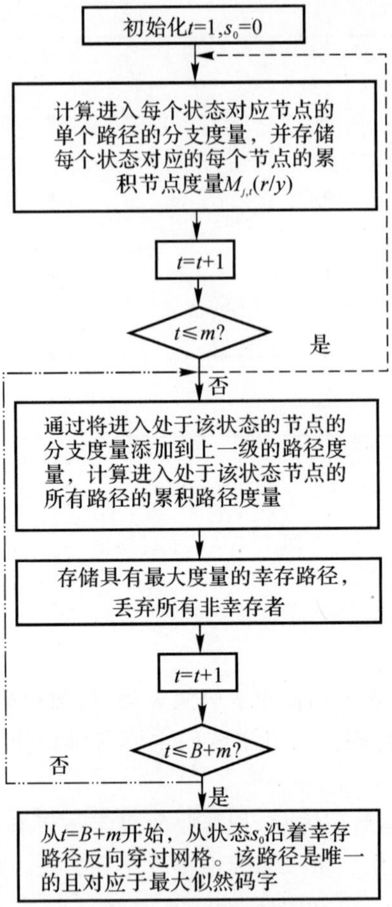

图 4-4　维特比解码流程图

维特比伪代码如下：

输入：

观察空间 $O=\{o_1,o_2,\cdots,o_N\}$；

状态空间 $S=\{s_1,s_2,\cdots,s_K\}$；

一组初始概率 $\Pi=(\pi_1,\pi_2,\cdots,\pi_K)$使满足 π_i 存储 $x_1=s_i$ 的概率；

一连串的观察 $Y=(y_1,y_2,\cdots,y_T)$使满足 $y_t=o_i$，当时间为 t 时观测值为 o_i；

尺寸为 $K\times K$ 的转移矩阵 $\boldsymbol{A}$ 满足 A_{ij} 存储状态从 s_i 到 s_j 的转换概率；

尺寸为 $K\times N$ 的发射矩阵 $\boldsymbol{B}$ 满足 B_{ij} 存储状态 s_i 的观测值 o_j 的概率；

输出：

最可能的隐藏状态序列 $X=(x_1,x_2,\cdots,x_T)$。

Function $X=$Viterbi(O,S,Π,Y,A,B)

For each state $i=1,2,\cdots,K$ do

$T_1[i,1]\leftarrow\pi_i\cdot B_{iy_1}$

$T_2[i,1]\leftarrow 0$

Endfor

For each observation $j=2,3,\cdots,T$ do

For each state $i=1,2,\cdots,K$ do

$T_1[i,j] \leftarrow \max_k (T_1[k,j-1] \cdot A_{ki} \cdot B_{iy_j})$

$T_2[i,j] \leftarrow \arg\max_k (T_1[k,j-1] \cdot A_{ki} \cdot B_{iy_j})$

Endfor

Endfor

$z_T \leftarrow \arg\max_k (T_1[k,T])$

$x_T \leftarrow s_{z_T}$

For $j=T,T-1,\cdots,2$ do

$z_{j-1} \leftarrow T_2[z_j,j]$

$x_{j-1} \leftarrow s_{z_{j-1}}$

Endfor

return X

Endfunction

4.2.3 编、解码的 MATLAB 实现

编码的库函数有 encode、convenc 等，解码的库函数有 decode、vitdec 等。

(1)encode 与 decode 配套使用，这个函数使用的格式为

```
1. code = encode(msg,n,k)
2. code = encode(msg,n,k,codingMethod,prim_poly)
3. code = encode(msg,n,k,codingMethod,genmat)
4. code = encode(msg,n,k,codingMethod,genpoly)
```

其中 code = encode(msg,n,k)表示对信息 msg 进行汉明编码，汉明码是一种可以纠正单个错误的线性分组码。

code = encode(msg,n,k,codingMethod,option)表示采用指定的方式 codingMethod 进行编码，option 是有些编码方式需要的参数。对于编码方法可以采用如下：'hamming/binary' 'hamming/decimal' 'linear/binary' 'linear/decimal' 'cyclic/binary' 'cyclic/decimal'。

与之对应的 decode 的使用格式为

```
1. msg = decode(code,n,k,'hamming/fmt',prim_poly)
2. msg = decode(code,n,k,'linear/fmt',genmat,trt)
3. msg = decode(code,n,k,'cyclic/fmt',genpoly,trt)
4. msg = decode(code,n,k)
```

汉明码编解码举例如下：

```
1. clear all;clc;
2. n = 15; % Codeword length
3. k = 11; % Message length
4. data = randi([0 1],k,1);
5. encData = encode(data,n,k,'hamming');
6. encData(4) = ~encData(4); % Corrupt the fourth bit
7. decData = decode(encData,n,k,'hamming/binary');
```

```
numerr = biterr(data,decData)
```

线性分组码编解码举例如下：

```
n = 7; % Codeword length
k = 3; % Message length
data = randi([0 1],k,1);
parmat = cyclgen(n,cyclpoly(n,k));
genmat = gen2par(parmat);
encData = encode(data,n,k,'linear/binary',genmat);
encData(3) = ~encData(3);
decData = decode(encData,n,k,'linear/binary',genmat);
numerr = biterr(data,decData)
```

循环分组码编解码举例如下：

```
n = 10; % Codeword length
k = 5; % Message length
data = randi([0 1],k,1);
genpoly = cyclpoly(n,k);
parmat = cyclgen(n,genpoly);
trt = syndtable(parmat);
encData = encode(data,n,k,'cyclic/binary',genpoly);
encData(1) = ~encData(1);
encData(2) = ~encData(2);
encData(4) = ~encData(4);
decData = decode(encData,n,k,'cyclic/binary',genpoly,trt);
numerr = biterr(data,decData)
```

(2)convenc 与 vitdec 配套使用，完成卷积码编、解码的功能。使用格式为

```
codedout = convenc(msg,trellis)
codedout = convenc(msg,trellis,puncpat)
```

可以采用 poly2trellis 定义格型，使用格式为

```
trellis = poly2trellis(ConstraintLength,CodeGenerator)
trellis = poly2trellis(CLength,CodeGenerator,FeedbackC)
```

如 trellis_a = poly2trellis([5 4],[23 35 0; 0 5 13])；采用格型配置 convenc 功能。如：

```
K = log2(trellis_a.numInputSymbols); % 2
N = log2(trellis_a.numOutputSymbols); % 3
numReg = log2(trellis_a.numStates); % 7
numSymPerFrame = 5;
data = randi([0 1],K * numSymPerFrame,1);
[code_a,fstate_a] = convenc(data,trellis_a);
```

解码方式为

```
decodedout = vitdec(codedin,trellis,tbdepth,opmode,dectype)
decodedout=vitdec(cedin,trellis,tbdepth,mode,'soft',nsdec)
decodedout=vitdec(cedin,trellis,tbdepth,mode,type,puncpat)
```

解码方式举例如下：

```
trellis = poly2trellis([4 3],[4 5 17;7 4 2]);
x = randi([0 1],1e2,1);
code = convenc(x,trellis);    tb = 2;
decoded = vitdec(code,trellis,tb,'trunc','hard');
isequal(decoded,x)
```

利用维特比算法对打孔信号进行解码,如:

```
trellis = poly2trellis(7,[171 133]);
puncpat = [1;1;0;1;1;0]; tbdepth = 96;
opmode ='trunc';     dectype = 'hard';
K = log2(trellis.numInputSymbols);
N = log2(trellis.numOutputSymbols);
msg = ones(100 * length(puncpat),1);
puncturedcode = convenc(msg,trellis,puncpat);
codedin = puncturedcode;
decodedout = vitdec(codedin,trellis,tbdepth,opmode,dectype,puncpat);
isequal(msg,decodedout)
```

通过编码效率可以看出采用打孔编码可以提高效率。

```
unpunc_coderate = K/N;
punc_coderate = (K/N) * (length(puncpat)/sum(puncpat));
```

4.3 交　　织

当信道突发差错时,往往导致一连串的错误,这些错误集中在一起常超过了纠错码的纠错能力,因此在发射端加上交织器,接收端加上解交织器,使得信道的突发差错得以分散,从而把突发差错转为随机差错,可以充分发挥纠错码的作用。

交织(Interleaving)是指最大限度地改变信息结构而不改变信息内容的一种技术。交织码可分为伪随机交织和周期交织。周期交织可以分为块(分组)交织和卷积交织。本小节介绍两种常用的 MATLAB 交织和解交织命令。

intrlvd =intrlv(data,elements):重新排列数据元素,而不重复或忽略任何元素。如果数据是长度为 N 的向量或 N 行矩阵,则元素是长度为 N 的向量,将整数从 1 排列到 N。元素中的序列是数据中的元素或其列出现在 intrlvd 中的序列。如果数据是具有多行和多列的矩阵,则函数将独立处理这些列。

deintrlvd =deintrlv(data,elements):通过充当 intrlv 的逆函数,恢复数据元素的原始顺序。如果数据是一个长度为 N 的向量或一个 N 行矩阵,则元素是一个长度为 N 的向量,它将整数从 1 排列到 N。要将此函数用作 intrlv 函数的逆函数,请使用两个函数中输入的相同元素。在这种情况下,这两个函数是相反的,即应用 intrlv,然后应用 deintrlv,使数据保持不变。例如:

```
p = randperm(10);
a = intrlv(10:10:100,p);
b = deintrlv(a,p)
```

另外,随机交织和解交织的命令为

intrlvd =randintrlv(data,state):使用随机排列重新排列数据中的元素。state 参数初始化函数用于确定置换的随机数生成器。状态是标量或 35×1 向量,在 rand 函数中描述,该函数用于 randintrlv。对于给定的状态,函数是可预测和可逆的,但不同的状态会产生不同的排列。如果数据是具有多行和多列的矩阵,则函数将独立处理这些列。

deintrlvd =randdeintrlv(data,state):通过反转随机排列恢复数据中元素的原始顺序。state 参数初始化函数用于确定置换的随机数生成器。状态是标量或 35×1 向量,在 rand 函数中描述,如 randintrlv 的使用规则。

突发干扰情况下,卷积码、汉明码和交织后的性能采用 MATLAB 仿真,仿真结果如图 4-5所示,可以看出在突发干扰下,卷积加交织技术性能最为优越。代码如下:

```
clc;clear;close all;
%% 突发情况下卷积交织码,卷积码,汉明码和交织汉明编码
cycl=20;          %可以多次运行取均值
SNR=0:12;
msg=round(rand(1,1e4));
BER0=zeros(1,length(SNR));
BER1=BER0;
BER2=BER0;
BER3=BER0;
%————————网格参数
L=3;
trellis = poly2trellis(L,[5,7]);
code3=convenc(msg,trellis);
modbit1=pskmod(code3,2);
%——————————汉明编码预设
code2 = encode(msg, 7, 4,'hamming');%(15,7)bch encoding...
modbit2 = pskmod(code2,2);
% =———————————交织编码
intrlvd=randintrlv(code2,2113);
modbit3=pskmod(intrlvd,2);
%———————————交织卷积
intrlvd=randintrlv(code3,2113);
modbit4=pskmod(intrlvd,2);
%——————  新加入突发干扰
N_Burst_ham=BurstNoise_2(100,5,length(code2));
N_Burst_cov=BurstNoise_2(100,5,length(code3));
for n=1:cycl
    for k=1:length(SNR)
        %% 交织卷积
        y0=awgn(modbit4,SNR(k),'measured');
        y0=N_Burst_cov+y0;
        demsg0=pskdemod(y0,2);  %      size(demsg0)
        recode0=reshape(demsg0.',1,[]);
```

```
        deintrlvd=randdeintrlv(recode0,2113);
        tblen1=5;
        decoded1=vitdec(deintrlvd,trellis,tblen1,'cont','hard');
        [num0,rat0]=biterr(double(decoded1(tblen1+1:end)),msg(1:end-tblen1));
        BER0(n,k)=rat0;
        %% 编码部分  回溯长度为5
        y1=awgn(modbit1,SNR(k),'measured');
        y1=N_Burst_cov+y1;
        demsg1=pskdemod(y1,2);
        recode1=reshape(demsg1.',1,[]);
        tblen1=5;
        decoded1=vitdec(recode1,trellis,tblen1,'cont','hard');
        [num1,rat1]=biterr(double(decoded1(tblen1+1:end)),msg(1:end-tblen1));
        BER1(n,k)=rat1;
        %% 汉明码
        y3 = awgn(modbit2,SNR(k),'measured');
        y3=N_Burst_ham+y3;
        demmsg3 = pskdemod(y3,2);
        recode3 = reshape(demmsg3',1,[]);
        decodedbit = decode(recode3, 7, 4,'hamming');%decode
        %error rate-----------------------------
        error3 = (decodedbit ~= msg);
        errorbits = sum(error3);
        BER2(n,k) = errorbits/length(msg);
        %% 交织汉明编码
        y3 = awgn(modbit3,SNR(k),'measured');
        y3=N_Burst_ham+y3;
        demmsg3 = pskdemod(y3,2);
        recode3 = reshape(demmsg3',1,[]);
        deintrlvd=randdeintrlv(recode3,2113);
        decodedbit = decode(deintrlvd, 7, 4,'hamming');%decode
        %error rate-----------------------------
        error3 = (decodedbit ~= msg);
        errorbits = sum(error3);
        BER3(n,k) = errorbits/length(msg);
    end
end
BER0=mean(BER0);
BER1=mean(BER1);
BER2=mean(BER2);
BER3=mean(BER3);
semilogy(SNR,BER0,'b-.o',SNR,BER1,'r--s',SNR,BER2,'k:v',...
    SNR,BER3,'g-*','linewidth',2);
```

```
77. xlabel('SNR/dB');ylabel('BER');
78. legend('卷积加交织','回溯5卷积编码','汉明编码','交织汉明码');
79. grid on;
```

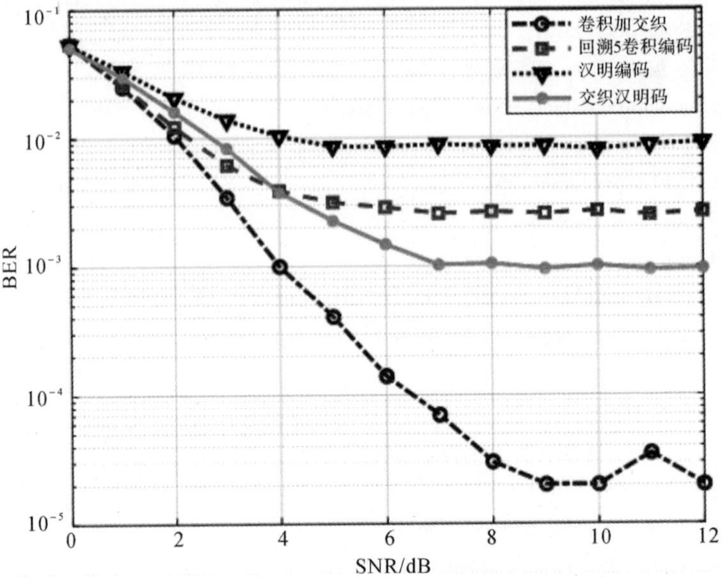

图 4-5　突发干扰情况下,卷积码、汉明码和交织后的性能图

4.4　LDPC 信道编码

1962 年,R. Gallager 首次发明低密度奇偶校验码(Low-Density Parity Check Codes,LDPC)[1],但由于当时的硬件技术发展不够成熟,一直没被重视,直到 1996 年 D. J. C Mackay 和 R. M. Neal 重新发现了它们[2],才使其进入了新纪元。在 1993 年出现 turbo 码之后,人们试图从理论上研究 turbo 码是如何接近香农极限的,而且尝试发现其他新的差错控制编码。1996 年 D. J. C Mackay 和 R. M. Neal 设计的新的分组码包含了 turbo 码的诸多特点,如随机性、大分块长度和迭代解码。他们意识到新码基本上和 Gallager 提出的 LDPC 码几乎一样。1998 年,非规则 LDPC 码作为 Gallager 的 LDPC 码更为一般的情形得以发展[3],非规则 LDPC 码成为至今最为有效的差错控制编码。对比 turbo 码,LDPC 码有诸多优点:

(1)不需要随机交织器;

(2)有更好的块错误率和更低的误差下限;

(3)LDPC 码迭代解码方式简单,虽然产生了多次迭代;

(4)最突出的优点是没有专利等版权的限制。

顾名思义,LDPC 码是含有稀疏奇偶校验矩阵 $\boldsymbol{H}$,稀疏性是指与含有的 0 元素相比,$\boldsymbol{H}$ 包含相对更少的元素 1。该稀疏性使得 LDPC 码增加了最小距离。通常,LDPC 码的最小距离和码字长度是线性增加的关系。LDPC 码和传统的线性分组码的唯一区别就是稀疏性,这点不同使得两者解码方法不同,传统分组码解码基于最大似然估计,通过接收到的 n 比特码字,在 2^k 个可能的信息中,判决出最可能的 k 比特信息。因此,码字短则复杂度低。另外,LDPC

码采用 **H** 图式(Tanner 图)解码，Tanner 图由比特点(或称变量、符号节点)和校验(奇偶校验)节点，比特点和校验检点代表码字的比特等式和校验等式。当且仅当比特包含于检验等式中，边代表比特和校验点的联结。因此，Tanner 图中边的个数代表了 **H** 中 1 的个数。

举例说明，假设一个(7,4)线性分组码具有校验矩阵 **H**，当有一个码字 **c**，画出 Tanner 图。

解：根据校验矩阵 **H** 的定义可知，$\boldsymbol{c}\boldsymbol{H}^{\mathrm{T}}=\boldsymbol{H}\boldsymbol{c}^{\mathrm{T}}=0$，在二进制的伽罗瓦域[GF(2)]，加法运算就是异或运算，而乘法运算就是与运算。如果给定的 **H** 为

$$\boldsymbol{H}=\begin{bmatrix}1&0&0&1&1&0&1\\0&1&0&1&0&1&1\\0&0&1&0&1&1&1\end{bmatrix}$$

那么对应的 Tanner 图如图 4-6 所示。

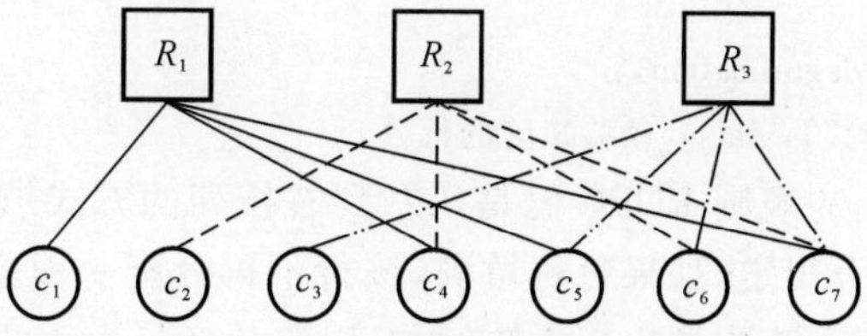

图 4-6　(7,4)线性分组码的 Tanner 图

Gallager 所提的规则 LDPC 码标记为(n,b_c,b_r)，其中 n 代表码字长度(H 的列数)，b_c 为校验等式的个数(每列中 1 的个数)，b_r 是编码比特的个数(每行中 1 的个数)。规则 LDPC 码具有以下特点：

(1)每个编码比特包含在相同数量的检验等式中；

(2)每个校验等式包含相同数量的编码比特。

Gallager 所提的规则 LDPC 码是由每行每列中 1 元素的固定个数通过随机位置构造的，行分进 b_c 集中，每个集合有$\dfrac{n}{b_r}$行，第一个集合中含有 b_r 个连续的 1，然后依次从左到右递减，其他集合是由第一个集合根据列的随机置换得到。例如(12,3,4)的校验矩阵，首先可以将 **H** 中的行向量分为 $b_c=3$ 个集合，第一个集合中每行都具有连续的 1，如：

$$\boldsymbol{H}_1=\begin{bmatrix}1&1&1&1&0&0&0&0&0&0&0&0\\0&0&0&0&1&1&1&1&0&0&0&0\\0&0&0&0&0&0&0&0&1&1&1&1\end{bmatrix}$$

最终形成的奇偶校验矩阵为每个编码位包含 3 个奇偶校验方程(每列 3 位 1)，每个奇偶校验方程包含 4 个编码位(每行 4 位 1)。利用 MATLAB 代码画出该矩阵的结果如图 4-7 所示，对应程序为

```
n=12;
bc=3;                %每列中 1 的个数
br=4;                %每行中 1 的个数
rH=(n. * bc)./br; %H 的行数
H=zeros(rH,n);
j=1; jj=br;
for i=1:n./br    %H 的每个子集中 1 元素的分配
```

```
    H(i,j:jj)=1;
    j=j+br;
    jj=(i.*br)+br;
end
for i=1:bc-1
for ii= 1:n
        colind=(round(rand(1)*(n-1)))+1;
        rCol=H(1:n./br, colind);
        H(i.*(n./br)+1 : i.*(n./br)+1+(n./br)-1, ii)=rCol;
    end
end
figure
imshow(~H,'InitialMagnification','fit')
xlabel('校验矩阵的列数');ylabel('校验矩阵的行数');
```

Mackay 和 Neal 所提的规则 LDPC 码是从左到右按列的方式填 1，每列 1 的位置随机选取，直到每行 1 的个数符合规定，如果每行填满，该行不再分配 1 而去填下一行。一项重要的约束是每列的 1 和每行的 1 不应该出现方阵结构，以避免环长为 4 的情况，但这项约束不容易满足。而(b_c,b_r)相对 n 而言常常都很小。例如(12,3,4)的校验矩阵，首先可以从左列开始依次向右每列随机分配 3 个 1，直到有些行出现了 4 个 1，达到了规定要求。对于这些行剩下的部分将不再分配 1 直到结束。和 Gallager 所提的规则 LDPC 码一样，这里的 *H* 矩阵每列含有 3 个 1，每行含有 4 个 1。

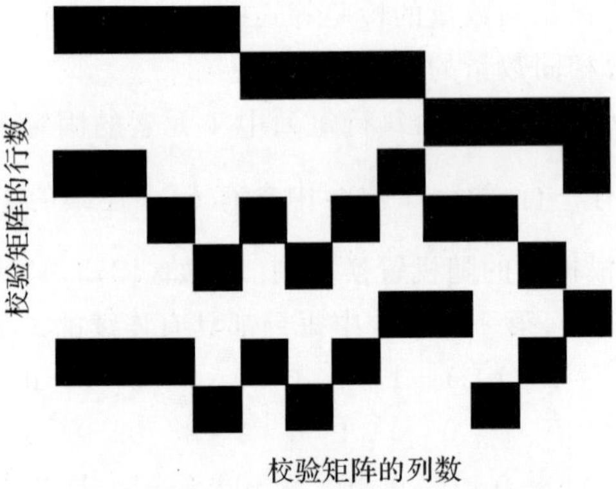

图 4-7　(12,3,4)的校验矩阵二值图

非规则的 LDPC 码的校验矩阵构造中，由于 1 和 0 是随机插入的，以下 MATLAB 代码可以产生码率为 1/2 的非规则校验矩阵 ***H***，其中 1 随机分布在各列中，代码如下：

```
rH=9;             %H 的行数
n=12;             %H 的列数
bc=3;             %每列中 1 的个数
for i = 1:n
    ones_col(:, i) = randperm(rH)';
end
```

```
7. r = reshape(ones_col(1:bc, :), n * bc, 1);
8. temp = repmat([1:n], bc, 1);
9. c = reshape(temp, n * bc, 1);
10. H= full(sparse(r, c, 1, rH, n));% Creates sparse matrix H
11. for i = 1:rH
12.     cr = randperm(n);
13.     if length(find(r == i)) == 0
14.         H(i, cr(1)) = 1;% adds two 1sif row has no 1
15.         H(i,cr(2)) = 1;
16.     elseif length(find(r == i)) == 1
17.         H(i, cr(1)) = 1;% adds one 1if row has only one 1
18.     end
19. end %for i
20. figure(1)
21. imshow(~H,'InitialMagnification','fit');
22. xlabel('校验矩阵的列数');ylabel('校验矩阵的行数');
```

4.4.1 Tanner 图中的环与带

在 Tanner 图中，环(Cycle)的定义是一个节点联结始点和终点都落同一节点上，其环的边的个数为环的长度。环的出现阻碍了迭代解码的性能提升，因其影响了迭代过程中外在信息的独立性。因此，去除校验矩阵 $\boldsymbol{H}$ 中的环非常重要。去除环的方法可以为减少环的个数，但增加了节点个数，因此也增加了解码的复杂度。

Tanner 图的带(Girth)定义为在 Tanner 图中最短的环长。由于短环容易破坏解码效果，因此，设计 LDPC 解码一项重要的工作是最大化 Tanner 图的带。

非规则 LDPC 是规则 LDPC 码的一般形式。在非规则 LDPC 码的校验矩阵 $\boldsymbol{H}$ 中，比特点和校验点的度不是常数，因此，非规则 LDPC 码是由比特点和校验点的度分布来表示的。比特点的度分布定义为

$$\Lambda(x) = \sum_{i=1}^{d_b} \Lambda_i x^i \tag{4.1}$$

其中：Λ_i 和 d_b 分别为度 i 的比特点个数和最大的比特点数。校验点度分布为

$$P(x) = \sum_{i=1}^{d_c} P_i x^i \tag{4.2}$$

其中：P_i 和 d_c 分别为度 i 的校验点个数和最大的校验点数。对于边的比特点度分布定义为

$$\lambda(x) = \sum_{i=1}^{d_b} \lambda_i x^{i-1} \tag{4.3}$$

其中：λ_i 是边连接到度 i 的比特点的分数。对于边的校验点度分布定义为

$$\rho(x) = \sum_{i=1}^{d_c} \rho_i x^{i-1} \tag{4.4}$$

其中：ρ_i 是边连接到度 i 的校验点的分数。LDPC 码率的边界为

$$R(\lambda,\rho)\geqslant 1-\frac{\int_0^1\rho(x)\,\mathrm{d}x}{\int_0^1\lambda(x)\,\mathrm{d}x}=1-\frac{b_c}{b_r} \tag{4.5}$$

对于图 4 - 6，回顾其对应的校验矩阵：

$$\boldsymbol{H}=\begin{bmatrix}1&0&0&1&1&0&1\\0&1&0&1&0&1&1\\0&0&1&0&1&1&1\end{bmatrix}$$

可以看出，只有 1 条边的节点有 c_1，c_2，c_3，而 c_4，c_5，c_6 有 2 条边，c_7 有 3 条边。则比特点的度分布为 $\Lambda(x)=3x^1+3x^2+x^3$。而 3 个校验点都有 4 条边，因此校验点的度分布为 $P(x)=3x^4$。另外，12 条边连接比特点[$\Lambda(x)$ 中的指数乘以对应的系数求和得到]，可以观察到那些连接到度 1 比特点的边有 3 条(指数 1 表示度 1，对应的系数 3 相乘得到 3)，以及连接到度 2 比特点的边有 6 条(指数表示度，和对应的系数相乘得到 6)，以及连接到度 3 比特点的边 3 条(3 乘以 1 得到)。从边的角度来看，比特点度分布为 $\lambda(x)=\frac{3}{12}x^{1-1}+\frac{6}{12}x^{2-1}+\frac{3}{12}x^{3-1}$。类似的得到：连接度 4 校验点的边有 12 条，因此，校验点的度分布为 $\rho(x)=\frac{12}{12}x^{4-1}=x^3$。

非规则 *LDPC* 码的优化设计并不容易，采用高斯消元法，可以改变校验矩阵的形式，得到

$$\boldsymbol{H}=[\boldsymbol{P}^{\mathrm{T}}\quad \boldsymbol{I}_{n-k}]\quad \text{or}\quad [\boldsymbol{I}_{n-k}\quad \boldsymbol{P}^{\mathrm{T}}] \tag{4.6}$$

其中：$\boldsymbol{P}$ 和 $\boldsymbol{I}_{n-k}$ 分别是奇偶矩阵和单位矩阵。因此生成矩阵是

$$\boldsymbol{G}=[\boldsymbol{I}_k\quad \boldsymbol{P}]\quad \text{or}\quad [\boldsymbol{P}\quad \boldsymbol{I}_k] \tag{4.7}$$

$\boldsymbol{P}$ 的稀疏度决定了 LDPC 编码的复杂度，不幸的是，就算 $\boldsymbol{H}$ 很稀疏，$\boldsymbol{P}$ 也大都不是稀疏的。基本上，LDPC 码要求较长的帧长度(即 n 很大)，编码复杂度 $O(n^2)$ 是一项很重要的研究课题，有很多方法可以降低编码复杂度[4]。

如果 Tanner 图不包含循环，则解码会很快，但 LDPC 常常是含有循环带的，而算法需要重复迭代才能收敛。LDPC 码可以通过选择更长的带来改善其性能。但更长的带不利于有限长度的码元。带长为 6 比较常见，而带长为 4 常被要求去除。参考文献[5]指出如果 $\boldsymbol{H}$ 没有带长为 4，当且仅当矩阵 $\boldsymbol{H}^{\mathrm{T}}\boldsymbol{H}$ 除对角线外所有元素为 1。参考文献[6]给出了搜寻 $\boldsymbol{H}$ 中带长矩形(4 个 1 构成)的标准方法。通过重新排列周围的某些元素来消除矩形，同时保留矩阵的其他相关属性，这相当于从 Tanner 图中删除带长 4。检测和去除带长 4 的 MATLAB 代码如下：

```
clear all;clc; close all
H=[ 1 1 1 1 0 1 1 0 0 0;...
    0 0 1 1 1 1 1 1 0 0;...
    0 1 0 1 0 1 0 1 1 1;...
    1 0 1 0 1 0 0 1 1 1;...
    1 1 0 0 1 0 1 0 1 1];
H0=H;
row=size(H,1);
Gt=H'*H;
for i=1:row
```

```
    Gt(i,i)=0;
end
figure(1),subplot(121)
pcolor(Gt);% 检验是否有带 4 出现
xlabel('矩阵的列数');ylabel('矩阵的行数');title('(a)');
d=find(Gt==2);
if(d~=0)
    % 去掉带 4
        for i = 1:row
            for j = (i + 1):row
                sp = and(H(i, :), H(j, :));
                csp = find(sp);
                cl = length(csp);
                if cl > 1
                    if length(find(H(i, :))) < length(find(H(j, :)))
                        for cp = 1:cl - 1
                                H(j, csp (cp )) = 0;
                            end
                    else
                            for cp = 1:cl - 1
                                H(i, csp (cp )) = 0;
                            end
                        end %if
                end %if
            end %for j
    end %for i
end %for if
subplot(122)
pcolor(H'*H);colorbar;title('(b)');
xlabel('矩阵的列数');
figure(2),
subplot(121)
imshow(~H0,'InitialMagnification','fit')
xlabel('校验矩阵的列数');ylabel('校验矩阵的行数');
title('(a)');
subplot(122)
imshow(~H,'InitialMagnification','fit')
xlabel('校验矩阵的列数');title('(b)');
```

LDPC 码对应带 4 消除前、后的校验矩阵 $\boldsymbol{H}$ 如图 4-8 所示。LDPC 码对应的 $\boldsymbol{H}^{\mathrm{T}}\boldsymbol{H}$ 矩阵消带 4 前、后对比图如图 4-9 所示，从图中可以看出。在消除带 4 前，矩阵除对角线之外存在大于 1 的元素，消除后，只有对角线的元素出现了大于 1 的元素。

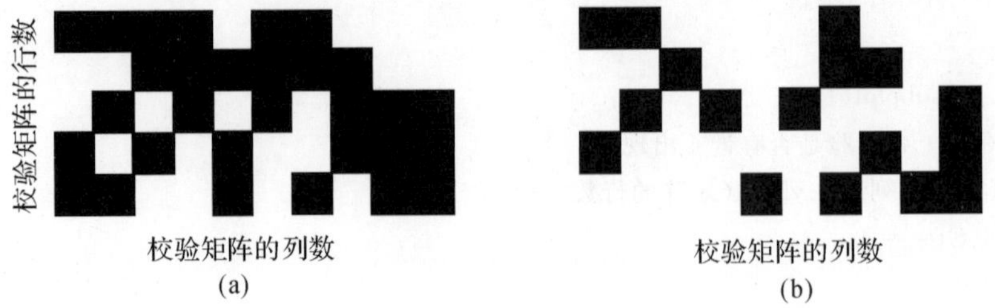

图 4-8　LDPC 消除带 4 前后 **H** 的对比图

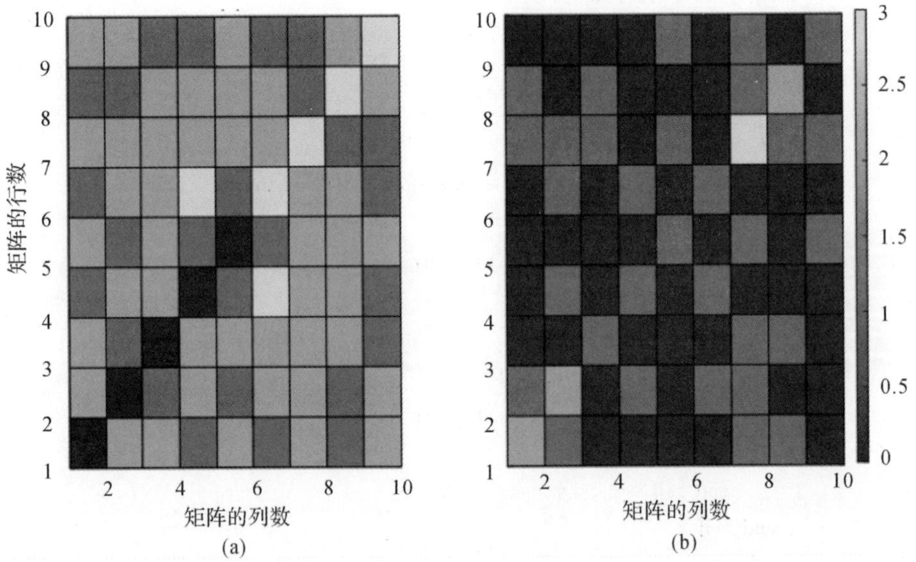

图 4-9　LDPC 对应的 $\boldsymbol{H}^{\mathrm{T}}\boldsymbol{H}$ 矩阵消除带 4 前后对比图

(a)消除前；（b)消除后

4.4.2　LDPC 解码之置信传播算法

LDPC 解码过程是基于 Tanner 图的比特点和校验点之间通过迭代方式进行的。消息传递算法(Message Passing Algorithm)是 LDPC 解码框架下一个著名的算法,它通过比特点和校验点前向和后向传递信息,这类算法大体分为两类:一类是基于硬判决的位翻转算法(Bit Flipping Algorithm),另一类是基于软判决的置信传播算法(Belief Propagation Algorithm)。置信传播算法是计算后验概率最大化实现的。

为了阐述清楚后验概率这一概念,先回顾一下贝叶斯公式:假设发射机的信号为 s,接收机的信号为 r,贝叶斯公式的贡献是在信息和条件有限的情况下,基于过去的数据,通过动态调整的方法,帮助我们一步步预测出事件发生的接近真实的概率。其根本思想是:后验概率(Posteriori)＝先验概率(Prior) * 调整因子,其中,先验概率就是在信息不完整的情况下的主观概率预测,调整因子则是在信息收集不断完善的过程中对先验概率的调整,调整因子为似然估计(Likelihood)除以全概率(Occurence),后验概率则是通过调整后最终做出的概率预测。

后验概率最大化是为了计算 $P(c_i|E)$,意味着在事件 E(所有奇偶校验等式满足)的条件

下找到码字 c_i，在置信传播算法中，信息代表接收码字的信念水平（概率）。每个比特点将信息传达到与其连接的每个校验点。每个校验点也将信息传达到与其连接的每个比特点。最后得到每个码字比特的后验概率。对于置信传播算法我们将需要大量乘法和除法运算，因此，应用复杂度比较高。为了减少复杂度，可以采用对数似然比，乘除法变成了加减法，我们称之为和积解码算法。

为了解释置信传播算法，将 Tanner 图加以改变。图 4-10 展示了 LDPC 解码的 Tanner 图，图中，v_j，x_i，y_i 分别代表校验点、比特点以及接收码字比特。接收码字为 $y_i = x_i + n_i$，其中 n_i 是零均值标准差 σ 的高斯噪声。

定义两个估计表达式 $q_{ij}(x)$，$r_{ji}(x)$。

$q_{ij}(x)$表示信息从比特点 x_i 到校验点 v_j 的信息估计，具体指当除 v_j 之外所有校验等式都满足时 $x_i = x$ 的概率，记为 $P(x_i = x \mid y_i)$。

$r_{ji}(x)$表示信息从校验点 v_j 到比特点 x_i 的信息估计，具体指当除 x_i 之外所有比特点都含有 x 时校验点等式 v_j 成立的概率。

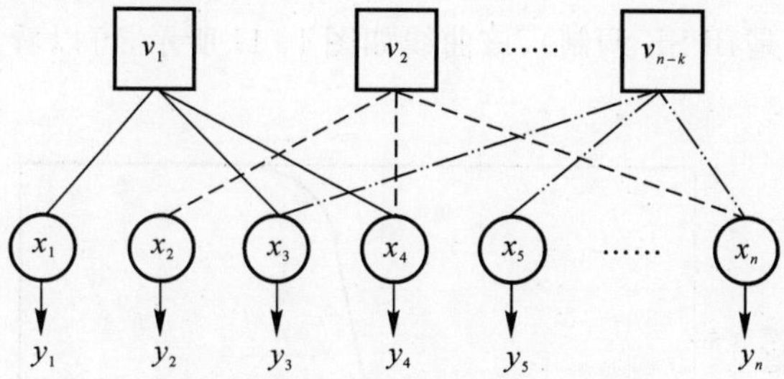

图 4-10 LDPC 解码的 Tanner 图

在阐述 Gallager 描述的校验点包含偶数或者奇数个 1 的概率之前，先了解两个预备知识点：

第一个预备知识点：假设每一个元素 a_l 为 0（偶数个 1 之二进制和为 0）和 1（奇数个 1 之二进制和为 1）的概率分别为 $P(a_l = 0) = p_0^{(l)}$，$P(a_l = 1) = p_1^{(l)}$，默认 $p_0^{(l)} + p_1^{(l)} = 1$。根据双曲正切函数的定义 $\tanh(x) = \dfrac{e^x - e^{-x}}{e^x + e^{-x}} = \dfrac{e^{2x} - 1}{e^{2x} + 1}$，有

$$\tanh\frac{J}{2} = \tanh\left[\frac{1}{2}\ln\left(\frac{p_0}{p_1}\right)\right] = \frac{e^{\ln\left(\frac{p_0}{p_1}\right)} - 1}{e^{\ln\left(\frac{p_0}{p_1}\right)} + 1} = \frac{\dfrac{p_0}{p_1} - 1}{\dfrac{p_0}{p_1} + 1} = \frac{p_0 - p_1}{p_0 + p_1} = p_0 - p_1 = 1 - 2p_1$$

即 $\tanh\left(\dfrac{J}{2}\right) = 1 - 2p_1$，其中目标函数 $J = \ln\left(\dfrac{p_0}{p_1}\right)$。该公式采用双曲正切函数优美地表达出概率转换关系。

第二个预备知识点：当向量长度为 $d = L$，该向量包含偶数个 1 的概率为

$$P(\text{Even} \mid d = L) = \frac{1}{2} + \frac{1}{2}\prod_{i=1}^{L}\left[1 - 2p_1^{(l)}\right] \tag{4.8}$$

将 Even 缩写为 E，Odd 缩写为 O，下面我们用数学归纳法来证明这一点。

首先，假设 $d = 1$，有

$$P(\mathrm{E}\mid d=1)=p_0^{(1)}=1-p_1^{(1)}=\frac{1}{2}+\frac{1}{2}[1-2p_1^{(1)}] \tag{4.9}$$

假设当 $d=k$ 时，$P(\mathrm{E}\mid d=k)=\frac{1}{2}+\frac{1}{2}\prod_{l=1}^{k}[1-2p_1^{(l)}]$ 结论成立，那么当 $d=k+1$ 时，有

$$P(\mathrm{E}\mid d=k+1)=P(\mathrm{E}\mid d=k)\,p_0^{(k+1)}+P(\mathrm{O}\mid d=k)\,p_1^{(k+1)} \tag{4.10}$$

将式(4.10)进一步转化得到

$$P(\mathrm{E}\mid d=k+1)=P(\mathrm{E}\mid d=k)\underbrace{[1-p_1^{(k+1)}]}_{p_0^{(k+1)}}+\underbrace{[1-P(\mathrm{E}\mid d=k)]}_{P(\mathrm{O}\mid d=k)}p_1^{(k+1)}=$$

$$\underbrace{P(\mathrm{E}\mid d=k)}_{\frac{1}{2}+\frac{1}{2}\prod_{l=1}^{k}[1-2p_1^{(l)}]}[1-2p_1^{(k+1)}]+p_1^{(k+1)}=\frac{1}{2}+\frac{1}{2}\prod_{l=1}^{k+1}[1-2p_1^{(l)}]$$

在高斯白噪声信道中，有如下的初始值：

$$q_{ij}^{\text{initial}}(x)=P(x_i=x\mid y_i)=\frac{1}{1+\mathrm{e}^{-(2xy_i/\sigma^2)}} \tag{4.11}$$

其中：$x=1$，or -1(假设是 BPSK 调制)，该曲线如图 4-11 所示，可以看出该函数是可以反映出实际数据表现情况的。

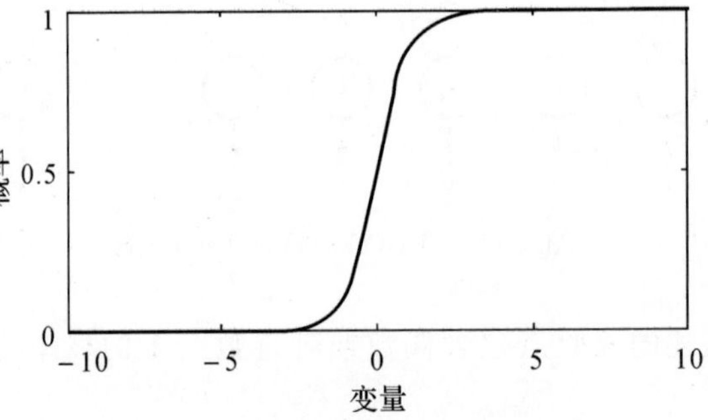

图 4-11　高斯白噪声信道概率初始值

当接收信号 y 的长度 L 给定，Gallager 描述校验点包含偶数或者奇数个 1 的概率为

$$P^e=\frac{1}{2}+\alpha\frac{1}{2}\prod_{i=1}^{L}(1-2p_i) \tag{4.12}$$

其中：偶数校验时 $\alpha=1$，奇数校验时 $\alpha=-1$，$p_i=P(x_i=-1\mid y_i)$ 表示在 $x_i=-1$ 时的概率(此处可以把 -1 视作为奇，$+1$ 视作为偶)。因此，$r_{ji}(+1)$ 表达式为

$$r_{ji}(+1)=\frac{1}{2}+\frac{1}{2}\prod_{i'\in V_{j/i}}[1-2q_{i'j}(-1)] \tag{4.13}$$

其中：$V_{j/i}$ 表示除 x_i 之外连接校验点 v_j 的所有比特点集。记 $r_{ji}(-1)$ 为

$$r_{ji}(-1)=1-r_{ji}(+1) \tag{4.14}$$

由式(4.13)和式(4.14)可知：

$$1-2r_{ji}(-1)=\prod_{i'\in V_{j/i}}[1-2q_{i'j}(-1)] \tag{4.15}$$

信息 $q_{ij}(+1)$ 表示为

$$q_{ij}(+1)=\alpha_{ij}(1-p_i)\prod_{j'\in C_{i/j}}r_{j'i}(+1) \tag{4.16}$$

而 $q_{ij}(-1)$ 表示为

$$q_{ij}(-1)=\alpha_{ij}p_i\prod_{j'\in C_{i/j}}r_{j'i}(-1) \tag{4.17}$$

其中：$C_{i/j}$ 表示除 v_j 之外连接比特点 x_i 的所有校验点集，而常数 α_{ij} 的选择是为了确保 $q_{ij}(-1)+q_{ij}(+1)=1$。最终根据计算的概率判断比特点的取值，$q_{ij}(+1)\geqslant 0.5$，$\hat{x}_i=+1$。该迭代过程一直持续到终止条件达到为止。

4.4.3 LDPC解码之和积算法

由于置信传播算法的高度复杂性，和积算法应运而生。其采用对数域更适合硬件应用。对 $q_{ij}(x)$ 的初始值表示如下：

$$L(q_{ij})=L(p_i)=\ln\frac{q_{ij}(+1)}{q_{ij}(-1)}=\ln\frac{P(x_i=+1\mid y_i)}{P(x_i=-1\mid y_i)} \tag{4.18}$$

$$\ln\frac{P(x_i=+1\mid y_i)}{P(x_i=-1\mid y_i)}=\ln\frac{1/[1+\exp(-2y_i/\sigma^2)]}{1/[1+\exp(2y_i/\sigma^2)]}=\frac{2y_i}{\sigma^2} \tag{4.19}$$

对 $r_{ji}(x)$ 取对数似然比(Log Likelihood Ratio) 表示如下：

$$L(r_{ji})=\ln\frac{r_{ji}(+1)}{r_{ji}(-1)}=\ln\frac{1-r_{ji}(-1)}{r_{ji}(-1)} \tag{4.20}$$

由之前的预备知识：

$$\tanh\left[\frac{1}{2}\ln\left(\frac{1-p_1}{p_1}\right)\right]=1-2p_1 \tag{4.21}$$

可知：

$$\tanh\left[\frac{1}{2}L(r_{ji})\right]=\tanh\left[\frac{1}{2}\ln\frac{1-r_{ji}(-1)}{r_{ji}(-1)}\right]=1-2r_{ji}(-1) \tag{4.22}$$

同理可知：

$$\tanh\left[\frac{1}{2}L(q_{i'j})\right]=1-2q_{i'j}(-1) \tag{4.23}$$

回顾式(4.15)，得到

$$\tanh\left[\frac{1}{2}L(r_{ji})\right]=1-2r_{ji}(-1)=\prod_{i'\in V_{j/i}}[1-2q_{i'j}(-1)]=\prod_{i'\in V_{j/i}}\tanh\left[\frac{1}{2}L(q_{i'j})\right] \tag{4.24}$$

因此，得到

$$L(r_{ji})=2\tanh^{-1}\left[\prod_{i'\in V_{j/i}}\tanh\left(\frac{1}{2}L(q_{i'j})\right)\right] \tag{4.25}$$

对式(4.25) 进一步变形，得到

$$L(r_{ji})=2\tanh^{-1}\left\{\prod_{i'\in V_{j/i}}\operatorname{sign}[L(q_{i'j})]\prod_{i'\in V_{j/i}}\tanh\left[\frac{|L(q_{i'j})|}{2}\right]\right\} \tag{4.26}$$

$$L(r_{ji})=\left\{\prod_{i'\in V_{j/i}}\operatorname{sign}[L(q_{i'j})]\right\}2\tanh^{-1}\left\{\prod_{i'\in V_{j/i}}\tanh\left[\frac{|L(q_{i'j})|}{2}\right]\right\} \tag{4.27}$$

$$L(r_{ji})=\left(\prod_{i'\in V_{j/i}}\operatorname{sign}L\right)2\tanh^{-1}\left\{\ln^{-1}\left[\ln\left(\prod_{i'\in V_{j/i}}\tanh\frac{|L|}{2}\right)\right]\right\} \tag{4.28}$$

$$L(r_{ji})=\left(\prod_{i'\in V_{j/i}}\operatorname{sign}L\right)(-2)\tanh^{-1}\left\{\ln^{-1}\left[\sum_{i'\in V_{j/i}}-\ln\left(\tanh\frac{|L|}{2}\right)\right]\right\} \tag{4.29}$$

$$L(r_{ji})=\prod_{i'\in V_{j/i}}\operatorname{sign}[L(q_{i'j})]\Phi^{-1}\left\{\sum_{i'\in V_{j/i}}\Phi\left[\frac{|L(q_{i'j})|}{2}\right]\right\} \tag{4.30}$$

其中很重要的一个函数为

$$\Phi(x)=-\ln\left[\tanh\left(\frac{x}{2}\right)\right]=\ln\left(\frac{e^x+1}{e^x-1}\right),\quad \Phi^{-1}(x)=\Phi(x) \tag{4.31}$$

函数 $\Phi(x)$ 曲线如图 4-12 所示，可以看出该函数是关于 $\Phi(x)=x$ 轴对称的。该函数并不简单，通常采用查表方法得到计算结果。

函数 $\Phi(x)$ 的另一个特点是 $\Phi^{-1}\left[\sum_{i'\in V_{j/i}}\Phi\left(\frac{|L|}{2}\right)\right]$ 的结果往往由 $|L|$ 的最小值决定的。因此，该算法可以进一步简化为

$$L(r_{ji})=\min_{i'\in V_{j/i}}|L(q_{i'j})|\prod_{i'\in V_{j/i}}\operatorname{sign}[L(q_{i'j})] \tag{4.32}$$

但这样的简化将使得性能损失 0.5 dB，如果加上缩放因子 α，即

$$L(r_{ji})=\alpha\min_{i'\in V_{j/i}}|L(q_{i'j})|\prod_{i'\in V_{j/i}}\operatorname{sign}[L(q_{i'j})] \tag{4.33}$$

性能可以减少到 0.1 dB。

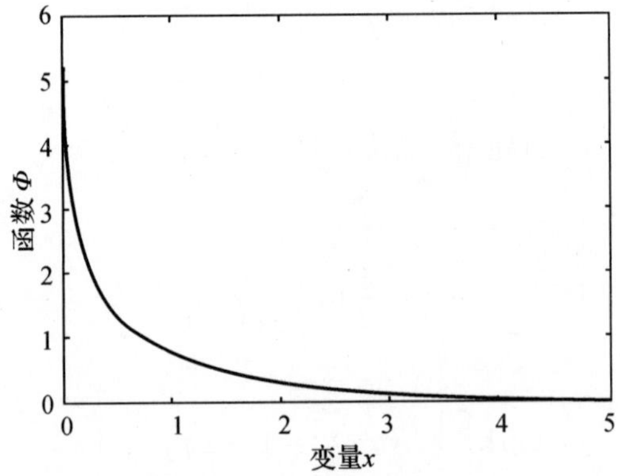

图 4-12　函数 $\Phi(x)$ 曲线示意图

另外，由式(4.16) 至式(4.18) 可得

$$L(q_{ij})=\ln\frac{q_{ij}(+1)}{q_{ij}(-1)}=\ln\frac{\alpha_{ij}(1-p_i)\prod_{j'\in C_{i/j}}r_{j'i}(+1)}{\alpha_{ij}p_i\prod_{j'\in C_{i/j}}r_{j'i}(-1)} \tag{4.34}$$

$$L(q_{ij})=\ln\frac{1-p_i}{p_i}+\ln\frac{\prod_{j'\in C_{i/j}}r_{j'i}(+1)}{\prod_{j'\in C_{i/j}}r_{j'i}(-1)}=L(p_i)+\sum_{j'\in C_{i/j}}L(r_{j'i}) \tag{4.35}$$

最终根据计算的概率判断比特点的取值，$L(q_{ij})\geqslant 0, \hat{x}_i=+1$。该迭代过程一直持续到终止条件达到为止。和积算法的 MATLAB 代码示例如下：

```
function [Eji,cHat]=logsumproduct(Rx,H,iter);
1.[N1,N2]=size(H);
2.Eji=zeros(N1,N2);
3.Pibetaji=Eji;
```

```
Mji=H. * repmat(Rx,N1,1);
[row,col]=find(H);
for n=1:iter
    alphaji=sign(Mji);
    betaji=abs(Mji);
    for j=1:length(row)
        Pibetaji(row(j),col(j))=log((exp(betaji(row(j),col(j)))+1)/...
            (exp(betaji(row(j),col(j)))-1));
    end
    for i=1:N1
        c1=find(H(i,:));
    for k = 1:length(c1)
            Pibetaji_sum = 0;
            alphaji_prod = 1;
            Pibetaji_sum = sum(Pibetaji(i, c1)) - Pibetaji(i, c1(k));
            if Pibetaji_sum < 1e-20
                Pibetaji_sum = 1e-10;
            end
          Pi_Pibetaji_sum=log((exp(Pibetaji_sum)+1)/(exp(Pibetaji_sum)-1));
            alphaji_prod = prod(alphaji(i, c1)) * alphaji(i, c1(k));
            Eji(i, c1(k)) = alphaji_prod * Pi_Pibetaji_sum;
        end %for k
    end %for i
    for j = 1:N2
        r1 = find(H(:, j));
        Litotal = Rx(j) + sum(Eji(r1, j));
        if Litotal < 0
            cHat(j) = 1;
        else
            cHat(j) = 0;
        end
        for k = 1:length(r1)
            Mji(r1(k), j) = Rx(j) + sum(Eji(r1, j)) - Eji(r1(k), j);
        end %for k
    end %for j
    cs = mod(cHat * H',2);
    if sum(cs)== 0
      break;
    end
end %for n
```

4.4.4 LDPC编码与解码的硬件实现

LDPC的一个码字编码实现可以表达为$c=mG$,生成矩阵$G=[I_k \quad P]$ or $[P \quad I_k]$可由

校验矩阵 $\boldsymbol{H}$ 产生。采用高斯消元法可以得到式(4.6)，但是，获得稀疏的 $\boldsymbol{P}$ 矩阵不容易，而 LDPC 码构造的复杂度在长码字中尤为关键。因此，众多算法被提出用以降低 LDPC 码的复杂度，如在参考文献[7]中，提出两步策略：

第一步是预处理，把校验矩阵分割为若干子矩阵：

$$\boldsymbol{H}=\begin{bmatrix}\boldsymbol{A}_{(m-g)\times(n-m)} & \boldsymbol{B}_{(m-g)\times g} & \boldsymbol{T}_{(m-g)\times(m-g)}\\ \boldsymbol{C}_{g\times(n-m)} & \boldsymbol{D}_{g\times g} & \boldsymbol{E}_{g\times(m-g)}\end{bmatrix} \tag{4.36}$$

其中：$\boldsymbol{T}_{(m-g)\times(m-g)}$ 为下三角子矩阵，主对角线上全是 1。其他子矩阵是稀疏矩阵，因为校验矩阵只是作了行与列的置换，图 4-13 给出了校验矩阵的子矩阵构成。

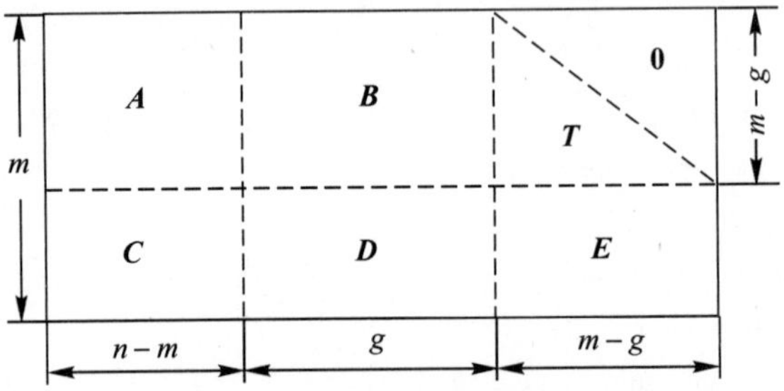

图 4-13　校验矩阵子矩阵构成图

在下三角子矩阵的下方，我们希望 $\boldsymbol{E}$ 矩阵消掉，左乘矩阵得到

$$\begin{bmatrix}\boldsymbol{I} & \boldsymbol{0}\\ -\boldsymbol{E}\boldsymbol{T}^{-1} & \boldsymbol{I}\end{bmatrix}\boldsymbol{H}=\begin{bmatrix}\boldsymbol{A}_{(m-g)\times(n-m)} & \boldsymbol{B}_{(m-g)\times g} & \boldsymbol{T}\\ -\boldsymbol{E}\boldsymbol{T}^{-1}\boldsymbol{A}+\boldsymbol{C} & -\boldsymbol{E}\boldsymbol{T}^{-1}\boldsymbol{B}+\boldsymbol{D} & \boldsymbol{0}\end{bmatrix} \tag{4.37}$$

第二步是构建码字 $\boldsymbol{c}=[\boldsymbol{u}\quad \boldsymbol{p}_1\quad \boldsymbol{p}_2]$，其中 $\boldsymbol{u}$ 是信息部分，而 $\boldsymbol{p}_1$（长度为 g）和 $\boldsymbol{p}_2$（长度为 $m-g$）为校验部分。由于 $\boldsymbol{H}\boldsymbol{c}^{\mathrm{T}}=0$，因此有

$$\begin{bmatrix}\boldsymbol{A}_{(m-g)\times(n-m)} & \boldsymbol{B}_{(m-g)\times g} & \boldsymbol{T}\\ -\boldsymbol{E}\boldsymbol{T}^{-1}\boldsymbol{A}+\boldsymbol{C} & -\boldsymbol{E}\boldsymbol{T}^{-1}\boldsymbol{B}+\boldsymbol{D} & \boldsymbol{0}\end{bmatrix}\begin{bmatrix}\boldsymbol{u}^{\mathrm{T}}\\ \boldsymbol{p}_1^{\mathrm{T}}\\ \boldsymbol{p}_2^{\mathrm{T}}\end{bmatrix}=\begin{bmatrix}0\\ 0\end{bmatrix} \tag{4.38}$$

进一步得到

$$\begin{bmatrix}\boldsymbol{p}_1^{\mathrm{T}}\\ \boldsymbol{p}_2^{\mathrm{T}}\end{bmatrix}=\begin{bmatrix}-(-\boldsymbol{E}\boldsymbol{T}^{-1}\boldsymbol{B}+\boldsymbol{D})^{-1}(-\boldsymbol{E}\boldsymbol{T}^{-1}\boldsymbol{A}+\boldsymbol{C})\boldsymbol{u}^{\mathrm{T}}\\ -\boldsymbol{T}^{-1}(\boldsymbol{A}\boldsymbol{u}^{\mathrm{T}}+\boldsymbol{B}\boldsymbol{p}_1^{\mathrm{T}})\end{bmatrix} \tag{4.39}$$

以下 MATLAB 程序给出了 LDPC 对随机信号进行编码的有效性，其中校验矩阵和原始信息是给定的。

```
Hlt=[1 1 0 1 1 0 0 1 0 0;...
     0 0 0 1 0 1 0 1 1 0;...
     0 1 1 0 1 0 1 0 0 1;...
     1 1 0 0 0 0 1 0 1 1;...
     0 0 1 0 0 1 0 1 0 1];
msg=round(rand(1,size(Hlt,1)));
p=ldpclinearencode(Hlt,msg);
c=[msg p];
% checking c*Hlt'=0;
cs=mod(c*Hlt',2);
```

```
if sum(cs)~=0
    disp('error')
end
```

```
function p=ldpclinearencode(H,msg)
[k,n]=size(H);
m=n-k;
Hr=H(:,end); % find the gap length
for i=1:n
        if Hr(i)==1
            g=i;
            break;
      end
end
g=k-g; % 矩阵分块 A B C D E 和 T
A=H(1:m-g,1:n-m);  B=H(1:m-g,n-m+1:n-m+g);  T=H(1:m-g,n-m+g+1:end);
C=H(m-g+1:end,1:n-m);  D=H(m-g+1:end,n-m+1:n-m+g); E=H(m-g+1:end,n-m+g+1:end);
% 计算 p1 和 p2
invT=inv(T); % abs(inv(T))
ET1=-(E*invT);
phi=ET1*B+D;
xtra=ET1*A+C;
p1=mod(phi*xtra*msg',2)';
p2=mod(invT*(A*msg'+B*p1'),2)';
p=[p1 p2];
```

另外一些较容易的 LDPC 编码方法，如采用循环或准循环码特性[8]，可通过移位子矩阵构建。在 LDPC 解码端，关注焦点包括复杂度、能耗、延迟、节点联结、规划、误差下限降低量、多码率和码字长度的可重构设计等。按照 LDPC 解码架构分类，LDPC 解码可以分为：平行 LDPC 解码、部分平行 LDPC 解码以及串行 LDPC 解码等。在平行解码中，每个 Tanner 图中的节点都映射到处理单元。互连的数量与边的数量相同，全并行 LDPC 解码器架构为我们提供了最高的吞吐量。我们不需要调度大容量内存。但是，它需要最大量的计算和互连。对于大型码字，互连非常复杂且难以实现。另外它不灵活。全并行 LDPC 解码器的复杂度与码字长度成正比。

部分并行 LDPC 解码器结构与完全并行 LDPC 解码器相比，它为我们提供了更低的复杂性和更好的可扩展性。消息的互连和调度取决于分组。然而，部分并行 LDPC 解码器的吞吐量较低，需要调度。

串行 LDPC 解码器结构为我们提供最低的硬件复杂性，此外，它具有高度的可扩展性，可以满足任何码率或码字长度，然而，串行 LDPC 解码器吞吐量极低。由于大多数无线通信系统要求高吞吐量，因此串行 LDPC 解码器很难应用于实际系统。

LDPC解码器缺点之一是延迟。通常，LPDC码需要大约25次迭代才能收敛，而turbo码需要大约6或7次迭代就可以收敛。延迟与节点计算、互连和调度有关。为了减少节点计算，可以使用近似值，如采用最小和算法进行解码。如参考文献[9]给出了低复杂度改进算法的最优性能。

LDPC解码器中输入信号的量化电平是重要的设计参数之一。这与解码性能、内存大小和复杂性高度相关。它们需要在解码性能和复杂度之间做出权衡。LDPC解码器的另一个缺点是，由于其本身具有随机结构，因此不容易设计可重构解码器。因此，一类新的LDPC码，如QC(Quasi Cyclic)-LDPC和结构化LDPC码被广泛应用于许多无线通信系统中[10]。由平方子矩阵组成的QC-LDPC码结构便于有效设计部分并行LDPC解码器。

QC-LDPC码的主要特点是基于单位矩阵或更小的随机矩阵构建而成，最主要的优点是便于应用。QC-LDPC码的编码器可以通过使用一系列移位寄存器来实现，这使得其复杂度与码长成正比。QC-LDPC码已广泛应用于高吞吐量系统，如IEEE 802.16e、IEEE 802.11n、IEEE 802.11ac和IEEE 802.11ad。QC-LDPC码非常适合于高吞吐量和低延迟系统。

令$\boldsymbol{H}_{M\times N}$为QC-LDPC的校验矩阵，且由$m_b$行和$n_b$列大小为$z\times z$的子矩阵构成。通常，子矩阵是由单位子矩阵移位得到。QC-LDPC码是使用参考文献[11]中报告的编码方法生成的。QC-LDPC码的解码基于高吞吐量LDPC解码器执行[12]。编写并执行以下MATLAB程序，以评估具有上述基矩阵的QC-LDPC码的误码性能。图4-14给出了15次和30次迭代的SNR与BER性能。

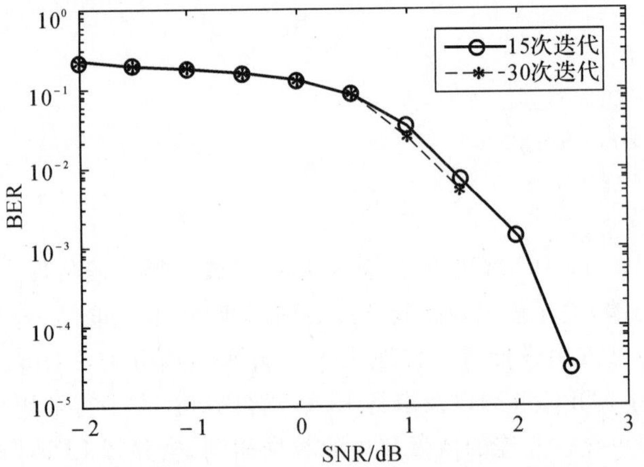

图4-14 QC-LDPC编解码在IEEE 802.11n信道的BER性能表现

QC-LDPC码的MATLAB测试代码如下：

```
clear;close all;SNR = [-2:0.5:5];
itermax = 15; % 最大迭代次数
blocks = 100; MAX_R = 1000;Z = 27;
Base_matrix = ...
    [0 -1 -1 -1 0 0 -1 -1 0 -1 -1 0 1 0 -1 -1 -1 -1 -1 -1 -1 -1 -1 -1;
    22 0 -1 -1 17 -1 0 0 12 -1 -1 -1 -1 0 0 -1 -1 -1 -1 -1 -1 -1 -1 -1;
    6 -1 0 -1 10 -1 -1 -1 24 -1 0 -1 -1 -1 0 0 -1 -1 -1 -1 -1 -1 -1 -1;
```

```
	2 -1 -1 0 20 -1 -1 -1 25 0 -1 -1 -1 -1 -1 0 0 -1 -1 -1 -1 -1 -1 -1;
	23 -1 -1 -1 3 -1 -1 -1 0 -1 9 11 -1 -1 -1 -1 0 0 -1 -1 -1 -1 -1 -1;
	24 -1 23 1 17 -1 3 -1 10 -1 -1 -1 -1 -1 -1 -1 -1 0 0 -1 -1 -1 -1 -1;
	25 -1 -1 -1 8 -1 -1 -1 7 18 -1 -1 0 -1 -1 -1 -1 -1 0 0 -1 -1 -1 -1;
	13 24 -1 -1 0 -1 8 -1 6 -1 -1 -1 -1 -1 -1 -1 -1 -1 -1 0 0 -1 -1 -1;
	7 20 -1 16 22 10 -1 -1 23 -1 -1 -1 -1 -1 -1 -1 -1 -1 -1 -1 0 0 -1 -1;
	11 -1 -1 -1 19 -1 -1 -1 13 -1 3 17 -1 -1 -1 -1 -1 -1 -1 -1 -1 0 0 -1;
	25 -1 8 -1 23 18 -1 14 9 -1 -1 -1 -1 -1 -1 -1 -1 -1 -1 -1 -1 -1 0 0;
	3 -1 -1 -1 16 -1 -1 2 25 5 -1 -1 1 -1 -1 -1 -1 -1 -1 -1 -1 -1 -1 0];
H = zeros(size(Base_matrix) * Z);P0 = eye(Z);
for r=1:size(Base_matrix,1)
	for c=1:size(Base_matrix,2)
		shift =Base_matrix(r,c);
		if (shift > -1)
			Pi = circshift(P0,[0 shift]);
		else
			Pi = zeros(Z);
		end
		R = (r-1) * Z+1:r * Z;C = (c-1) * Z+1:c * Z; H(R,C) = Pi;
	end
end
[m, n] = size(H);
MAX_j = max(sum(H,2)); % 校验节点的最大度
Q = zeros(1,n); %
P = zeros(1,n); %
R = zeros(m,MAX_j); %
R_1 = zeros(size(R)); %
for ii = 1:length(SNR)
	noisevar = 10.^(-SNR(ii)/10);
	v = 0; Q = zeros(1,n); P = zeros(1,n);%
	R = zeros(m,MAX_j); %
	R_1 = zeros(size(R)); %
	bit_errors = 0;
	for b = 1:blocks
		if mod(b,blocks/10) == 0
			fprintf('%d%%\n', b/blocks * 100)
		end
		u =randi([0 1],1,m);% 产生随机信息
		c = LDPC_generator(H,u);
		s = 2 * c-1; % BPSK 信号
		r = s + randn(size(s)) * sqrt(noisevar); % 接收信号
		Lci = (-2 * r./noisevar);P = Lci; Q = Lci; k = 0;
		while k < itermax
```

```
            for i = 1:m
                Vi = find(H(i,:));
                z = ones(length(Vi))-eye(length(Vi));
                Rij = Q(Vi)-R_1(i,1:length(Vi));
                Rij(abs(Rij)<1e-8) = 1e-8;
             R(i,1:length(Vi))=-log(tanh(z*(-log(tanh(abs(Rij)/2)))'/2))...
                    .*prod(sign(Rij)).*sign(Rij(1:length(Rij)))';
                R(i,abs(R(i,:))>MAX_R)=sign(R(i,abs(R(i,:)) > MAX_R))*MAX_R;
                P(Vi) = P(Vi) + R(i,1:length(Vi));
            end
            R_1 = R; Q = P; P = Lci;v = Q<0; % 当前码字估计
              if ~sum(mod(H*v',2)) % 有效码
                break
            end
            k = k+1;
        end
        errors = sum(u~=v(1:m));bit_errors = bit_errors + errors;
    end
    BER(ii) = bit_errors/(m*blocks);
end
saveFilename=['LDPC',num2str(itermax)]; save(saveFilename, 'SNR','BER');
semilogy(SNR,BER,'-*');xlabel('SNR(dB)');ylabel('BER')
```

function c = LDPC_generator(h,u)

```
mlen = size(h,1);
clen = size(h,2);
m = clen - mlen;
hrow1 = h(:,end);
for i=1:clen
if hrow1(i) == 1
        g = i;
        break;
    end
end
g = mlen - g;
wa = clen-m;
wb = g;
ea = wa;
eb = wa + wb;
a = h(1:m-g,1:ea);
b = h(1:m-g,ea+1:eb);
t = h(1:m-g,eb+1:end);
c = h(m-g+1:end,1:ea);
d = h(m-g+1:end,ea+1:eb);
```

```
e = h(m-g+1:end,eb+1:end);
invt = (inv(t));
et1 = -(e * invt);
phi = et1 * b + d;
xtra = et1 * a + c;
p1 = mod(phi * xtra * (u'),2)';
p2 = mod(invt * (a * (u') + b * (p1')),2)';
c = [u p1 p2];
zero = mod(c * h',2);
if sum(zero)~= 0
    disp('error')
end
end
```

4.5 本章小结

本章主要围绕信道编码展开论述，主要阐述了伪随机编码理论和卷积码，并重点阐述了LDPC码，其作为一种特殊的线性分组码，需构造稀疏校验矩阵 $\boldsymbol{H}$，该矩阵的稀疏性意味着 $\boldsymbol{H}$ 包含相对更多的0，更少的1。校验矩阵 $\boldsymbol{H}$ 的稀疏性使得LDPC码增加了最小距离，而LDPC码最小距离是按照码字长度线性增加的。

LDPC码和传统的线性分组码只有稀疏性不同，其他都一样，由于稀疏性产生对应的解码方法不同。规则LDPC码意味着每个编码比特包含于相同数量的校验等式中，而每个校验等式包含相同数量的编码比特。非规则LDPC码是规则LDPC码的一般形式。它们由比特点和校验点的度分布描述。在Tanner图中，环定义为节点联结的始点和终点在同一个节点上。环的出现导致迭代解码性能提升有限，因为它影响了外在信息在迭代过程中的独立性。

此外，介绍了两种经典的LDPC解码算法：

(1)置信传播算法：

初始化 $q_{ij}^{\text{initial}}(x)=P(x_i=x \mid y_i)=\dfrac{1}{1+\mathrm{e}^{-(2xy_i/\sigma^2)}}$。从校验点到比特点的信息

$$r_{ji}(+1)=\frac{1}{2}+\frac{1}{2}\prod_{i'\in V_{j/i}}(1-2q_{i'j}(-1)),\quad r_{ji}(-1)=1-r_{ji}(+1)$$

从比特点到校验点的信息：

$$q_{ij}(+1)=\alpha_{ij}(1-p_i)\prod_{j'\in C_{i/j}}r_{j'i}(+1);\quad q_{ij}(-1)=\alpha_{ij}p_i\prod_{j'\in C_{i/j}}r_{j'i}(-1)$$

硬判决当 $q_{ij}(+1)\geqslant 0.5$，$\hat{x}_i=+1$。

(2) 对数域和积算法：

初始化 $L(q_{ij})=L(p_i)=\dfrac{2y_i}{\sigma^2}$。从校验点到比特点的信息估计：

$$L(r_{ji})=\min_{i'\in V_{j/i}}|L(q_{i'j})|\prod_{i'\in V_{j/i}}\mathrm{sign}[L(q_{i'j})]$$

从比特点到校验点的信息估计：

$$L(q_{ij})=L(p_i)+\sum_{j'\in C_{i/j}}L(r_{j'i})$$

硬判决当 $L(q_{ij})\geqslant 0,\hat{x}_i=+1$。

4.6 思考与练习

1. m 序列有哪些特点?

2. 已知一个(15,11)汉明码的生成多项式为

$$g(x)=x^4+x^3+1$$

试求出其生成矩阵和监督矩阵。

3. 试证明 $x^{10}+x^8+x^5+x^4+x^2+x+1$ 为(15,5),循环码的生成多项式。求出此循环码的生成矩阵,并写出消息码为 $m(x)=x^4+x+1$ 时的码多项式。

4. 用 MATLAB 仿真(7,4)汉明码的编码及硬判决解码过程。

5. 仿真未编码和进行(7,4)汉明码编码的 QPSK 调制通过 AWGN 信道后的误比特率性能。

6. 使用 gchgenploy 得到(15,5)BCH 码的纠错能力,并用(15,5)BCH 码来进行编码和解码。

7. 仿真 BPSK 调制在 AWGN 信道下分别使用卷积码和不使用卷积码的性能,其中,卷积码的约束长度为 7,生成多项式为[171,133],码率为 1/2,解码分别采用硬判决解码和软判决解码。

8. 使用 MATLAB 仿真(7,4)汉明码编码和矩阵交织器级联后的性能,并和未交织的性能进行比较。

9. 使用 MATLAB 函数仿真(15,11)RS 码通过二进制对称信道后的性能。假设每个符号的比特数是 4,二进制对称信道的误比特率是 0.01。

10. 使用 MATLAB 仿真 CRC-8 校验码在二进制对称信道中的检错性能。其中,CRC 生成多项式为 $g(x)=x^8+x^7+x^6+x^4+x^2+1$,每一帧中含有的信息比特个数为 16,假设二进制对称信道采用 16-QAM 调制。E_b/N_0 的范围是 0~10 dB。

参考文献

[1] GALLAGER R G. Low density parity check codes [M]. Cambridge: MIT Press, 1963.

[2] MACKAY D J C, NEAL R M. Near shannon limit performance of low density parity check codes[J]. Electronics Letters, 1996(32):1644.

[3] LUBY M G, MITZENMACHER M, SHOKROLLAHI M A, et al. Improved low-density parity check codes using irregular graphs and belief propagation [C]. Proceedings of IEEE International Symposium on Information Theory, Cambridge, MA ,1998:16-21.

[4] RICHARDSON T J, URBANKE R L. Efficient encoding of low-density parity check

codes[J]. IEEE Transactions on Information Theory, 2001,47(2):638-656.

[5] XIAO Y, LEE M H. Low complexity MIMO—LDPC CDMA systems over multipath channels[J]. IEICE Transactions on Communications, 2006, 89(5):1713-1717.

[6] MACKAY D J C, NEAL R M. Near Shannon limit performance of low density parity check codes[J]. Electronics Letters, 1997(33):457-458.

[7] RICHARDSON T J, URBANKE R L. Efficient encoding of low-density parity-check codes [C]. Proceedings of SPIE - The International Society for Optical Engineering, 2001: 638-656.

[8] FOSSORIER M. Quasi-cyclic low-density parity-check codes from circulant permutation matrices[J]. IEEE Transactions on Information Theory, 2004, 50(8): 1788-1793.

[9] ELEFTHRIOU E, MITTELHOLZER T, DHOLAKIA A. Reduced complexity decoding algorithm for low-density parity check codes[J]. IEEE Electronics Letter, 2011,37(2):102-103.

[10] TANNER R M, SRIDHARA D, SRIDHARAN A, et al. LDPC block and convolutional codes based on circulant matrices [J]. IEEE Transactions on Information Theory, 2004,50(12): 2966—2984.

[11] RICHARDSON T J, URBANKE R L. Efficient encoding of low-density parity-check codes[J]. IEEE Transactions on Information Theory,2001, 47(2):638-656.

[12] MANSOUR M M, SHANBHAG N R. High-throughput LDPC decoders[J]. IEEE Transactions on Information Theory, 2003, 11(6): 976-996.

第5章　最佳接收机设计

发射端的数据是0和1组成的比特流，经过水声信道时，不可避免地受到衰落、失真、噪声和干扰，为了使得接收端成功接收到比特信息，发送信号的设计需要匹配信道特征，即信号的带宽应该和信道的带宽相匹配，多数情况下，信息信号是低频信号（基带信号），而通信信道可用频谱在较高频段，基带信号往往需要转换为带通已调信号。因此，最佳接收机的设计需要考虑到符号间干扰和通信系统带宽的限制。

5.1　带通与等效低通

带通信号的实窄带高频信号可用等效低通的复低频信号表示，因此可以使等效低通代替带通信号从而简化带通信号的处理。低通或基带信号是频谱位于0频附近的信号，例如，语音、视频、图片、文本信息等都是低通信号。带通信号是一种实信号。其频谱位于远离0频的$\pm f_0$附近，其正频谱范围为$\left[f_0-\frac{W}{2}, f_0+\frac{W}{2}\right]$，此时的带通信号的傅里叶变换定义为$X_+(f)$，其中$W$是实低通信号的带宽。在$[-W, +W]$之外，实信号的傅里叶变换为$X(f)=0$。

与低通和带通信号类似，可以得出低通和带通系统。带通系统是指其传递函数$h(t)$位于频率$\pm f_0$附近的系统，记其等效低通系统函数为$h_l(t)$，有$h(t)=Re[h_l(t)e^{j2\pi f_0 t}]$。对于带通输入信号和带通系统，得到带通输出信号$X(f)H(f)=Y(f)$，由带通到低通，即对频域进行移位，且等效低通取其正频率部分，得$Y_l(f)=\frac{1}{2}X_l(f)H_l(f)$。

5.1.1　无ISI带限信号的设计

像水声信道这种信道带宽限制在指定的W范围内的信道冲激响应函数，可以建模为带限线性滤波器，也可以将其表征为具有等效低通频率响应$H_l(f)=H_c(f)$的线性滤波器，对应时域等效低通冲激响应函数为$h_l(t)=h_c(t)$，如果信道带宽限于W，即当$|W|>0$时，$H_c(f)=0$，如果带通发射信号为$s(t)=Re[v(t)e^{j2\pi f_c t}]$，那么$v(t)$的傅里叶变换$V(f)$中$|f|>W$的部分都不能通过该信道。带通信号等效为低通信号后，收发端的信号处理流程图如图5-1所示。

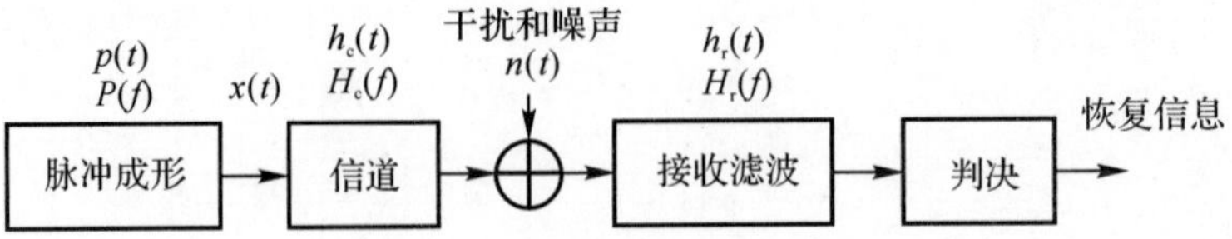

图5-1　基带通信系统流程图

为了使得发送信号顺利通过带限信道，需要把发送信号的带宽也限制在W范围内。假设对离散信息符号$\{I_n\}$采用具有带限的冲激响应函数为$p(t)$[频域响应记为$P(f)$]的滤波器进

行脉冲成形，接收信号端通过一个接收滤波器 $h_r(t)$［其频域响应记为 $H_r(f)$］，则接收信号为

$$y(t)=I_n * p(t) * h_c(t) * h_r(t) \tag{5.1}$$

令综合冲激响应函数 $h_{com}(t)$ 为

$$h_{com}(t)=p(t) * h_c(t) * h_r(t) \tag{5.2}$$

对应的频域响应为

$$H_{com}(f)=P(f)H_c(f)H_r(f) \tag{5.3}$$

可以看出理想情况下，我们的目标是使 $h_{com}(t)=\delta(t)$。离散化表示该目标，则为

$$h_{com}(k)=h_{com}(t=kT)=\begin{cases}1, & k=0\\0, & k\neq 0\end{cases} \tag{5.4}$$

这个条件称为奈奎斯特脉冲成形准则或零 ISI 奈奎斯特条件。其对应的傅里叶变换为

$$B(f)=\sum_{m=-\infty}^{\infty} H_{com}(f+m/T)=T \tag{5.5}$$

5.1.2　根升余弦滤波器

由于信号设计与带限信道匹配，所以当 $|W|>0$ 时，$H_c(f)=0$ 和 $H_{com}(f)=0$。以下分三种情况讨论 $H_{com}(f)$：

(1) 频域采样率 $\frac{1}{T}>2W$ 时，$B(f)$ 曲线示意图如图 5-2 所示，在这种情况下无法确保始终满足 $B(f)=T$。因此，无法设计一个无 ISI 的系统。

(2) $\frac{1}{T}=2W$，只有当 $|f|<W$ 时，则 $H_{com}(f)=T$（门函数），$B(f)$ 曲线示意图如图 5-3 所示，时域对应于 $h_{com}(t)=\mathrm{sinc}\,\frac{\pi t}{T}$，这意味着无 ISI 传输要求最小的 $T=\frac{1}{2W}$。实际中实现起来比较困难，主要是因为该函数拖尾比较严重，因此在解调中对应匹配滤波器输出抽样时，一个小的定时偏差就会产生无穷串的 ISI 分量。

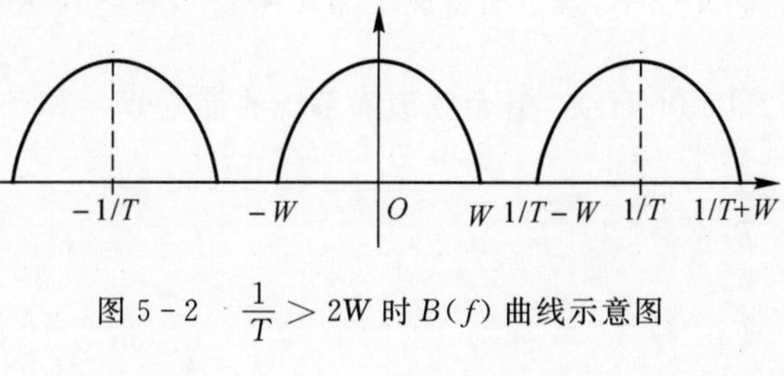

图 5-2　$\frac{1}{T}>2W$ 时 $B(f)$ 曲线示意图

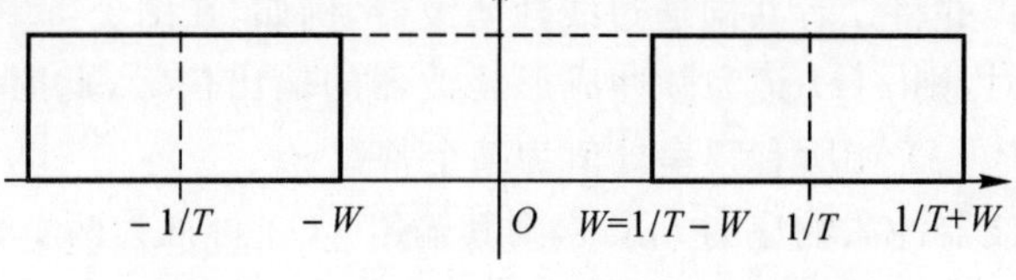

图 5-3　$\frac{1}{T}=2W$ 时 $B(f)$ 曲线示意图

(3) $\frac{1}{T}<2W$，有无数种选择使 $H_{com}(f)=T$。$B(f)$ 曲线示意图如图 5-4 所示，其中一种最为广泛使用的滤波器为升余弦滤波器 $H_{rc}(f)$，定义为

$$H_{rc}(f)=\begin{cases}T, & |f|\leqslant\frac{1-\beta}{2T}\\ \frac{T}{2}\left\{1+\cos\left[\frac{\pi T}{\beta}\left(|f|-\frac{1-\beta}{2T}\right)\right]\right\}, & \frac{1-\beta}{2T}\leqslant|f|\leqslant\frac{1+\beta}{2T}\\ 0, & |f|\geqslant\frac{1+\beta}{2T}\end{cases}\tag{5.6}$$

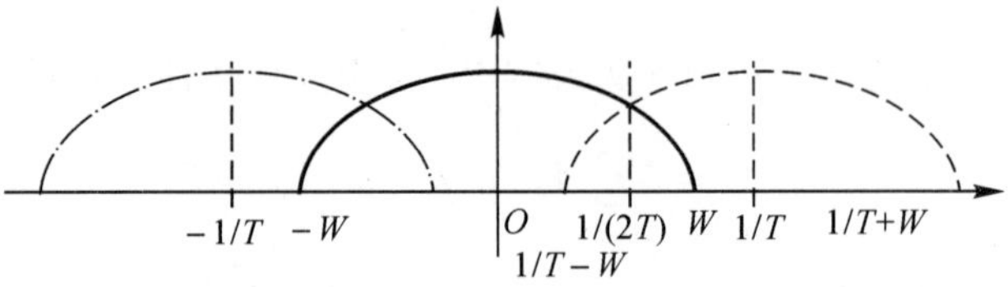

图 5-4　$\frac{1}{T}<2W$ 时 $B(f)$ 曲线示意图

采用滚降系数 $0\leqslant\beta\leqslant1$，当 $\beta=0$ 时，RC 滤波器变为理想低通滤波器；当 $\beta=1$ 时，RC 滤波器带宽变为 2 倍奈奎斯特带宽。定义超出奈奎斯特频率 $\frac{1}{2T}$ 以外的带宽为过剩带宽，β 认为是过剩带宽的百分数，如 $\beta=1$ 时，过剩带宽为 100%；而 $\beta=1/2$ 时，过剩带宽为 50%。

若令水声信道被均衡器补偿，成为理想的 $H_c(f)=1$，此时 $H_{rc}(f)=P(f)H_r(f)$，如果收发端的滤波器相同，则 $H_r(f)=P^*(f)=\sqrt{H_{rc}(f)}\,e^{-j2\pi ft_0}$。此时称 $p(t)$[频域响应记为 $P(f)$]为根升余弦滤波器。

从以上分析可以看到，理论上讲，无 ISI 传输要求最小的 $T=\frac{1}{2W}$。定义奈奎斯特带宽 $W_N=\frac{1}{2T}$，无 ISI 的最高码元速率，奈奎斯特速率为 $R=\frac{1}{T}=2W_N$(Baud)，因此，无 ISI 的最高频带利用率为 $\eta=\frac{R_B}{W_N}=2$(Baud/Hz)。升余弦滚降系统的带宽 $W=(1+\beta)W_N$，无 ISI 的频带利用率计算式为 $\eta=\frac{R_B}{(1+\beta)W_N}=\frac{2}{1+\beta}$。

5.1.3　匹配滤波器

匹配滤波(Matched filtering)旨在降低系统对噪声的敏感度，可根据功率谱密度来定义，考虑在信号中添加噪声并将二者共同通过线性滤波器，例如，在图 5-5 中，当信道假设不变，且不存在其他干扰信号时，则 $g(t)$ 记为脉冲成形滤波器的输出信号，此时在信号中加入白噪声 $n(t)$，其功率谱密度 $P_n(f)$ 在所有频率处值为某个常数 η。

设接收端线性滤波器冲激响应为 $h_R(t)$，则其输出 $y(t)$ 可视为两个分量的叠加，一个是由 $g(t)$ 得到的，一个是由 $n(t)$ 得到的，也就是说：

$$y(t)=v(t)+w(t)$$

上式中：

$$v(t)=h_{\rm R}(t)*g(t),\quad w(t)=h_{\rm R}(t)*n(t)$$

该滤波过程在图 5-5 中以框图的形式进行了说明。上、下两框图的输出信号是相同的。下方的框图将滤波输入信号分为了两部分，一部分是信号引起的[$v(kT)$ 是消息信号经脉冲成形滤波器、接收滤波器并降采样后的输出]，一部分是噪声引起的[$w(kT)$ 是噪声经接收滤波器后降采样的输出]。目标是寻找一个接收滤波器使得信号 $v(kT)$ 和噪声 $w(kT)$ 的功率比在采样时刻达到最大。

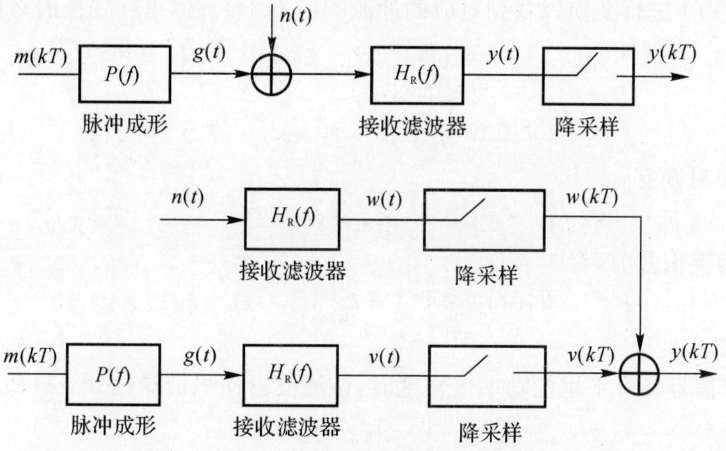

图 5-5　脉冲成形滤波过程

考虑选择 $h_{\rm R}(t)$ 使得在 $t=\tau$ 时刻，信号 $v(t)$ 和噪声 $w(t)$ 的功率比达到最大，即相对于噪声分量 $w(t)$ 的总功率最大化 $v^2(\tau)$。$h_{\rm R}(t)$ 的选择旨在强调信号 $v(t)$ 并抑制噪声 $w(t)$，通过寻找 $h_{\rm R}(t)$ 相应的傅里叶变换 $H_{\rm R}(f)$ 来对来对该问题进行论证。

$w(t)$ 的总功率为

$$P_w=\int_{-\infty}^{\infty}P_w(f)\,{\rm d}f$$

由傅里叶逆变换可得

$$v(\tau)=\int_{-\infty}^{\infty}V(f){\rm e}^{{\rm j}2\pi f\tau}\,{\rm d}f$$

由 $V(f)=H_{\rm R}(f)G(f)$ 可知

$$v^2(\tau)=\left|\int_{-\infty}^{\infty}H_{\rm R}(f)G(f){\rm e}^{{\rm j}2\pi f\tau}\,{\rm d}f\right|^2$$

因为 $Y(f)=H_{\rm R}(f)U(f)$，$P_y(f)=|H_{\rm R}(f)|^2P_u(f)$，故有

$$P_w(f)=|H_{\rm R}(f)|^2P_n(f)=\eta\,|H_{\rm R}(f)|^2$$

则信号和噪声的功率比可表示为

$$\frac{v^2(\tau)}{P_w}=\frac{\left|\int_{-\infty}^{\infty}H_{\rm R}(f)G(f){\rm e}^{{\rm j}2\pi f\tau}\,{\rm d}f\right|^2}{\int_{-\infty}^{\infty}\eta\,|H_{\rm R}(f)|^2{\rm d}f}$$

由 Schwarz 不等式：

$$\left|\int_{-\infty}^{\infty}a(x)b(x)\,{\rm d}x\right|^2\leqslant\int_{-\infty}^{\infty}|a(x)|^2{\rm d}x\int_{-\infty}^{\infty}|b(x)|^2{\rm d}x$$

且仅当 $a(x)=kb^*(x)$ 时等号成立，则可写为

$$\frac{v^2(\tau)}{P_w}\leqslant\frac{\int_{-\infty}^{\infty}|H_R(f)|^2\mathrm{d}f\int_{-\infty}^{\infty}|G(f)\mathrm{e}^{\mathrm{j}2\pi f\tau}|^2\mathrm{d}f}{\eta\int_{-\infty}^{\infty}|H_R(f)|^2\mathrm{d}f}$$

上式取最大值时有

$$H_R(f)=k\left[G(f)\mathrm{e}^{\mathrm{j}2\pi f\tau}\right]^*$$

现在必须对 $H_R(f)$ 进行变换以找到对应的冲激响应 $h_R(t)$。傅里叶变换的对称性为

$$F^{-1}[W^*(-f)]=w^*(t)\quad\Rightarrow\quad F^{-1}[W^*(f)]=w^*(-t)$$

时移特性为

$$F^{-1}[W(f)\mathrm{e}^{-\mathrm{j}2\pi fT_d}]=w(t-T_d)$$

结合这两个变换对则有

$$F^{-1}\{[W(f)\mathrm{e}^{\mathrm{j}2\pi fT_d}]^*\}=w^*[-(t-T_d)]=w^*(T_d-t)$$

因此，当 $g(t)$ 为实信号时，有

$$F^{-1}\{k[G(f)\mathrm{e}^{\mathrm{j}2\pi f\tau}]^*\}=kg^*(\tau-t)=kg(\tau-t)$$

经观察可知：

(1) 当噪声信号具有平坦的功率谱密度时，该滤波器使得信噪比 $v^2(t)/P_w$ 在 $t=\tau$ 时刻达到最大值。

(2) 由于此滤波器的冲激响应是脉冲形状 $p(t)$ 经缩放和时间反转后得到的，因此称滤波器冲激响应与脉冲形状“匹配”，并称该滤波器为“匹配滤波器”。

(3) 匹配滤波器幅频谱 $H_R(f)$ 的形状和幅频谱 $G(f)$ 的形状相同。

(4) 幅频谱 $G(f)$ 的形状与宽带 $m(kT)$ 脉冲波形的频率响应 $P(f)$ 形状相同。

(5) 任意具有偶对称(对某段时间 t) 时限冲激响应的滤波器，其匹配滤波器是对该滤波器的复制并延迟。最小延迟等于时限冲激响应的时间上限。

脉冲形状由变量 p_s 定义(默认采用 sinc 函数 SRRC(L,0,M)，其中 $L=10$)，接收滤波器类似地由 recfilt 定义。符号表由子程序 pam 产生，系统的过采样因子为 M。噪声由变量 n 指定，功率比输出值为 powv/poww。观察：对于任意脉冲形状，当接收滤波器与脉冲形状相同时(使用 fliplr 命令实现时间反转)，输出的信噪功率比最大。该结果不会受噪声、符号序列及脉冲形状的影响。代码如下：

```
1. N=2^15; m=pam(N,2,1);    %产生长度为 N 的随机 2-PAM 信号
2. M=20; mup=zeros(1,N*M); mup(1:M:end)=m; %过采样因子:M
3. L=10; ps=SRRC(L,0,M);    %定义脉冲形状
4. ps=ps/sqrt(sum(ps.^2)); %归一化
5. n=0.5*randn(size(mup)); %噪声
6. g=filter(ps,1,mup); %ps 与数据序列卷积
7. recfilt=SRRC(L,0,M);      %接收滤波器
8. recfilt=recfilt/sqrt(sum(recfilt.^2));   %归一化脉冲波形
9. v=filter(fliplr(recfilt),1,g);   %对信号序列匹配滤波
10. w=filter(fliplr(recfilt),1,n);   %对噪声序列匹配滤波
11. vdownsamp=v(1:M:end);     %降采样至符号速率
12. wdownsamp=w(1:M:end);     %降采样至符号速率
```

```
powv=pow(vdownsamp);        %降采样后 v 的功率
poww=pow(wdownsamp);        %降采样后 w 的功率
powv/poww    %信噪比
function seq=pam(len,M,Var);
seq=(2*floor(M*rand(1,len))-M+1)*sqrt(3*Var/(M^2-1));
function g = SRRC(N, alf, P, t_off);
if nargin==3, t_off=0; end;
k = -N*P+1e-8+t_off:N*P+1e-8+t_off;
if alf==0, alf=1e-8; end;
g = 4*alf/sqrt(P)*(cos((1+alf)*pi*k/P)+sin((1-alf)*pi*k/P)./(4*alf*k/P))./...
      (pi*(1-16*(alf*k/P).^2));
function y=pow(x)
y=norm(x)^2;
```

通常，当噪声功率谱密度是平坦的，即 $P_n(f)=\eta$ 时，匹配滤波器的输出可通过将匹配滤波器的输入与脉冲形状 $p(t)$ 进行相关运算来实现。要理解这一点，先回顾冲激响应为 $h(t)$ 的匹配滤波器输出，其可用卷积描述：

$$x(\alpha)=\int_{-\infty}^{\infty}s(\lambda)h(\alpha-\lambda)\mathrm{d}\lambda$$

给定脉冲形状 $p(t)$ 并设噪声功率谱密度为平坦的，则

$$h(t)=\begin{cases}p(\alpha-t), & 0\leqslant t\leqslant T\\0, & \text{其他}\end{cases}$$

上式中 α 是期望的测量时间与匹配滤波器中使用时的相应延迟值。由于 $h(t)$ 在 $t>T$ 和 $t<0$ 处等于 0，故 $h(\alpha-\lambda)$ 在 $\lambda>\alpha$ 和 $\lambda<\alpha-T$ 处等于 0，从而积分的上下限可转换为

$$x(\alpha)=\int_{\lambda=-\alpha-T}^{\alpha}s(\lambda)p[\alpha-(\alpha-\lambda)]\mathrm{d}\lambda=\int_{\lambda=-\alpha-T}^{\alpha}s(\lambda)p(\lambda)\mathrm{d}\lambda$$

这正是 p 和 s 的互相关。

当 $P_n(f)$ 不为常数时，信噪比可写为

$$\frac{v^2(\tau)}{P_w}=\frac{\left|\int_{-\infty}^{\infty}H_{\mathrm{R}}(f)G(f)\mathrm{e}^{\mathrm{j}2\pi f\tau}\mathrm{d}f\right|^2}{\int_{-\infty}^{\infty}P_n(f)\,|H_{\mathrm{R}}(f)|^2\mathrm{d}f}$$

联系 $H\sqrt{P_n}$ 及 b 与 $G\mathrm{e}^{\mathrm{j}2\pi f\tau}/\sqrt{P_n}$ 的关系，使用 Schwarz 不等式，可表示为

$$\frac{v^2(\tau)}{P_w}=\frac{\int_{-\infty}^{\infty}|H(f)|^2P_n(f)\mathrm{d}f\int_{-\infty}^{\infty}\frac{|G(f)\mathrm{e}^{\mathrm{j}2\pi f\tau}|^2}{P_n(f)}\mathrm{d}f}{\int_{-\infty}^{\infty}P_n(f)\,|H(f)|^2\mathrm{d}f}$$

等号仅在 $a(\cdot)=kb^*(\cdot)$ 满足时成立，即

$$H(f)=\frac{kG^*(f)\mathrm{e}^{-\mathrm{j}2\pi f\tau}}{P_n(f)}$$

当噪声功率谱密度 $P_n(f)$ 非平坦时，它会影响匹配滤波器的形状。噪声的功率谱密度可由其自相关函数计算。

5.2 带限信道中信号收发仿真

MATLAB 中提供了 b = rcosdesign(beta,span,sps,shape)函数，用于升余弦 FIR 脉冲成形滤波器设计。返回对应于平方根升余弦 FIR 滤波器的系数 b，该滤波器的衰减因子由 beta 指定。过滤器被截断以跨越符号，并且每个符号周期包含 sps(Samples Per Symbol)样本。滤波器的阶数 sps * span 必须为偶数。滤波器能量为 1。shape 是指将形状设置为“sqrt”时返回平方根升余弦滤波器，将形状设置为“normal”时返回升余弦 FIR 滤波器。

例如：指定 0.25 的衰减系数。将过滤器截断为 6 个符号，并用 4 个样本表示每个符号。确认“sqrt”是形状参数的默认值。运行 MATLAB 命令：

```
1. h = rcosdesign(0.25,6,4);
2. mx = max(abs(h-rcosdesign(0.25,6,4,'sqrt')))
```

结果显示 mx = 0。

运行命令：

```
fvtool(h,'Analysis','impulse')
```

结果如图 5-6 所示。

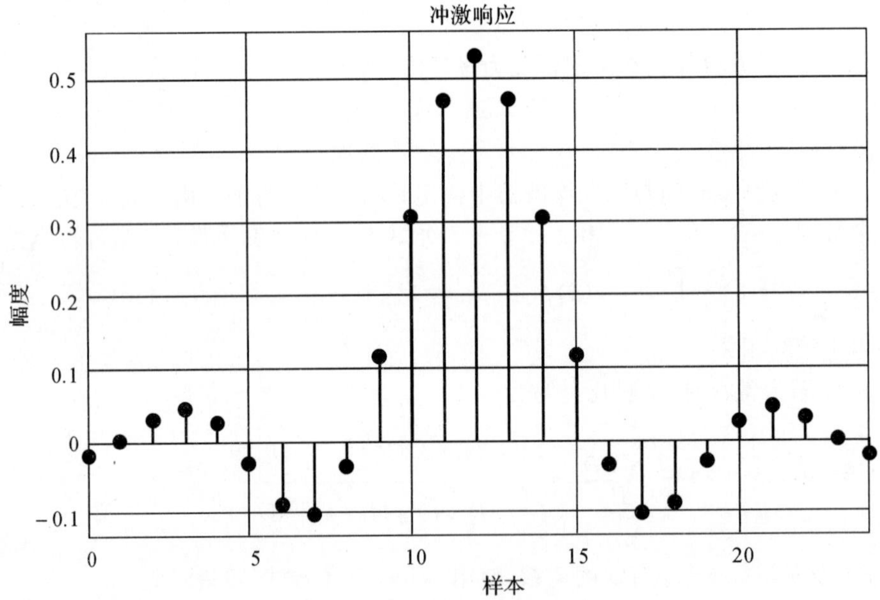

图 5-6　根升余弦滤波器冲激响应函数图

比较升余弦滤波器(Raised Cosine Filter，RC 滤波器)和平方根升余弦滤波器(Square-Root Raised Cosine Filter，SRRC 滤波器)。理想(无限长)升余弦脉冲成形滤波器等效于级联的两个理想平方根升余弦滤波器。

例如：创建滚降为 0.25 的升余弦过滤器。指定此滤波器持续 4 个符号，每个符号有 3 个采样。

按照要求写出 MATLAB 代码如下：

```
1. rf = 0.5;
2. span = 4;
3. sps = 3;
4. h1 = rcosdesign(rf,span,sps,'normal');
5. fvtool(h1,'impulse')
```

升余弦滤波器冲激响应函数图如图 5－7 所示。

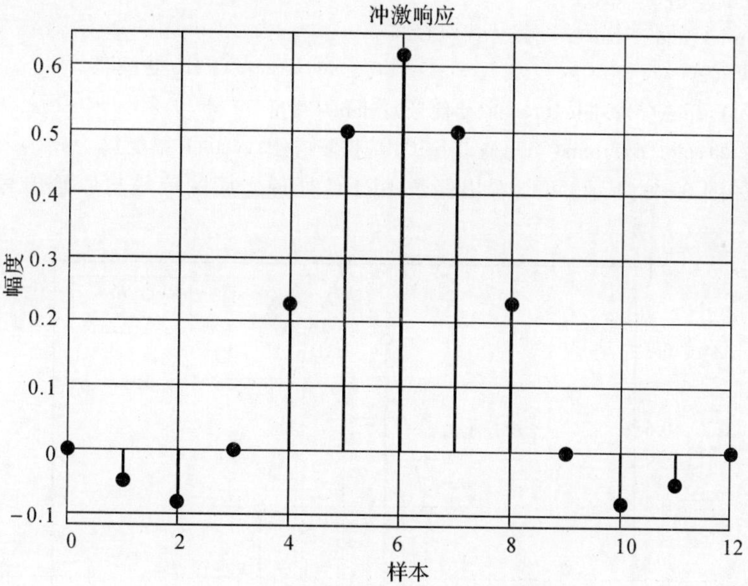

图 5－7　升余弦滤波器冲激响应函数图

升余弦滤波器在 SPS 的整数倍处有过零现象。因此，它满足奈奎斯特零码间干扰准则。但是，平方根余弦滤波器没有这一现象。将 SRRC 滤波器与其自身卷积。从最大值处向外截断冲激响应，使其具有与 RC 相同的长度。使用最大值归一化响应。然后，将卷积 SRRC 滤波器与 RC 滤波器进行比较，结果如图 5－8 所示，几乎看不出有任何差别。采用的 MATLAB 程序如下：

```
1. h2 = rcosdesign(rf,span,sps,'sqrt');
2. h3 = conv(h2,h2);
3. p2 = ceil(length(h3)/2);
4. m2 = ceil(p2－length(h1)/2);
5. M2 = floor(p2＋length(h1)/2);
6. ct = h3(m2:M2);
7. stem([h1/max(abs(h1));ct/max(abs(ct))]','filled')
8. xlabel('样本')
9. ylabel('归一化幅度')
10. legend('h1','h2 * h2')
```

接下来演示如何通过 SRRC 滤波器传输信号。指定滤波器参数并构造滤波器，代码如下：

```
1. rolloff = 0.25;        % Rolloff factor
```

```
span = 6;                % Filter span in symbols
sps = 4;                 % Samples per symbol
b = rcosdesign(rolloff, span, sps);
d = 2 * randi([0 1], 100, 1) - 1;
x = upfirdn(d, b, sps);
r = x + randn(size(x)) * 0.01;
y = upfirdn(r, b, 1, sps);
dy=y(span+1:end-span);
figure(1)
subplot(211);plot(d);xlabel('(a) 原始信号');ylabel('幅度')
subplot(212);plot(dy);axis('tight');xlabel('(b) 恢复信号');ylabel('幅度')
```

运行结果如图 5 - 9 所示，可以看出经过 SRRC 处理之后的信号与原始信号高度一致。

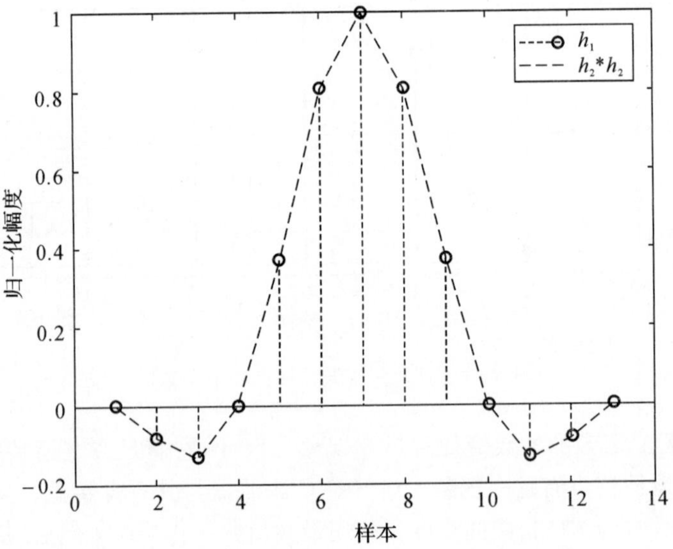

图 5 - 8　卷积 SRRC 滤波器与 RC 滤波器对比图

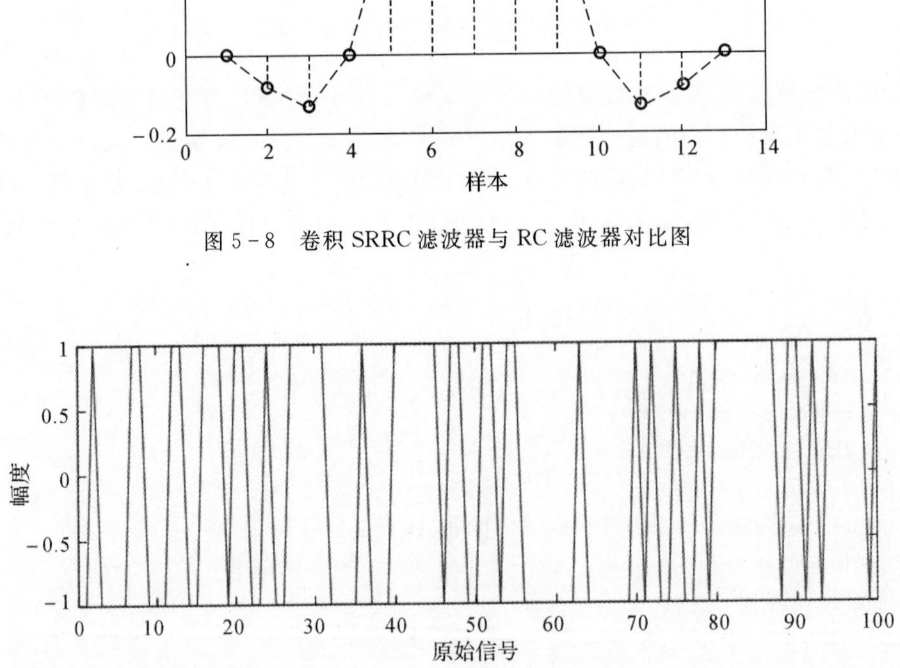

(a)

图 5 - 9　SRRC 滤波器成型滤波之后再接收滤波结果与原始信号对比图

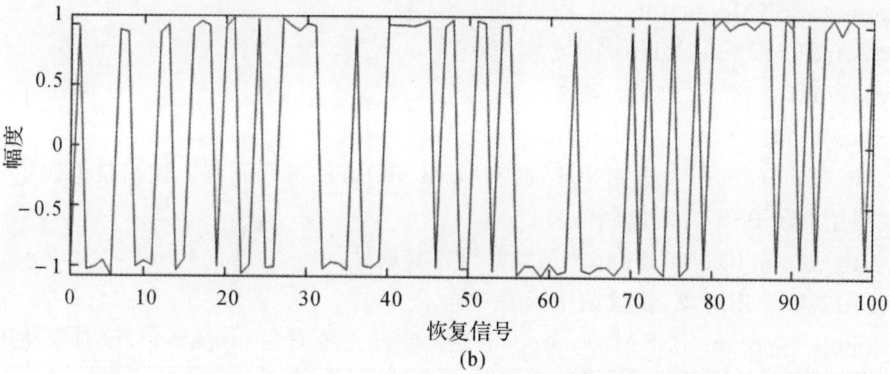

(b)

续图 5-9　SRRC 滤波器成型滤波之后再接收滤波结果与原始信号对比图

5.3　载波传输

在数字通信中，采用数字基带信息去调制载波的参数，包括振幅、频率和相位等。数字调制与模拟调制类似，都是为了使数字基带信息适合在信道上传输，原理也类似。定义待调制的基带信号为调制信号，调制后的信号则称为已调信号。载波则采用正弦或余弦信号。

5.3.1　载波相位调制与解调

数字载波相位调制，又称相移键控（Phase Shift Keying，PSK），利用调制信号控制载波产生不同相位，令载波进行 M 个可能的相位 $\theta_m=\frac{2\pi m}{M}(m=0,1,\cdots,M-1)$。$g(t)$ 为信号脉冲形状，则一个信号区间内 $0\leqslant t\leqslant T$，PSK 过程为

$$s_{\mathrm{m}}(t)=\mathrm{Re}\left[g(t)\mathrm{e}^{\mathrm{j}2\pi\left(f_{\mathrm{c}}t+\frac{m}{M}\right)}\right] \tag{5.7}$$

定义向量 $s_{\mathrm{m}}(t)=s_{\mathrm{m1}}(t)\phi_1(t)+s_{\mathrm{m2}}(t)\phi_2(t)$，$s_{\mathrm{m1}}(t)=\sqrt{\frac{E_{\mathrm{g}}}{2}}\cos\frac{2\pi m}{M}$，$s_{\mathrm{m2}}(t)=\sqrt{\frac{E_{\mathrm{g}}}{2}}\sin\frac{2\pi m}{M}$，$\phi_1(t)=\sqrt{\frac{2}{E_{\mathrm{g}}}}g(t)\cos(2\pi f_{\mathrm{c}}t)$，$\varphi_2(t)=-\sqrt{\frac{2}{E_{\mathrm{g}}}}g(t)\sin(2\pi f_{\mathrm{c}}t)$。

对于 PSK 的解调，要求滤波器匹配于 $\phi_1(t)$，$\phi_2(t)$ 可以先将接收信号解调为等效低通信号。QPSK（Quadrature Phase Shift Keying）解调框图如图 5-10 所示。

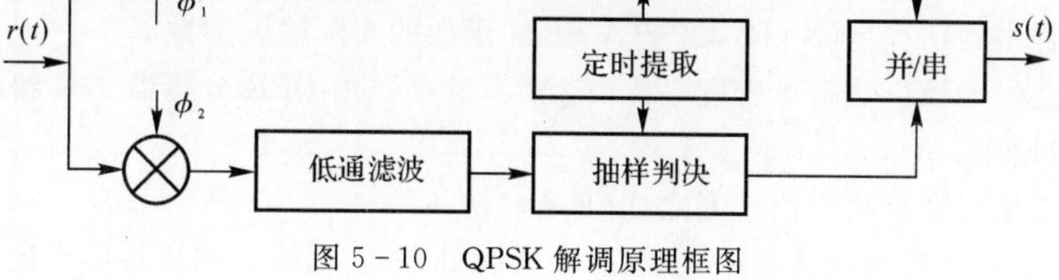

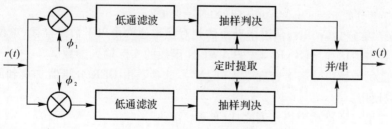

图 5-10　QPSK 解调原理框图

MATLAB 库函数中提供了以下函数进行 PSK 的调制与解调：

(1)comm. PSKModulator。

(2)comm. PSKDemodulator。

(3)pskmod。

(4)pskdemod。

PSKModulator 使用 M 进制相移键控(M－PSK)方法进行调制。输出是调制信号的基带信号。要使用 M－PSK 方法调制信号：

(1)创建 comm. PSKModulator 对象并设置其属性。

(2)使用参数调用对象,就像调用函数一样。

mpskmod ＝ comm. PSKModulator：创建调制器系统对象 mpskmod,该对象使用 M 进制相移键控(M－PSK)方法调制输入信号。

mpskmod ＝ comm. PSKModulator(Name,Value)：创建一个 M－PSK 调制器对象 mpskmod,将每个指定属性设置为指定值。可以设置任意个名称－值的参数,类似(Name1,Value1,…,NameN,ValueN)。

mpskmod ＝ comm. PSKModulator(M,phase,Name,Value)。使用 M 中指定的调制顺序创建 M－PSK 调制器对象 mpskmod。对象的 PhaseOffset 属性设置为 phase,其他指定属性设置为指定值。

采用 comm. PSKModulator 函数的调制结果如图 5－11 所示,采用的 MATLAB 代码为

```
pskModulator = comm.PSKModulator;
modData = pskModulator(randi([0 7],2000,1));
channel = comm.AWGNChannel('EbNo',20,'BitsPerSymbol',3);
channelOutput = channel(modData);
figure(1);
subplot(221);plot(real(modData),imag(modData),'k.');
ylabel('正交分量');title('(a) 原始信号');
subplot(222);plot(real(channelOutput),imag(channelOutput),'k.');
channel.EbNo = 10;title('(b) EbNo=20 dB');
channelOutput = channel(modData);
subplot(223);plot(real(channelOutput),imag(channelOutput),'k.');
xlabel('同相分量');ylabel('正交分量');title('(c) EbNo=10 dB');
channel.EbNo = 0;
channelOutput = channel(modData);
subplot(224);plot(real(channelOutput),imag(channelOutput),'k.');
xlabel('同相分量');axis('tight');title('(d) EbNo=0 dB');
```

加性高斯白噪声(AWGN)信道中噪声的相对功率通常由以下数量描述(单位为 dB)：

(1)每个样本的信噪比(SNR),这是 AWGN 函数的实际输入参数。

(2)比特能量与噪声功率谱密度之比($E_b N_o$),此参数由 BER 分析器工具和此工具箱中的性能评估函数使用。

(3)符号能量与噪声功率谱密度之比($E_s N_o$)。

如果接收信号在接收滤波器中处理完,在检测处理前,信噪比和比特信噪比的关系,即(2)和(1)的关系为 $\mathrm{SNR}=\frac{E_b}{N_o}\frac{r_b}{B}$,其中 r_b,B 分别表示信道中的数据比特率和信道带宽。

采用 k 表示单位符号表示的信息比特数，其中(2)和(3)的关系转换为

$$E_s/N_o = E_b/N_o + 10\log10$$

采用 R_s，B 分别表示每秒传输的符号数，即波特率，以及信道带宽。则(1)和(3)的关系转换为 $\frac{E_s}{N_o} = \mathrm{SNR}\,\frac{B}{R_s}$。

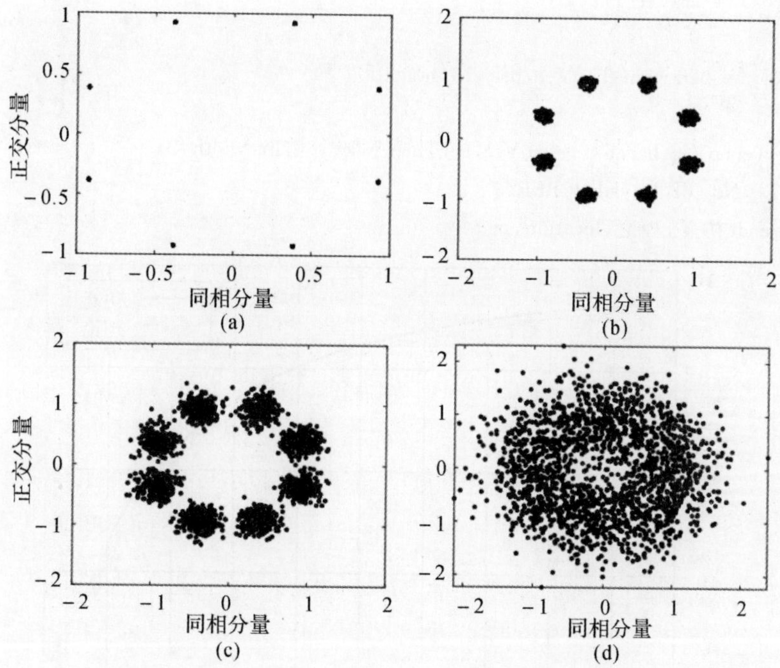

图 5-11　comm.PSKModulator 函数调制结果图

结合比特信噪比参数，采用调制与解调进行 MATLAB 仿真(结果如图 5-12 所示)，代码如下：

```
custMap = [0 2 4 6 8 10 12 14 15 13 11 9 7 5 3 1];
pskModulator = comm.PSKModulator(16,'BitInput',true, ...
    'SymbolMapping','Custom','CustomSymbolMapping',custMap);
pskDemodulator = comm.PSKDemodulator(16,'BitOutput',true, ...
    'SymbolMapping','Custom','CustomSymbolMapping',custMap);
awgnChannel = comm.AWGNChannel('BitsPerSymbol',log2(16));
errorRate = comm.ErrorRate;
ebnoVec = 1:20;
ber = zeros(size(ebnoVec));
for k = 1:length(ebnoVec)
    reset(errorRate)
    errVec = [0 0 0];
    awgnChannel.EbNo = ebnoVec(k);
    while errVec(2) < 200 && errVec(3) < 1e7
        data = randi([0 1],4000,1);
```

```
        modData = pskModulator(data);
        rxSig = awgnChannel(modData);
        rxData = pskDemodulator(rxSig);
        errVec = errorRate(data,rxData);
    end
    ber(k) = errVec(1);
end
berTheory = berawgn(ebnoVec,'psk',16,'nondiff');
figure
semilogy(ebnoVec,ber,'b-',ebnoVec,berTheory,'k--','linewidth',2)
xlabel('Eb/No (dB)');ylabel('BER')
grid;legend('仿真','理论','location','ne')
```

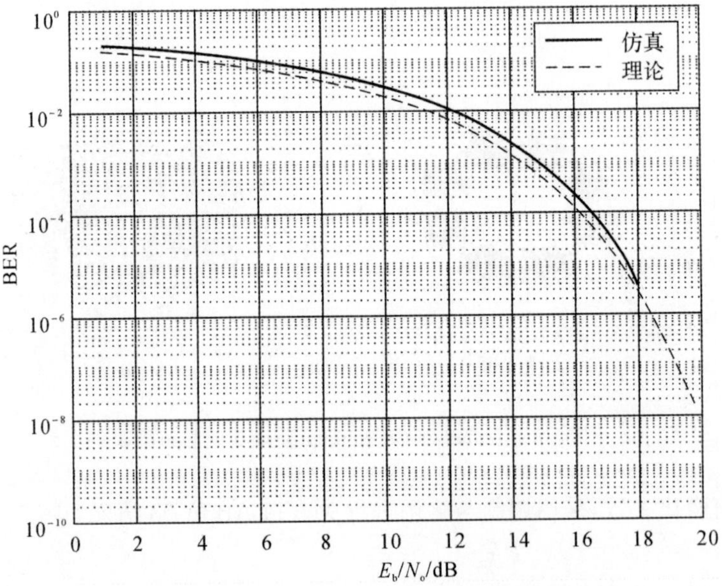

图 5-12 comm. PSKDemodulator 函数解调结果图

另一种调制解调的库函数及说明为

y = pskmod(x,M)使用调制阶数为 M 的相移键控(PSK)调制输入信号 x。

y = pskmod(x,M,ini_phase)指定 PSK 调制信号的初始相位 ini_phase。

y = pskmod(x,M,ini_phase,symorder)指定 PSK 调制信号的符号顺序。

解调过程和调制过程类似,命令格式为

z = pskdemod(y,M)

z = pskdemod(y,M,ini_phase)

z = pskdemod(y,M,ini_phase,symorder)

对调制解调采用 pskmod 和 pskdemod 两种类型,仿真结果如图 5-13 所示。MATLAB 代码如下:

```
N=1000; M=4;
errorRate = comm. ErrorRate;
SNR=[0:2:20];LEbNo=length(SNR);
```

```
symerrR=zeros(1,LEbNo);BER=symerrR;
for i=1:LEbNo
    dataIn = randi([0 3],N,1);
    txSig = pskmod(dataIn,M,pi/4,'gray');
    rxSig = awgn(txSig,SNR(i));
    dataOut = pskdemod(rxSig,M,pi/4,'gray');
    [~,symerrR(i)] = symerr(dataIn,dataOut);
end
figure
semilogy(SNR,symerrR,'k--','linewidth',2);
xlabel('SNR (dB)');ylabel('SER')
```

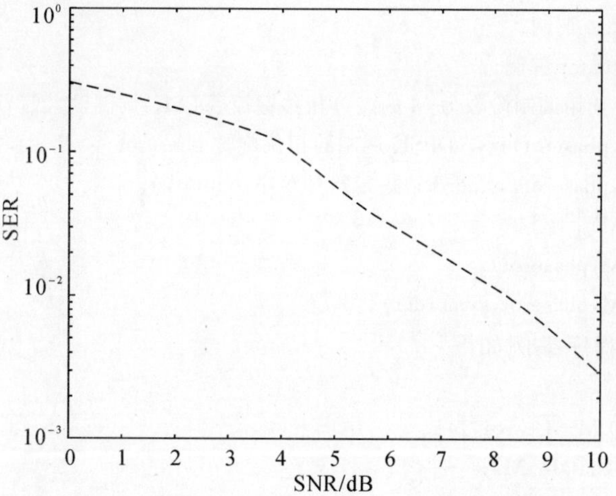

图 5-13　采用 pskmod 和 pskdemod 函数仿真结果图

5.3.2　载波差分相位调制与解调

载波差分相移键控(Differential Phase Shift Keying,DPSK)是相位调制的一种常见形式,通过改变载波的相位来传送数据。如前所述的 PSK,对于 BPSK 和 QPSK,如果星座在信号通过信道中受到某种影响而旋转,则存在相位模糊。这个问题可以通过使用数据来改变而不是设置相位来克服。

例如,在差分编码的 BPSK 中,二进制“1”可以通过向当前相位添加 180°来传输,“0”可以通过向当前相位添加 0°来传输。DPSK 的另一个变体是对称差分相移键控(Symmetrical DPSK,SDPSK),其中“1”采用添加+90°实现,“0”采用添加-90°表示。

DPSK 检测器采用一种称为差分相移键控(DPSK)的非相干相移键控形式。这种调制技术消除了在接收机处对相干参考信号的需要,这意味着发射机和接收机不再需要同步。不需要知道信源的起始相位是 DPSK 在水下应用中的一个巨大优势,在水下应用中,信号发射源与海洋中接收器的同步可能非常具有挑战性。DPSK 遵循 PSK 基本规则,但会导致符号错误的概率略微增加[1]。DPSK 中最具代表的一类是 DBPSK,从 DBPSK 可以看到 DPSK 的原型。DBPSK 通过在调制之前首先在发送端对二进制信号进行编码,然后将先前位的样本与当前位样本进行比较，以确定接收端的二进制值，从而消除了相干参考信号的需要。编码过程可以用以下等式表示：

$$d_k = \mathrm{Not}[a_k \oplus d_{k-1}] \tag{5.8}$$

其中：a_k，d_k 分别代表当前发送比特及当前差分编码比特，Not 运算为取非运算，d_k 的值决定了发送相位，对应的 MATLAB 运算为

```
1. encode = ones(1,length(code)+1);
2. for i = 1:length(code)
3.      encode(i+1) = not(xor(code(i),encode(i)));
4. end
```

DPSK 调制解调的更多细节参考文献[2]，此节给出 MATLAB 对 DPSK 调制解调的库函数：

comm.DPSKModulator 调制。

comm.DPSKDemodulator 解调。

y = dpskmod(x,M)使用调制阶数为 M 的差分相移键控(DPSK)调制输入信号。

y = dpskmod(x,M,phaserot)指定 DPSK 调制的相位旋转 phaserot。

y = dpskmod(x,M,phaserot,symorder)指定符号顺序 symorder。

z = dpskdemod(y,M)。

z = dpskdemod(y,M,phaserot)。

z = dpskdemod(y,M,phaserot,symorder)。

采用 MATLAB 程序举例如下：

```
1. M = 4;
2. dataIn = randi([0 M-1],1e4,1);
3. txSig = dpskmod(dataIn,M);
4. rxSig = txSig * exp(2i * pi * rand);
5. dataOut = dpskdemod(rxSig,M);
6. errs = symerr(dataIn,dataOut)
```

结果显示 1，说明 DPSK 调制解调对相位旋转的鲁棒性很好。

5.3.3 正交幅度调制与解调

正交幅度调制(Quadrature Amplitude Modulation,QAM)是现代通信中广泛用于传输信息的数字调制方法族和相关模拟调制方法族的总称。它通过使用振幅移位键控(Amplitude ShiftKeying,ASK)数字调制方案或振幅调制(Amplitude Modulation,AM)模拟调制方案改变(调制)两个载波的振幅从而传送两个模拟信号或两个数字比特流。相同频率的两个载波彼此相差 90°，这种情况称为正交。传输信号是通过将两个载波相加而产生的。接收机由于两个波的正交性，可对它们进行相干分离(解调)。

相位调制(模拟 Phase Modulation,PM)和相移键控(数字 Phase SltiftKeying,PSK)可视为 QAM 的一种特例，其中传输信号的幅度是恒定的，但其相位是变化的。这也可扩展到频率调制(Frequency Modulation,FM)和频移键控(Frequency Shift Keying,FSK)，因为它们可视为相位调制的特例。

QAM 广泛用作数字通信系统，如 802.11 Wi-Fi 标准。通过设置适当的星座图大小，如果不受通信信道的噪声限制，可使 QAM 实现任意高的频谱效率。QAM 调制系统框图如图

5-14所示，分成 I 路和 Q 路分别进行调制，类似地，QAM 调制系统流程图如图 5-15 所示。

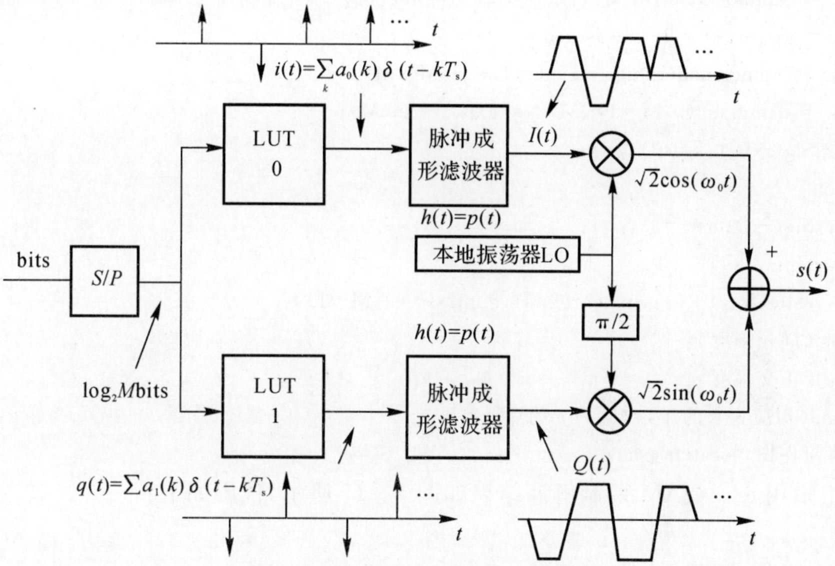

图 5-14　采用 QAM 调制流程图

MATLAB 中指定的库函数用法如下：

y＝qammod(x,M)通过使用具有指定调制顺序 M 的 QAM 来调制输入信号 x，输出 y 是调制信号。

y＝qammod(x,M,symOrder)指定符号顺序。

y＝qammod(__,Name,Value)使用名称－值参数以及之前语法中的任何输入参数组合指定选项。

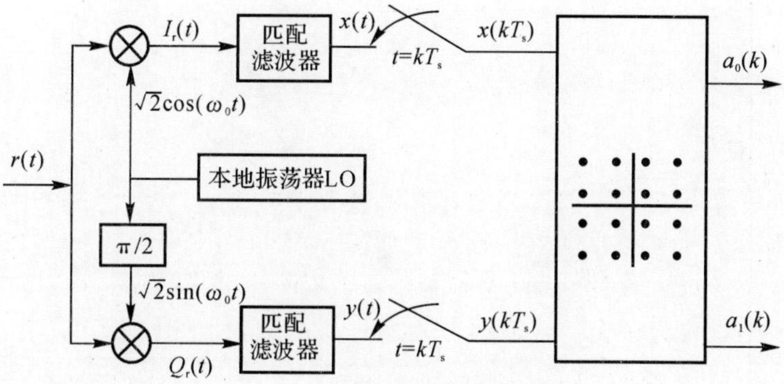

图 5-15　采用 QAM 解调流程图

MATLAB 中对应的 QAM 解调库函数格式如下：

```
1. z = qamdemod(y,M)
2. z = qamdemod(y,M,symOrder)
3. z = qamdemod(____,Name,Value)
```

采用 QAM 进行调制解调的结果如图 5-16 所示，代码如下：

```
M = 16;
data = randi([0 M-1],1e4,1);
txSig = qammod(data,M);
rxSig = awgn(txSig,18,'measured');
rxData = qamdemod(rxSig. * exp(-1i * pi/M),M);
refpts = qammod((0:M-1)',M) . * exp(1i * pi/M);
plot(rxSig(rxData==0),'g.');
hold on
plot(rxSig(rxData==3),'c.');
plot(refpts,'r *')
text(real(refpts)+0.1,imag(refpts),num2str((0:M-1)'))
xlabel('同相幅度')
ylabel('正交幅度')
legend('对应为 0 的点','对应为 3 的点', ...
'参考星座图','location','se');
```

另一组采用 64 - QAM 调制解调结果如图 5 - 17 所示，代码如下：

```
M = 64;
x = randi([0,M-1],20,4,2);
wlanSymMap = randintrlv([0:M-1],1);
y = qammod(x,M,wlanSymMap,'UnitAveragePower', true,'PlotConstellation',true);
z = qamdemod(y,M,wlanSymMap,'UnitAveragePower',true);
isequal(x,z)
```

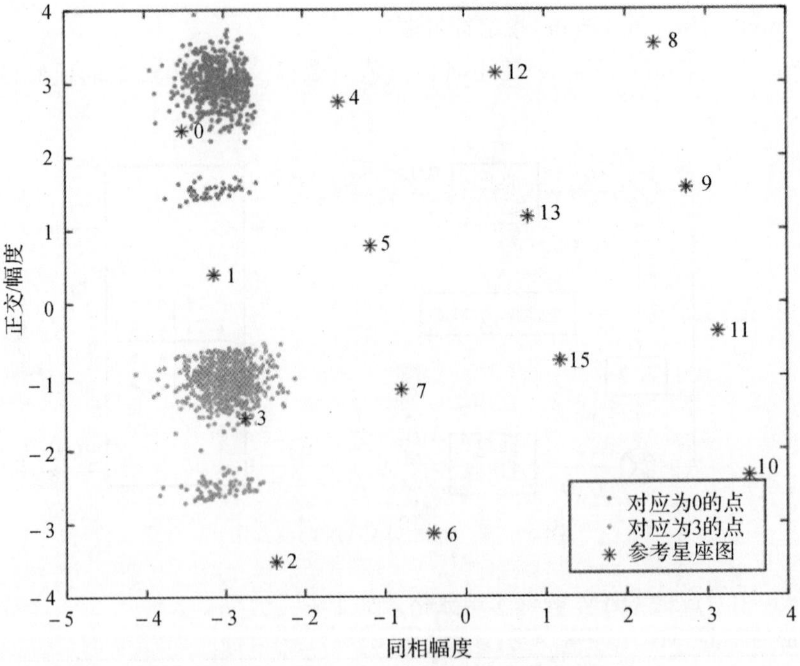

图 5 - 16　采用 16 - QAM 调制解调结果图

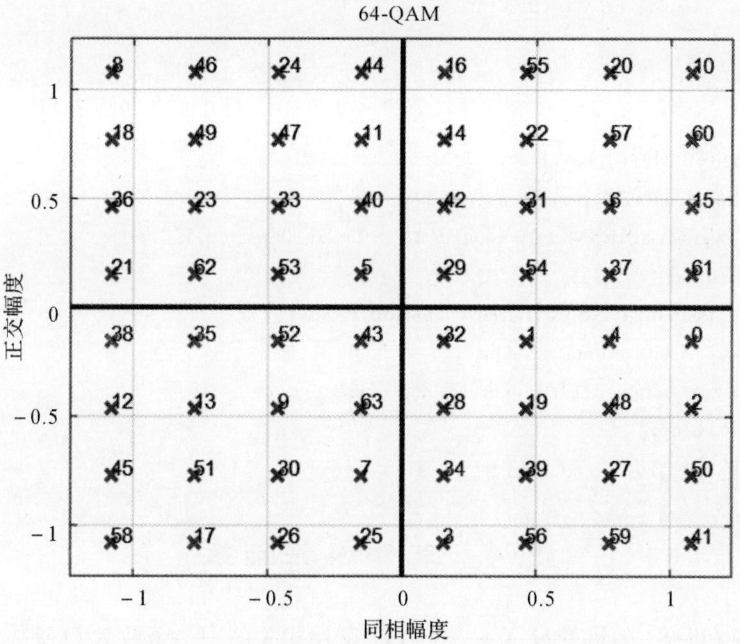

图 5-17　采用 64-QAM 调制解调结果图

5.3.4　频移键控调制与解调

在 M 进制的频移键控(Multipe Frequency Shift Keying，MFSK)中，二进制数据流分成若干组包含了 $k(k=\log_2 M)$ 个比特的元胞数组，对于 $m=1,2,\cdots,M$ 个可能的元胞数组，采用 MFSK 调制的过程为

$$s_m(t)=A\cos(2\pi f_m t+\Phi_m),\quad nT\leqslant t\leqslant(n+1)T \tag{5.9}$$

其中：T 是符号周期，且为比特周期的 k 倍。

如果初始相位都相同，则称为相干 MFSK，解调过程可采用相干或非相干方式，如果调制过程是非相干，则解调过程必然是非相干的。对于正交情形(属于相干模式)最小相邻频率间隔为 $1/2T$，对于非相干情况，最小相邻频率间隔为 $1/T$。采用均匀频率间隔进行调制。

MATLAB 提供 MFSK 调制和解调的命令如下：

y = fskmod(x,M,freq_sep,nsamp)：使用频移键控调制输出消息信号 x 的调制的复包络 y。

y = fskmod(x,M,freq_sep,nsamp,Fs)：指定 y 的采样频率。

y = fskmod(x,M,freq_sep,nsamp,Fs,phase_cont)：指定相位连续性 phase_cont。

y = fskmod(x,M,freq_sep,nsamp,Fs,phase_cont,symorder)：指定函数如何将二进制字分配给相应的整数。对应的解调命令为：

z = fskdemod(y,M,freq_sep,nsamp)。

z = fskdemod(y,M,freq_sep,nsamp,Fs)。

z = fskdemod(y,M,freq_sep,nsamp,Fs,symorder)。

采用 MATLAB 调制解调库函数的举例如下：

```
1. M = 4;
2. k = log2(M);
```

```
EbNo = 5;          % Eb/No (dB)
Fs = 2e2;
nsamp = 8;
freqsep = 20;
data = randi([0 M-1],1e4,1);
txsig = fskmod(data,M,freqsep,nsamp,Fs);
rxSig  = awgn(txsig,EbNo+10*log10(k)-10*log10(nsamp),...
        'measured',[],'dB');
dataOut = fskdemod(rxSig,M,freqsep,nsamp,Fs);
[num,BER] = biterr(data,dataOut);
BER_theory = berawgn(EbNo,'fsk',M,'noncoherent');
[BER BER_theory]
```

输出结果为0.040 8　　0.033 9。

5.4　互补误差函数

与标准高斯(正态)随机变量 $X \sim N(0,1)$ 密切相关的一个函数为 Q 函数,定义为

$$Q(x) = P[N(0,1) > x] = \frac{1}{2\pi}\int_x^{\infty} \mathrm{e}^{-\frac{t^2}{2}}\,\mathrm{d}t \tag{5.10}$$

对于 $X \sim N(m,\sigma^2)$,有 $P[X > \alpha] = Q\left(\frac{\alpha - m}{\sigma}\right)$,$P[X < \alpha] = Q\left(\frac{m - \alpha}{\sigma}\right)$。$Q(x)$ 有如下重要性质:$Q(0) = 0.5$,$Q(-\infty) = 1$,$Q(\infty) = 0$,$Q(-x) = 1 - Q(x)$。记误差函数 erf(Error Function) 和互补误差函数 erfc(Complementary Error Function),定义为 $\mathrm{erf}(x) = \frac{2}{\sqrt{\pi}}\int_0^x \mathrm{e}^{-t^2}\,\mathrm{d}t$,$\mathrm{erfc}(x) = \frac{2}{\sqrt{\pi}}\int_x^{\infty} \mathrm{e}^{-t^2}\,\mathrm{d}t$。因此 $\mathrm{erf}(x) = 1 - \mathrm{erfc}(x)$。误差函数和 Q 函数之间的关系为

$$Q(x) = \frac{1}{2}\mathrm{erfc}\left(\frac{x}{\sqrt{2}}\right),\quad \mathrm{erfc}(x) = 2Q(\sqrt{2}\,x)$$

如果为加性高斯白噪声(AWGN),二相相移键控(BPSK) 的误码率(BER) 为

$$P_{\mathrm{b}} = \frac{1}{2}\mathrm{erfc}\left(\sqrt{\frac{E_{\mathrm{b}}}{N_{\mathrm{o}}}}\right)$$

当 M 较大时(至少为 4),MPSK 调制方式误码率公式可以近似表达为[3]

$$P_{\mathrm{b}} = \mathrm{erfc}\left(\sqrt{\frac{E_{\mathrm{b}}}{N_{\mathrm{o}}}}\sin\frac{\pi}{M}\right)$$

对应的 MDPSK 调制方式误码率公式可以近似表达为[4]

$$P_{\mathrm{b}} = \mathrm{erfc}\left(\sqrt{2\frac{E_{\mathrm{b}}}{N_{\mathrm{o}}}}\sin\frac{\pi}{2M}\right)$$

对于 $\frac{E_{\mathrm{b}}}{N_{\mathrm{o}}}$ 从 0 dB 到 10 dB 的值,绘制 QDPSK、QPSK 及 QFSK 信号的误码率曲线,如图 5－18 所示。M 进制的 QAM(M 是 2 的偶数幂) 在加性高斯白噪声信道环境下,误比特率理论计算表达式为

$$P_b = \frac{4(\sqrt{M}-1)}{\sqrt{M}\log_2 M} Q\left[\sqrt{\frac{3(\log_2 M)}{M-1}\frac{E_b}{N_o}}\right]$$

总结几种典型信号的误比特率，见表 4-1，其中$[\mathrm{SNR}_{r,b} = E_b/\sigma^2 = (E_s/b)/(N_0/2)]$。

对比 QDPSK、QPSK 及 QFSK 信号的误码率曲线图，其理论结果如图 5-18 所示。

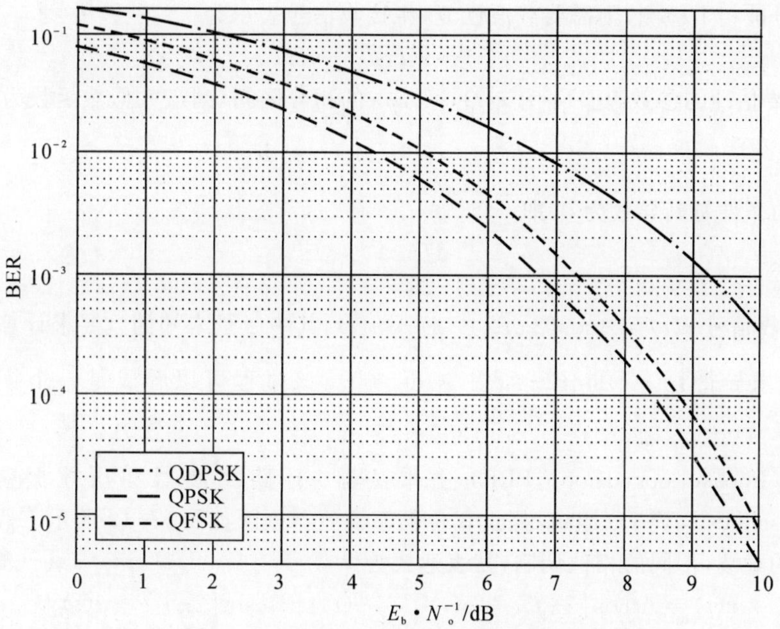

图 5-18　QDPSK、QPSK 及 QFSK 信号的误码率曲线图

表 4-1　几种典型信号的误比特率

	信号	相干(同步)检测	非相干检测
二元情况 $M=2^b$ $(b=1)$	FSK	$Q\left(\sqrt{\frac{E_s/2}{N_0/2}}\right) = Q\left(\sqrt{\frac{\mathrm{SNR}_r}{2}}\right)$	$\frac{1}{2}\mathrm{e}^{-\mathrm{SNR}_r/4}$
	PSK	$Q\left(\sqrt{\frac{E_s}{N_0/2}}\right) = Q(\sqrt{\mathrm{SNR}_r})$	DPSK：$\frac{1}{2}\mathrm{e}^{-\mathrm{SNR}_r/2}$
$M=2^b$ $(b>1)$	FSK	$\frac{M/2}{M-1}\left[1-\frac{1}{\sqrt{\pi}}\int_{-\infty}^{\infty} q(y)\mathrm{e}^{-y^2}\,\mathrm{d}y\right]$ $q(y) = Q^{M-1}(-\sqrt{2}y - \sqrt{b\mathrm{SNR}_{r,b}})$	$\frac{M/2}{M-1}\sum_{m=0}^{M-1}(-1)^{m+1}\binom{M-1}{m}\frac{1}{m+1}\mathrm{e}^{-\frac{mb\mathrm{SNR}_r}{2(m+1)}}$
	PSK	$\frac{2}{b}Q\left(\sqrt{b\mathrm{SNR}_{r,b}}\sin\frac{\pi}{M}\right)$	$\frac{2}{b}Q\left(\sqrt{b\mathrm{SNR}_{r,b}/2}\sin\frac{\pi}{M}\right)$
	QAM	$\leqslant \frac{4(L-1)}{bL}Q\left(\sqrt{\frac{3b/2}{M-1}\mathrm{SNR}_{r,b}}\right)$ $M = LN\ (L>N)$	

5.5 载波相位同步和符号同步

5.5.1 载波相位估计与锁相环

如果信号被相干检测，则需要载波恢复，将接收信号表示为

$$r(t)=s(t,\phi)+n(t) \tag{5.11}$$

其中：ϕ 表示要估计的参数，记 T_0 为 $r(t)$，$s(t,\phi)$ 的积分区间，则最大似然函数为

$$J(\varphi)=\int_{T_0} r(t)s(t,\phi)\mathrm{d}t \tag{5.12}$$

最大值的条件是其导数为 0，即

$$\frac{\mathrm{d}J(\varphi)}{\mathrm{d}\varphi}=0 \tag{5.13}$$

例题：接收信号 $r(t)=A\cos(2\pi f_c t+\phi)+n(t)$，其中 ϕ 是未知的且要求计算其结果。

解：根据求导得 $\int_{T_0} r(t)\sin(2\pi f_c t+\hat{\phi})\mathrm{d}t=0$。该过程可以看成是一个锁相环的处理过程。

锁相环 (PhoaseLockedLoop，PLL) 由乘法器、环路滤波器和压控振荡器 (Voltage Contrdled Oscillator，VCO) 组成，假设相位频率检测器框图如图 5—19 所示。假设 $r(t)$，$v(t)$ 信号有相同的载波，不同的相位调制，其表达式为

$$r(t)=A_c\cos[2\pi f_c t+\phi(t)],\quad v(t)=A_v\sin[2\pi f_c t+\theta(t)]$$

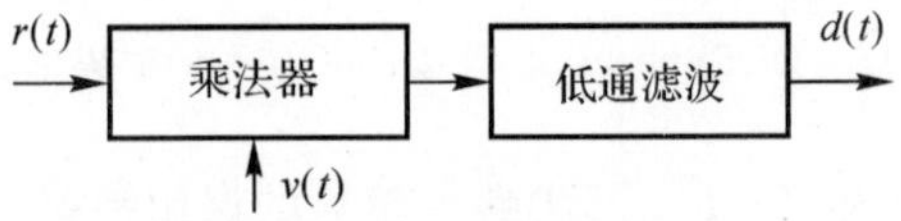

图 5-19 相位频率检测

相乘器输出为

$$d(t)=\frac{1}{2}A_c A_v\{\sin[4\pi f_c t+\phi(t)+\theta(t)]+\sin[\theta(t)-\phi(t)]\}$$

低通滤波之后留下第二项，因此为

$$d(t)=\frac{1}{2}A_c A_v K_d\sin[\theta(t)-\phi(t)]。$$

物理中，压控振荡器 VCO 是采用输入电压控制震荡频率的，在通信中采用锁相环(见图 5-20) 是通过相位误差输入来控制频率的，即

$$\frac{\mathrm{d}\theta(t)}{\mathrm{d}t}=K_{\mathrm{VCO}}v(t),\quad \theta(t)=K_{\mathrm{VCO}}\int v(t)\mathrm{d}t$$

环路滤波器是一个低通滤波器，其传递函数的 s 域变换为

$$G(s)=\frac{1+\tau_2 s}{1+\tau_1 s}$$

由锁相环示意图可以看出，闭环传递函数为

$$H(s)=\frac{KG(s)/s}{1+KG(s)/s}$$

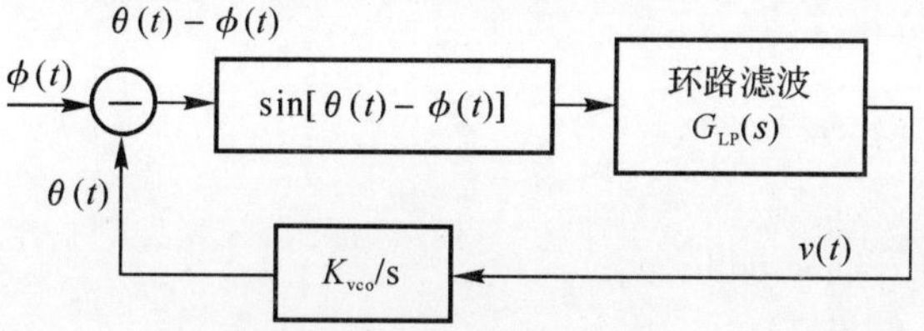

图 5 - 20　锁相环示意图

将 $G(s)$ 代入，得 $H(s)=\dfrac{1+\tau_2 s}{1+(\tau_2+1/K)s+(\tau_1/K)s^2}$。习惯上将分母表示为

$$D(s)=s^2+2\zeta\omega_n s+\omega_n^2,\quad \omega_n=\sqrt{\frac{K}{\tau_1}},\quad \zeta=\frac{\omega_n(\tau_2+1/K)}{2}$$

其中：ω_n，ζ 分别称为环路的自然频率和环路阻尼因子。因此，传递函数可写为

$$H(s)=\frac{(2\zeta\omega_n-\omega_n^2/K)s+\omega_n^2}{s^2+2\zeta\omega_n s+\omega_n^2}$$

例题：（一阶锁相环）假设 $G(s)=\dfrac{1+0.01s}{1+s}$ 且 $K=1$，确定并画出 PLL 的阶跃响应函数。

解：由于 τ_1，τ_2 分别为 0.01 和 1，$K=1$，因此，$\omega_n=\sqrt{\dfrac{K}{\tau_1}}=1$，$\zeta=\dfrac{\omega_n(\tau_2+1/K)}{2}=0.505$。得出传递函数为 $H(s)=\dfrac{1+0.01s}{s^2+1.01s+1}$，其阶跃响应为 $\Phi(s)=\dfrac{H(s)}{s}=\dfrac{0.01s+1}{s^3+1.01s^2+s}$。MATLAB 提供了将传递函数过滤器参数转换为状态空间形式的库函数 tf2ss。

[A,B,C,D] = tf2ss(b,a)：将连续时间或离散时间单输入传递函数转换为由等效的状态空间来表示。将传递函数 $H(s)$ 的分子、分母换算为状态空间的矩阵来表示 $\boldsymbol{A},\boldsymbol{B},\boldsymbol{C},\boldsymbol{D}$，其中

$$\begin{cases}\dot{\boldsymbol{x}}(t)=\boldsymbol{A}\boldsymbol{x}(t)+\boldsymbol{B}\boldsymbol{u}(t)\\ \boldsymbol{y}(t)=\boldsymbol{C}\boldsymbol{x}(t)+\boldsymbol{D}\boldsymbol{u}(t)\end{cases}$$

对于离散型，可表示为

$$\begin{cases}\dfrac{\boldsymbol{x}(i+1)-\boldsymbol{x}(i)}{\Delta t}=\boldsymbol{A}\boldsymbol{x}(i)+\boldsymbol{B}\boldsymbol{u}(i)\\ \boldsymbol{y}(i)=\boldsymbol{C}\boldsymbol{x}(i)+\boldsymbol{D}\boldsymbol{u}(i)\end{cases}$$

采用该系统得到的相位跟踪过程如图 5 - 21 所示。

采用的 MATLAB 代码为

```
num=[0.01 1 ];
den=[1 1.01 1];
[A,B,C,D]=tf2ss(num,den);
dt=0.01;
N=3e3;
u=ones(1,N);
x=zeros(2,N+1 );
for i=1 : N
```

```
        x(:,i+1)=x(:,i)+dt.*A*x(:,i)+dt.*B*u(i);
        y(i)=C*x(:,i);
        echo off;
end
echo on;
t=[0:dt:N*dt];
plot(t(1 : N),y,'k-','linewidth',2)
xlabel('时间');ylabel('相位');
```

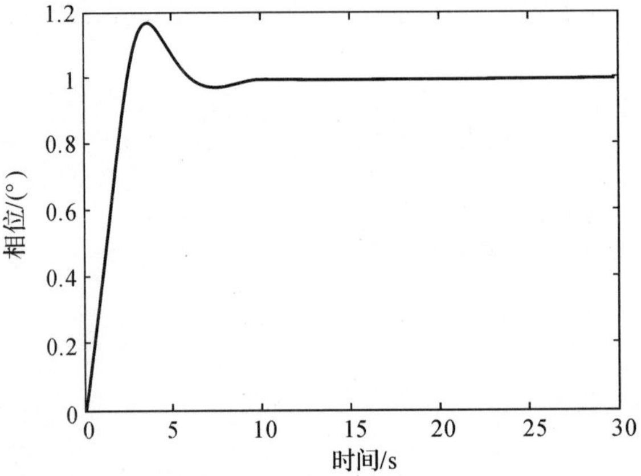

图 5-21　锁相环对相位的跟踪

5.5.2　均衡器设计

回顾式(5.2)，可以看出，要想实现目标 $h_{com}(t)=\delta(t)$，则需增加一个均衡处理[时域记为 $h_{eq}(t)$，频域记为 $H_{eq}(f)$] 环节，使其 $h_c(t)*h_{eq}(t)=\delta(t)$，即频域实现

$$H_c(f)H_{eq}(f)=1 \tag{5.14}$$

满足式(5.14)均衡条件的滤波器称为迫零滤波器(Zero - Forcing Filter)。如果该滤波器为线性的，则称为线性均衡。

基带数字通信系统的信号路径如图 5-22 所示，它强调了均衡器在尝试抵消多径信道效应和加性干扰时的作用。系统所有内部单元都假定是精确工作的，包括上变频和下变频、定时恢复和载波同步都被假定是完美且恒定的。将信道建模为一个时不变 FIR 滤波器，重点放在“线性数字均衡器”模块的系数选择，目标是消除码间干扰和减弱加性干扰，均衡器将根据采样后的接收信号序列以及预先设定的“训练序列”先验信息来选择系数。尽管信道实际上可能是时变的，但信道的变化通常比数据速率慢得多，因此在小时间尺度上信道可被看作是时不变的。

在存在可用的训练序列时(例如，已知的用于同步的帧信息)，那么该序列可用于协助均衡器的“训练”其抽头。设计均衡器的基本策略是寻找可用于定义优化问题的含均衡器参数的目标函数。

线性均衡问题如图 5-23 所示，假定接收器处已知预先安排好的训练序列 $s[k]$，目的是找到一个 FIR 滤波器(称为均衡器)使得其输出大致和已知源信号相等，但可能存在一定的延迟。因此，我们的目标是针对某些特定的 δ，选择冲激响应 f_i 使得 $y[k]\approx s[k-\delta]$。

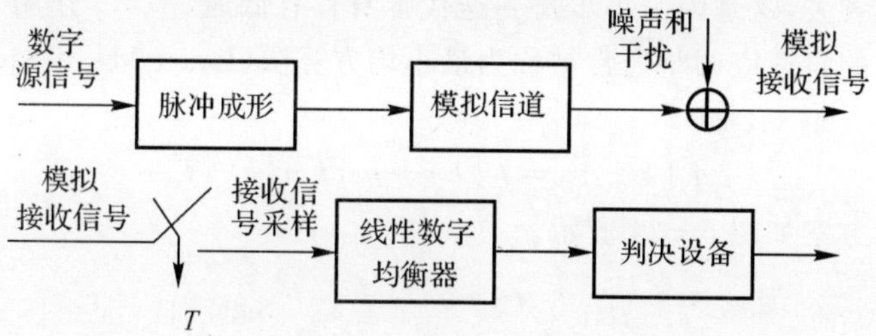

图 5-22　基带线性(数字)滤波器用于(自动)消除信道中某些加性干扰

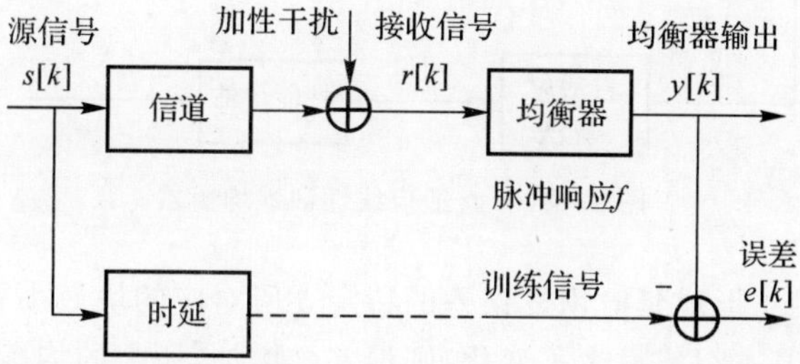

图 5-23　线性均衡问题(即寻找一个线性系统 f 消除信道的影响，同时使干扰的影响最小化)

5.5.3　训练均衡的自适应方法

面向分块均衡器设计，即使在系统延迟已知的情况下，仍需计算 $(n+1)\times(n+1)$ 维矩阵的逆矩阵(n 为 FIR 线性均衡器的最大延迟)，因此其需要大量的计算。此处将考虑使用自适应单元来最小化平方误差的平均值，有

$$J_{\mathrm{LMS}}=\frac{1}{2}\mathrm{avg}\{e^2[k]\}$$

观察到 J_{LMS} 是所有均衡器系数 f_i 的函数，这是因为：

$$e[k]=s[k-\delta]-y[k]=s[k-\delta]-\sum_{j=0}^{n}f_j r[k-j]$$

其中：$r[k]$ 是采样后的基带接收信号。关于第 i 个均衡器系数 f_i 的最小化 J_{LMS} 算法可表示为

$$f_i[k+1]=f_i[k]-\mu\left.\frac{\mathrm{d}J_{\mathrm{LMS}}}{\mathrm{d}f_i}\right|_{f_i=f_i[k]}$$

为创建一个易于实现的算法，有必要对感兴趣的参数进行估计，有

$$\frac{\mathrm{d}J_{\mathrm{LMS}}}{\mathrm{d}f_i}=\frac{\mathrm{d}\,\mathrm{avg}\left\{\frac{1}{2}e^2[k]\right\}}{\mathrm{d}f_i}\approx\mathrm{avg}\{\frac{\frac{1}{2}\mathrm{d}e^2[k]}{\mathrm{d}f_i}\}=\mathrm{avg}\left\{e[k]\frac{\mathrm{d}e[k]}{\mathrm{d}f_i}\right\}$$

源恢复误差 $e[k]$ 关于第 i 个均衡器参数 f_i 的导数为

$$\frac{\mathrm{d}e[k]}{\mathrm{d}f_i}=\frac{\mathrm{d}s[k-\delta]}{\mathrm{d}f_i}-\sum_{j=0}^{n}\frac{\mathrm{d}f_j r[k-j]}{\mathrm{d}f_i}=-r[k-i]$$

这是因为 $\frac{\mathrm{d}s[k-\delta]}{\mathrm{d}f_i}=0$ 且对于所有 $i\neq j$ 条件下 $\frac{\mathrm{d}f_j r[k-j]}{\mathrm{d}f_i}=0$。则自适应单元的更新表达式为

$$f_i[k+1]=f_i[k]+\mu\text{avg}\{e[k]r[k-i]\}$$

平均操作可被省去，这是因为小步长 μ 迭代本身具有低通（平均）作用。用于直接线性均衡器冲激响应系数的自适应调整通常被称为最小均方算法（Least Mean Square，LMS）的表达式为

$$f_i[k+1]=f_i[k]+\mu e[k]r[k-i]$$

该自适应均衡方案如图 5-24 所示。

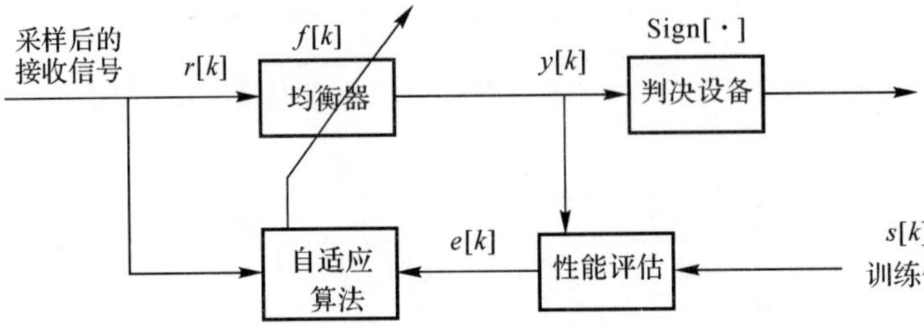

图 5-24　自适应线性训练均衡器

递归算法收敛至用于形成延时恢复误差的特定 δ 所对应的块最小二乘答案附近。只要 μ 不为零，若接收信号的基本组成发生了变化，则误差会增加，所需的均衡器也发生变化，相应地 f_i 也会做出调整，正是这种追踪变化的能力为该算法赢得了“自适应”的标签。

采用 MATLAB 代码实现自适应均衡器的设计，递归的核心在于 for 循环。对于每一个新的数据点均会建立一个包含接收信号新值和过去 n 个信号值的向量，将该向量与 f 相乘来预测下一个源符号，而误差则等于预测值和实际发送值之差。其代码为

```
b=[0.5 1 -0.6]; %定义信道
m=1000; s=sign(randn(1,m)); %长度为 m 的二进制源信号
r=filter(b,1,s);     %信道输出
n=4; f=zeros(n,1);   %初始化均衡器系数为 0
mu=0.1; delta=3;     %步长及延迟 delta
for i=n+1:m %迭代
    rr=r(i:-1:i-n+1)';   %接收信号向量
    e=s(i-delta)-f*rr; %计算误差
    f=f+mu*e*rr;     %更新均衡器系数
end %计算均衡器 f
y=filter(f,1,r);     %均衡器是一种滤波器
dec=sign(y);     %量化
for sh=0:n   %不同时延处的误差
    err(sh+1)=0.5*sum(abs(dec(sh+1:end)-s(1:end-sh)));
end
```

自适应均衡方法的设计中需考虑步长的选择，较小的步长 μ 意味着估计的轨迹更为平滑（倾向于更好的抵制噪声），但当潜在解是时变的时，小步长同样意味着收敛速度和跟踪速度会变慢。同样地，如果保留平均操作，则较长的平均宽度意味着更平滑的估计以及更慢的收敛速度。在块方法中选择块的大小同样出现类似的折衷：较大的块可更好的平均噪声，但在块覆盖的时间范围内无法得到底层解的变化细节。

采用 MATLAB 库函数，lineareq 函数可以提供线性均衡处理。演示代码如下：

```
clear;clc;close all;
trainL=200;
M=2;
hMod = comm.BPSKModulator;
msg=randi([0 1],1000,1);
x = step(hMod,msg);
rxsig = filter([1+.5*j 0.8-.2*j 0.3+.1*j],1,x);
rxsig = rxsig + 0.15*randn(size(rxsig))+ 0.15j*randn(size(rxsig));
eqlms = lineareq(8,lms(0.02));
[y,yd] = equalize(eqlms,rxsig,x(1:trainL));
hDemod = comm.BPSKDemodulator;
demodmsg = step(hDemod,yd);
hErrorCalc = comm.ErrorRate; % ErrorRate calculator
reset(hErrorCalc);
ser_Eq = step(hErrorCalc, msg(trainL+1:end),demodmsg(trainL+1:end));
h = scatterplot(rxsig,1,trainL,'bx'); hold on;
scatterplot(y,1,trainL,'g.',h);axis('tight');
legend('接收信号','均衡后的信号','location','se');
title(['BER=',num2str(ser_Eq(1))]);
```

得到的结果如图 5-25 所示，可以看出在均衡器处理后，信号的星座图得以纠正。

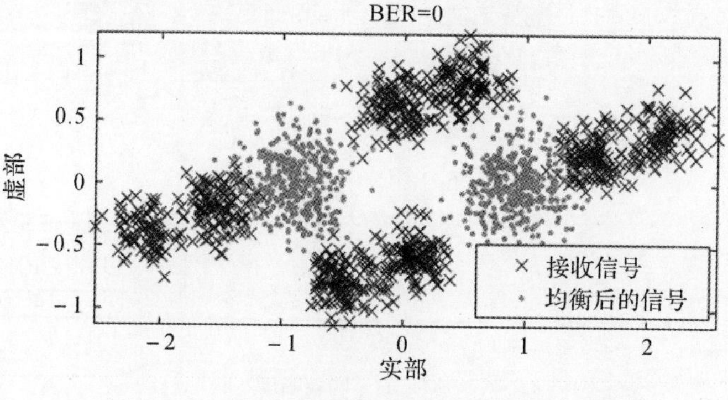

图 5-25　LMS 均衡器处理前后的信号星座图

判决反馈均衡器(Decision Feedback Equalizer，DFE)由于均衡结果存在判决环节，且将判决结果作为输入端，调节均衡器系数，故以此命名。采用 DFE 对 QPSK 调制的信号进行均衡处理，代码如下：

```
M = 4;
msg = randi([0 M-1],5e3,1); % Random message
hMod = comm.QPSKModulator('PhaseOffset',0);
modmsg = step(hMod,msg); % Modulateusing QPSK.
chan = [.986; .845; .237; .123+.31i]; % Channel coefficients
rxsig = filter(chan,1,modmsg);
filtmsg = rxsig + 0.1*randn(size(rxsig))+ 0.1j*randn(size(rxsig));
```

```
dfeObj = dfe(5,3,lms(0.03));
dfeObj.SigConst = step(hMod,(0:M-1)')'; % Set signal constellation.
dfeObj.ResetBeforeFiltering = 0;
dfeObj.Weights = [0 1 0 0 0 0 0 0];
eqRxSig = equalize(dfeObj,filtmsg);
initial = eqRxSig(1:200);
plot(real(initial),imag(initial),'+')
hold on;
final = eqRxSig(end-200:end);
plot(real(final),imag(final),'ro')
xlabel('同相幅度');ylabel('正交幅度');axis('tight');
legend('接收信号','均衡后的信号','location','se');
```

结果如图 5-26 所示，可以看出判决反馈均衡器有明显的改善效果。

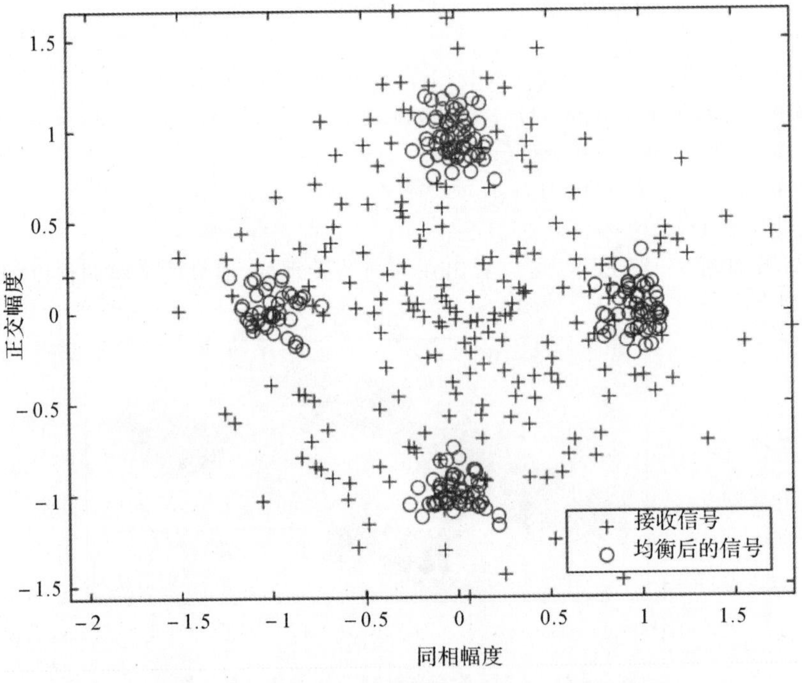

图 5-26　DFE 均衡器处理 QPSK 前后的信号星座图

5.6　相位相干数字水声通信

5.6.1　接收机结构概述

锁相环的设计种类繁多，但其首次在水声通信中应用的报道见参考文献[6]，之后被大量应用和改进[7-12]。本小节着重阐述该文献中锁相环结合判决反馈均衡器的应用及相关公式的推导。

水声信道是时间扩展的快速衰落信道，且表现出多普勒的不稳定性。其中，垂直信道表现出较弱的时间扩展，水平信道则随着距离的增加而表现出多途传播，而信号速率的不同产生不同程度（几十甚至上百个）的码间干扰（ISI），有些情况下，不可预知的收发器相对运动，以及传输介质的变化，导致严重的相位移动，这些都对相干通信带来了极大的挑战。

采用优化接收机处理同步问题取得了一定进展，但其计算复杂度与信道长度呈指数增长关系，当信道冲激响应函数超过了十个符号间隔，该接收机变得不可行。为了规避长距离、高速率产生的问题，采用基于判决反馈均衡器（Decision Feedback Equalization，DFE）的次优结构，其性能与最大似然估计器相当，但复杂度只是抽头数的线性关系。且不严重依赖于噪声统计特性的假设。采用最小方差准则（Minimum Square Error，MSE），信道跟踪采用递归最小二乘（Reicnrsive Least Square Recursive，RLS）算法和二阶锁相环，符号同步采用分数间隔 DFE。RLS 算法可提供信道的快速跟踪，在动态海洋中表现性能优越。

发射信号线性调制采用复基带表示：

$$u(t)=\sum_{n}d_{n}g(t-nT) \tag{5.15}$$

其中：$\{d_n\}$ 表示 M 进制的数据符号，$g(t)$ 表示基本发射脉冲，T 表示信号间隔，载波角频率为 ω_c。接收信号下载波之后经过低通滤波到基带信号，首先进行帧同步，帧同步采用信道探针（可用线性调频信号实现）进行匹配滤波，信号帧包括信道探针和数据块，数据块包括训练数据和信息数据。周期性的帧同步及周期性 DFE 训练，经过粗同步之后，接收信号表示为

$$\upsilon(t)=\sum_{n}d_{n}h(t-nT-\tau)\mathrm{e}^{\mathrm{j}\theta}+v(t),\quad t\in T_{\mathrm{obs}} \tag{5.16}$$

其中：T_{obs} 表示信道参数认为不变的观察时间，因此避免了时变信道的复杂表示。$h(t)$ 是指包括收发端滤波及物理信道冲激响应函数的综合传递函数。粗同步的完成意味着 τ 的不确定性锁定在一个符号间隔内，而载波相位扭曲 θ 不是发生在整个传递函数之间。$v(t)$ 表示加性噪声。

信道传递函数 $h(t)$ 是未知的，匹配滤波作为最优接收机，这部分内容可回顾 5.1.3 节内容。接收信号 $\upsilon(t)$ 可以以符号速率直接采样，因此精确的符号同步估计成为均衡器的关键。而分数间隔均衡器采样时间 T_s 小于信号带宽的倒数，对时间相位不敏感，如果存在粗同步，它能合成最佳采样时刻。由于 τ 的时变性，在有限长度的分数间隔结构中具有固定采样时间的情况下，接收信号的期望部分（其包含关于当前检测到的符号的信息）将滑出前馈均衡器。虽然分数间隔均衡器是本次算法实现的选择，但在分析中包括符号延迟的估计，算法推导等都不受此选择的影响。

5.6.2　初始值的选择

多普勒频率、载波相位和符号延迟等初始值可从较短的同步前导码以非递归的方式结合最大似然估计准则实现。如果采用分数间隔均衡器，这部分初始化处理则不必要。

发射信号和接收信号分别记为 $u_p(t)$，$\upsilon_p(t)$。$N_p=N_{p1}+N_{p2}$ 为前导码的符号个数，下角标 1 和 2 分别代表用于估计多普勒和定时的参数，接收信号每个符号间隔采样 N_s 次，因此，观察时刻点为 $i=1,2,\cdots,N_pN_s$。则多普勒频率 ω_d 和载波相位旋转 θ_0 初步估计为

$$\hat{\omega}_d=\arg\max_{\omega}A(\omega),\quad \hat{\theta}_0=\Phi(\hat{\omega}_d)$$

其中：幅度 $A(\omega)$ 和相位 $\Phi(\omega_d)$ 采用离散傅里叶变换定义为

$$A(\omega)\mathrm{e}^{\mathrm{j}\Phi(\omega)}=FT\{\upsilon_{p1}(t)u_{p1}^{*}(t)\}$$

在对接收信号进行多普勒补偿后，符号初始时间 $\hat{\tau}_0$ 的估计为

$$\hat{\tau}_0 = \arg \max_{\tau=1,\cdots,N_s} \mathrm{Re}\left\{ \sum_{n=0}^{N_{p2}-1} v_{p2}(nN_s+\tau)d_n^* \right\}$$

其中：$\{d_n\}_0^{N_{p2}-1}$ 为已知的定时前导码。

5.6.3 接收机算法推导

载波相位 $\theta(t)$ 是时间的函数，可以建模为以下三个参数的和：恒定相位偏移、多普勒频移和随机相位抖动。虽然自适应均衡器能够校正恒定相位偏移和可能的载波相位的一些缓慢变化，但是剩余载波频率偏移以及更快速的相位变化导致均衡器抽头旋转，这会增加失调噪声，并可能最终导致均衡器抽头发散。实际上，抽头增益从一个符号间隔到另一个符号间隔的变化不应超过百分之几。 因此，有必要增加载波相位同步环路，以确保均衡器在水声(Underwater Acousic，UWA)信道中遇到较大相位波动的情况下仍保持正常工作。

联合 DFE 均衡与 PLL 同步的接收机框图如图 5-27 所示。考虑到可能出现的码间干扰(ISI)，接收信号存在采样间隔一定数量 N_1 的延迟，且均衡器前馈抽头个数为 $N=N_1+N_2+1$，记为行向量 $\boldsymbol{a}^H$($\boldsymbol{a}^H$，$\boldsymbol{a}^H$ 分别为 $\boldsymbol{a}$ 的转置，共轭转置)，前馈均衡器的输入信号为

$$\boldsymbol{v}(n,\hat{\tau}) = [v(nT+N_1T_s+\hat{\tau}) \quad \cdots \quad v_n(nT-N_2T_s+\hat{\tau})]^{\mathrm{T}} \tag{5.17}$$

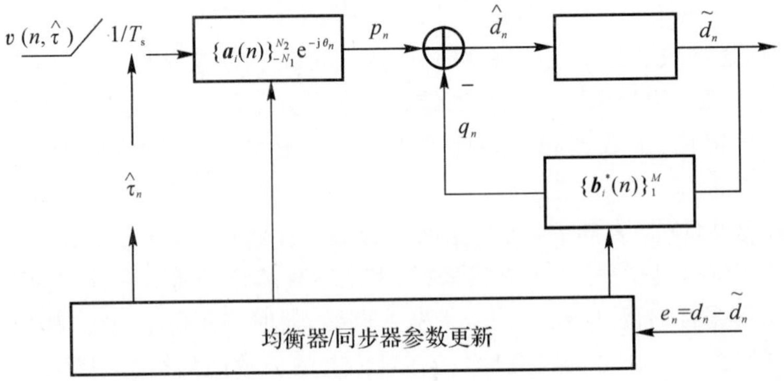

图 5-27 结合 PLL 的 DFE 均衡器

前馈均衡器的输出：

$$p_n = \boldsymbol{a}^{\mathrm{H}}\boldsymbol{v}(n,\hat{\tau})\mathrm{e}^{-\mathrm{j}\hat{\theta}} \tag{5.18}$$

反馈滤波器具有抽头权重 $\boldsymbol{b}^{\mathrm{H}}$，并对先前检测到的 M 个符号处理得到反馈输出：

$$q_n = \boldsymbol{b}^{\mathrm{H}}\tilde{\boldsymbol{d}}(n) = \boldsymbol{b}^{\mathrm{H}}[\tilde{d}_{n-1} \quad \cdots \quad \tilde{d}_{n-M}]^{\mathrm{T}} \tag{5.19}$$

前馈值减去反馈值 $\hat{d}_n=p_n-q_n$，判定 $\tilde{d}_n$ 是通过对估计的 $\hat{d}_n$ 进行量化到最近的符号值而形成的。因此，估计的误差记为 $e_n=d_n-\hat{d}_n$。

进一步表达估计误差：

$$e_n = d_n-(p_n-q_n) = d_n-[\boldsymbol{a}^{\mathrm{H}}\boldsymbol{v}(n,\hat{\tau})\mathrm{e}^{-\mathrm{j}\hat{\theta}}-\boldsymbol{b}^{\mathrm{H}}\tilde{\boldsymbol{d}}(n)] \tag{5.20}$$

通过最小化 MSE$=E\{|e_n|^2\}$ 来实现接收机参数的优化。根据所有相关参数对 MSE 进行区分，得到梯度集：

$$
\left.\begin{aligned}
\frac{\partial \mathrm{MSE}}{\partial \boldsymbol{a}} &= -2E\{\boldsymbol{v}(n,\hat{\tau})e_n^*\}\,\mathrm{e}^{-j\hat{\theta}} \\
\frac{\partial \mathrm{MSE}}{\partial \boldsymbol{b}} &= 2E\{\tilde{\boldsymbol{d}}(n)e_n^*\} \\
\frac{\partial \mathrm{MSE}}{\partial \hat{\theta}} &= 2\mathrm{Im}\{E[p_n e_n^*]\} \\
\frac{\partial \mathrm{MSE}}{\partial \hat{\tau}} &= -2\mathrm{Re}\{E[\dot{p}_n e_n^*]\}
\end{aligned}\right\} \tag{5.21}
$$

其中：最后一个等式中，当其输入是接收信号 $\dot{v}(t)$ 的时间导数时，$\dot{p}_n=\boldsymbol{a}^{\mathrm{H}}\dot{\boldsymbol{v}}(n,\hat{\tau})\mathrm{e}^{-j\hat{\theta}}$ 是具有校正相位的前馈部分的输出。在决策导向模式下，d_n 应替换为 $\hat{d}_n$，将梯度设置为零将产生一组方程，其解表示联合最优接收机参数。由于接收机参数的最佳值实际上是时变的，因此以递归方式获得方程组的解。一旦算法收敛，它将继续跟踪信道的时间变化。自适应算法的一种常用形式是基于随机梯度近似，其最简单的形式采用最小均方误差算法(Least Mean Square，LMS) 一阶数字 PLL 相组合。然而，这种算法可能不足以跟踪 UWA 信道中存在的所有波动。

为了使这种算法对 UWA 信道的时间变化具有鲁棒性，引入了一些修改并获得二阶更新方程。MSE 相对于载波相位估计的梯度代表等效相位检测器的输出。等效相位检测器输出定义为

$$
\Phi_n=\mathrm{Im}\{p_n e_n^*\}=\mathrm{Im}\{\boldsymbol{a}^{\mathrm{H}}\boldsymbol{v}(n,\hat{\tau})\mathrm{e}^{-j\hat{\theta}}\mathrm{e}_n^*\} \tag{5.22}
$$

二阶载波相位更新方程由下式给出：

$$
\hat{\theta}_{n+1}=\hat{\theta}_n+K_{f_1}\Phi_n+K_{f_2}\sum_{i=0}^{n}\Phi_i \tag{5.23a}
$$

其中：K_{f_1}，K_{f_2} 是比例和积分跟踪常数。如果选取 $K_{f_2}=0.1K_{f_1}$，二阶锁相环迭代可写为

$$
\hat{\theta}_{n+1}=2\,\hat{\theta}_n-\hat{\theta}_{n-1}+1.1K_{f_1}\Phi_n-K_{f_2}\Phi_{n-1} \tag{5.23b}
$$

为了在相对较短的训练周期内实现算法的更快收敛，使用 RLS 估计准则来更新均衡器抽头权值。除了允许更短的训练周期外，快速收敛还有利于适应快速变化的信道，因为它使接收机充分利用暂时存在的多径分量。应用于复合数据向量的 RLS 算法

$$
\hat{d}_n=p_n-q_n=\boldsymbol{a}^{\mathrm{H}}\boldsymbol{v}(n,\hat{\tau})\mathrm{e}^{-j\hat{\theta}}-\boldsymbol{b}^{\mathrm{H}}\tilde{\boldsymbol{d}}(n)=[\boldsymbol{a}^{\mathrm{H}}\quad \boldsymbol{b}^{\mathrm{H}}]\begin{bmatrix}\boldsymbol{v}(n,\hat{\tau})\mathrm{e}^{-j\hat{\theta}}\\ -\tilde{\boldsymbol{d}}(n)\end{bmatrix}=\boldsymbol{c}^{\mathrm{H}}\boldsymbol{u} \tag{5.24}
$$

目标函数为 $\|e_n\|_2^2=\|d_n-(p_n-q_n)\|_2^2=\|d_n-\boldsymbol{c}^{\mathrm{H}}\boldsymbol{u}\|_2^2$，令 $\frac{\partial\|e_n\|_2^2}{\partial \boldsymbol{c}}=2\mathrm{E}\{\boldsymbol{u}(d_n-\boldsymbol{c}^{\mathrm{H}}\boldsymbol{u})^*\}=0$，得 MMSE 的解为

$$
\boldsymbol{c}=[E\{\boldsymbol{u}(n)\boldsymbol{u}^{\mathrm{H}}(n)\}]^{-1}E\{\boldsymbol{u}(n)d_n^*\} \tag{5.25}
$$

为了适应信道的时间变化，RLS 遗忘因子 λ 必须小于 1。

虽然接收机的结构允许在均衡后进行载波恢复，从而消除相位估计中的延迟问题，但符号延迟估计的情况并非如此。估计值 $\hat{\tau}_n$ 滞后于真实定时相位 $\tau(nT+N_1T)$，产生残余定时抖动。这是使用分数间隔均衡器的原因所在，该均衡器对采样时刻的选择不敏感，可以自动克服此问题。如果使用 $T/2$ 的分数间隔，这足以将信号带宽限制为 $1/T$，则接收器算法每符号间隔仅需要两个样本。由于不需要对接收器的模拟部分进行反馈，因此非常适合全数字实现。

RLS 算法存在各种快速实现。该算法的复杂度为 10 N，在 UWA 通信中的应用几乎没有

限制，与当前可用的处理速度相比，UWA通信的数据速率非常低。

5.7 本章小结

本章主要阐述了带通与等效低通的变换过程，明确无ISI带限信号的设计目标，详细描述了根升余弦滤波器作为常见脉冲成型滤波器的实现过程，简述了匹配滤波器的工作过程，并对带限信道中信号的收发进行仿真；在数字通信中，采用数字基带信息去调制载波的参数，包括振幅、频率和相位等。同时，介绍了评价通信系统性能好坏的互补误差函数及用其计算误码率；对于载波相位同步和符号同步，采用均衡器的设计方法，重点介绍了嵌入锁相环的判决反馈均衡器在水声通信中的应用。

5.8 思考与练习

1.通信系统中常用的自适应均衡算法有哪些？试比较其收敛性和复杂度。

2.何谓载波同步？为什么需要解决载波同步问题？

3.常用的均衡方法有哪些？画出各均衡器的结构框图。

4.试写出存在载波同步相位误差条件下的2DPSK信号误码率公式。

5.设载波同步相位误差$\theta=10°$，信噪比$r=10$ dB，试求此时2PSK信号的误码率。

6.设某2PSK传输系统的码元速率为1 200 Baud，载波频率为2 400 Hz，发送数字信息为0 1 0 1 1 0。

(1)画出2PSK信号的调制器原理框图和时间波形。

(2)若采用相干解调方式进行解调，试画出各点时间波形。

(3)若发送“0”和“1”的概率分别为0.6和0.4，试求出该2PSK信号的功率谱密度表示式。

7.设水声信道的冲激响应为$h(z)=1+a_1z^{-3}+a_2z^{-5}$，若通信系统采用线性均衡器来克服码间干扰，试设计线性均衡器，并给出其结构框图。

8.设发送的绝对码序列为0 1 1 0 1 0，采用2DPSK系统传输的码元速率为1 200 Baud，载频为1 800 Hz，并定义$\Delta\varphi$为后一码元起始相位和前一码元结束相位之差。试画出：

(1)$\Delta\varphi=0°$代表“0”，$\Delta\varphi=180°$代表“1”时的2DPSK信号波形；

(2)$\Delta\varphi=270°$代表“0”，$\Delta\varphi=90°$代表“1”时的2DPSK信号波形。

9.使用MATLAB从字母表±1和±3中生成源序列。对于默认信道[0.5,1,-0.6]，找到一个可以打开信道的均衡器。

(1)需要多大的均衡器长度n？

(2)在量化器的输出端，什么延迟使误差为零？

(3)绘制通道和均衡器的频率响应。

10.仿真8-PSK载波调制信号在AWGN信道下的误码率和误比特率性能，并与理论值相比较。假设符号周期为1 s，载波频率为10 Hz，每个符号周期内采样100个点。

参考文献

[1] HAUG O T. Acoustics communication for use in underwater sensor networks[D]. Thesis: Norwegian University of Science and Technology, 2009.

[2] XIONG F. Digital modulation techniques [M]. 2th Edition. Boston: Artech House, 2006.

[3] STEIN S, JONES J J. Modern communication principles: with applications to digital signaling[M]. New York: McGraw Hill ,1967.

[4] CAHN C. Performance of digital phase-modulation communication systems[J]. IRE Transactions on Communications Systems, 1959, 7(1): 3 - 6.

[5] RICE M. Digital communications: a discrete - time approach [M]. Upper Saddle River: Pearson/Prentice Hall, 2008.

[6] STOJANOVIC M, CATIPOVIC J A, PROAKIS J G. Phase - coherent digital communications for underwater acoustic channels [J]. IEEE journal of oceanic engineering, 1995,19(1): 100 - 111.

[7] 吴芳菲，黄建国，何成兵. 远程高速水声通信及实验研究. 计算机测量与控制[J]. 2020,18(8):1837 - 1839.

[8] 张璐. 水声相干通信与自适应均衡技术研究[D]. 哈尔滨:哈尔滨工程大学，2007.

[9] 韩晋. 水声通信中的信道均衡技术研究[D]. 哈尔滨:哈尔滨工程大学，2015.

[10] 刘路. 潜标数据传输水声通信系统软件设计与实现[D]. 哈尔滨:哈尔滨工程大学，2020

[11] 张歆，张小蓟. 水声通信理论与应用[M]. 西安:西北工业大学出版社，2012.

[12] 张友文. 水声通信中的迭代均衡与解码技术[M]. 北京：科学出版社，2020.

第 6 章　OFDM 通信

C. Robert 在贝尔实验室于 1966 年提出了正交频分复用(Orthogonal Frequency-Division Multiplexing,OFDM)专利[1],但该技术当时并未引起公众的广泛关注。L. Cimini 于 1985 年提出将其用于移动通信[2]。因为这种技术包含众多优点:首先,OFDM 均衡器的实现比码分多址(Code Division Mwtiplexing Access,CDMA)中的均衡器简单得多。其次,OFDM 系统几乎完全能够抵抗多径衰落,这是由于符号非常长。最后,由于发射信号与不相关无线信道容易匹配,OFDM 系统非常适合 MIMO 技术。

因其对多径衰落信道的鲁棒性和较高的频谱利用率而成为宽带通信系统中最流行的传输技术。正交频分多址(Orthogonal Frequency - Division Multiplexing Acccess,OFDMA)用于基于 OFDM 技术的多用户系统。它允许多个用户同时在信道的不同部分接收信息。OFDMA 通常将多个子载波分配给单个用户。众多现代标准使用 OFDM/OFDMA 技术。例如,欧洲电信标准协会在 1997 年将 OFDM 技术纳入了数字视频地面广播系统。1999 年,Wi-Fi(IEEE 802.11a/g/n)将 OFDM 技术用于其物理层。此外,IEEE 802.16e/m 和 LTE 采用了 OFDMA 技术。

另外,OFDM 系统的缺点有以下几方面:首先,由于子载波间隔很近,它对频率误差和相位噪声很敏感。其次,它对多普勒频移很敏感,多普勒频移会在子载波之间产生干扰。再次,它容易产生高的峰均功率比。最后,在处理小区边缘的干扰时,它比其他通信系统更复杂。

OFDM 技术是基于频分复用(frequency division Multiplexling,FDM)的,它在多个频率上同时传输多个信号。在接收机处,检测并解调各个子载波。FDM 的一个缺点是载波之间的保护带很长。这种长的保护带使 FDM 系统的频谱效率变差。

OFDM 使用类似于 FDM 的概念,但是通过减少子载波之间的保护带来提高频谱效率,这可以通过 OFDM 系统的正交特性来实现。图 6 - 1 说明了具有 5 个子载波的 OFDM 符号。这些子载波是重叠的。子载波 C 的一部分通过其他 4 个子载波。相邻子载波辐射的旁瓣对子载波 C 造成干扰。然而,由于正交性,这种重叠是可接受的。当然,从旁瓣可以看出,OFDM 信号会产生带外辐射,引起不可忽略的领道干扰(Adjacent Channel Interference,ACI),因此在外侧的子载波上加一个保护带宽,称为虚拟载波。

OFDM 系统正是采用这种方式使用多个子载波。因此,需要多个本地振荡器来产生并需要多个调制器来传输它们。然而,实际的 OFDM 系统使用快速傅里叶变换(FFT)来生成这种并行数据序列。FFT 的最大好处是可以避开高昂的本地振荡器成本。

在 OFDM 系统的发射机中,数据序列被传递到逆 FFT(IFFT),这些数据序列被转换成由多个子载波组合的并行数据序列,同时保持子载波之间的正交性。在接收机中,并行数据序列通过 FFT 转换为串行数据序列。虽然 OFDM 系统通过正交性在频域克服了干扰,但在时域中仍然存在干扰问题。如由多径引起的 ISI(Inter - Symbol Interference)导致原始信号失真,在 OFDM 系统中,使用循环前缀(Cyclic Prefix,CP)或零填充(Zero Padding,ZP)来减轻多径传播的影响。

在本章中，我们设计 OFDM 水声通信系统并讨论硬件实现问题。不过具体展开讨论 OFDM 之前，先回顾快速傅里叶变换算法，再讨论 OFDM 通信系统设计问题，继而分析其在水下声通信中的应用。

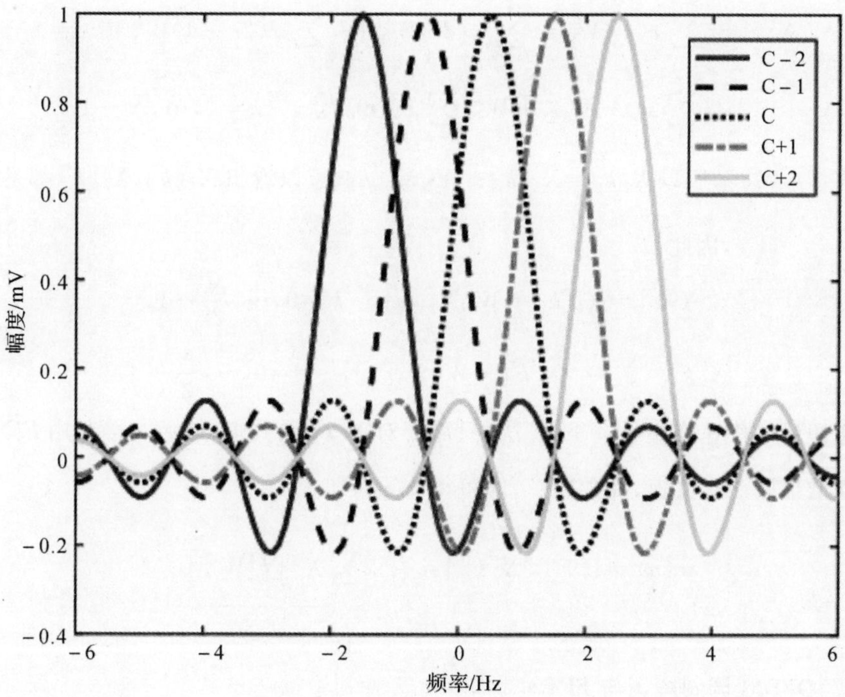

图 6－1　OFDM 的子载波示意图

6.1　快速傅里叶变换(FFT)

6.1.1　傅里叶变换与 FFT

本节对傅里叶级数到快速傅里叶变换做简单回顾。

傅里叶级数：任何满足 Dirichlet 条件(①有界；②在任意有限区间内只有有限个间断点，间断点左右的极限不可以是无穷；③在任意有限区间内只有有限个极值点；④在一个周期内绝对可积)的周期函数都可以展开为三角级数；

Dirac 函数在离散时间中的版本是单位冲击函数：

$$\delta(n)=\begin{cases}1, & n=0\\ 0, & n\neq 0\end{cases} \tag{6.1}$$

是一个具有良好定义的普通函数。

离散时间信号的傅里叶变换是一个以 2π 为周期的连续函数。虽然信号是离散时间的，但是其傅里叶变换仍然是连续的，这样也不便于利用计算机进行处理。根据离散时间傅里叶变换的定义，可以得到离散傅里叶变换(DFT) 的计算公式：

$$X[k]=\sum_{n=0}^{N-1}x(n)\exp\left(-\mathrm{j}\,\frac{2k\pi}{N}n\right),\quad k=0,\cdots,N-1 \tag{6.2}$$

离散傅里叶变换的快速算法(FFT)，假设序列 $x(n)$ 的长度满足 $N=2^L$(基 2，如不满足可补 0)，按照奇数、偶数点序列：

$$\begin{aligned}X[k]&=\sum_{n=0}^{N-1}x(n)W_N^{kn}=\sum_{r=0}^{N/2-1}x(2r)W_N^{2kr}+\sum_{r=0}^{N/2-1}x(2r+1)W_N^{k(2r+1)}=\\&\sum_{r=0}^{N/2-1}x_1(r)W_N^{2kr}+W_N^k\sum_{r=0}^{N/2-1}x_2(r)W_N^{2kr},\quad k=0,\cdots,N-1\end{aligned} \tag{6.3}$$

由于 $W_N^{2kr}=W_{N/2}^{kr}$，所以 $X[k]=X_1[k]+W_N^kX_2[k]$，可以看出 $X_1[k]$，$X_2[k]$ 都是以 $\frac{N}{2}$ 为周期，且 $W_N^{k+\frac{N}{2}}=-W_N^k$，因此：

$$X[k]=X_1[k]+W_N^kX_2[k],\quad k=0,\cdots,\frac{N}{2}-1 \tag{6.4a}$$

$$X\left[k+\frac{N}{2}\right]=X_1[k]-W_N^kX_2[k],\quad k=0,\cdots,\frac{N}{2}-1 \tag{6.4b}$$

计算逆傅里叶快速变换(IFFT) 算法，只需要对 $X[k]$ 取共轭，然后直接利用 *FFT* 子程序，最后将运算结果取一次共轭，并乘以 $\frac{1}{N}$，即可得 $x(n)$，即

$$x(n)=\mathrm{IDFT}\left[X[k]\right]=\frac{1}{N}\underbrace{\left[\sum_{n=0}^{N-1}X^*[k]W_N^{kn}\right]}_{\mathrm{DFT}\left[X^*[k]\right]}{}^* \tag{6.5}$$

6.1.2 OFDM 调制解调与 FFT

与单载波调制方式类似，OFDM 系统的调制过程可以表示如下：

$$x(t)=\underbrace{\frac{1}{\sqrt{T_{\mathrm{of}}}}\sum_{k=0}^{N-1}X_k\overbrace{\exp(\mathrm{j}2\pi f_kt)}^{C_k(t)}}_{\mathrm{IDFT}\left[X_k\right]},\quad nT_{\mathrm{of}}\leqslant t\leqslant(n+1)T_{\mathrm{of}} \tag{6.6a}$$

其中：X_k 是基带调制信号，如 BPSK，QPSK，QAM 等，N 是总的子载波数目，T_{of} 表示不考虑保护间隔时 OFDM 的符号周期，$c_k(t)$ 是第 k 个子载波。OFDM 发射机将信息比特流映射成 PSK 或 QAM 符号序列，再将符号序列转为 N 个并行的符号流，每 N 个串并转换的符号被不同的子载波调制。

在 OFDM 符号中，各子载波之间满足正交性：

$$\frac{1}{T_{\mathrm{of}}}\int_0^{T_s}C_{k1}(t)C_{k2}^*(t)\mathrm{d}t=\frac{1}{T_{\mathrm{of}}}\int_0^{T_{\mathrm{of}}}\exp(\mathrm{j}2\pi f_{k1}t)\exp(-\mathrm{j}2\pi f_{k2}t)\mathrm{d}t=\begin{cases}1, & k1=k2\\0, & k1\neq k2\end{cases}$$

子载波间隔记为 $\Delta f=f_k-f_{k-1}=\frac{1}{T_{\mathrm{of}}}$，$f_k=\frac{k}{T_{\mathrm{of}}}$ 由式(6.6a) 变为

$$x(t)=\frac{1}{\sqrt{T_{\mathrm{of}}}}\sum_{k=0}^{N-1}X_k\exp\left(\mathrm{j}2\pi k\,\frac{t}{T_{\mathrm{of}}}\right),\quad nT_{\mathrm{of}}\leqslant t\leqslant(n+1)T_{\mathrm{of}} \tag{6.6b}$$

此外，在对每 $\frac{T_{\mathrm{of}}}{N}$ 个间隔进行信号采样时(将连续信号进行时域离散化表示)，可将该信号

视为离散的 OFDM 符号。因此，OFDM 符号表示如下：

$$x(n)=x\left(\frac{nT_{\mathrm{of}}}{N}\right)=\frac{1}{\sqrt{T_{\mathrm{of}}}}\sum_{k=0}^{N-1}X_k\exp\left(\mathrm{j}2\pi\frac{kn}{N}\right) \tag{6.6c}$$

$x(n)$ 是对 N 个子载波信号之和的采样。以上步骤可通过 IFFT 算法完成。在插入一个循环前缀作为保护间隔时，有以下 OFDM 符号：

$$x(t)=\frac{1}{\sqrt{T_{\mathrm{of}}}}\sum_{k=0}^{N-1}X_k\exp\left(\mathrm{j}2\pi k\frac{t}{T_{\mathrm{of}}}\right),\quad nT_{\mathrm{of}}-T_{\mathrm{g}}\leqslant t\leqslant(n+1)T_{\mathrm{of}} \tag{6.6d}$$

其中：T_{g} 为循环前缀长度。该基带信号被上转换为载波频率 f_{c}。

6.2　OFDM 系统参数设计

6.2.1　OFDM 符号持续时间和子载波间隔参数设计

考虑 OFDM 系统的许多设计参数，首先要考虑的设计参数是载波间干扰（Inter-Carrier Interference，ICI）功率、离散傅里叶变换（DFT）的尺寸和子载波间隔（或 OFDM 符号持续时间）。确定针对多径衰落、多普勒频移和复杂性的最佳 DFT 尺寸大小非常重要[3]。DFT 大小和子载波间隔与 OFDM 系统的性能和复杂性有关。

OFDM 符号持续时间是子载波间隔的逆。一般来说，当信道在时域中快速时变且在频域中慢变时，采用较短的 OFDM 符号持续时间和较宽的子载波间隔较为合适。此时的 OFDM 系统适合短距离通信。相反，较长的 OFDM 符号持续时间和较窄的子载波间隔适合信道在时域中慢变且在频域中快变的情况，此时的 OFDM 系统适合蜂窝系统。

为了获得合适的 OFDM 系统参数设计，应考虑两个主要的参数：多普勒扩展（相干时间）和多途时延（相干带宽），正如绪论中提到的，应满足 $B_{\mathrm{s}}<B_{\mathrm{c}}$ 以及 $T_{\mathrm{of}}<T_{\mathrm{c}}$ 才能使 OFDM 符号经历慢衰落。由于多普勒扩展导致：符号持续时间 T_{of} 越长越容易产生载波间干扰。在文献[4]中，给出了计算 ICI 功率的计算公式：

$$P_{\mathrm{ici}}\leqslant\frac{(2\pi f_{\mathrm{m}}T_{\mathrm{of}})^2}{12} \tag{6.7}$$

其中：f_{m} 表示最大的多普勒扩展，有时也采用 f_d 表示。

符号持续时间 T_{of} 的选取应该满足 $f_{\mathrm{m}}T_{\mathrm{of}}$ 足够小，这样多普勒对符号的影响才可忽略不计。而无线信道中，对于多普勒频移引起的相干时间的计算

$$T_{\mathrm{c}}=\sqrt{\frac{9}{16\pi f_{\mathrm{m}}^2}}=\frac{0.423}{f_{\mathrm{m}}} \tag{6.8}$$

上式有时通过引入多普勒频谱带宽 $B_{\mathrm{d}}=2f_{\mathrm{m}}$，可大致获得相干时间 $T_{\mathrm{c}}=\frac{1}{B_{\mathrm{d}}}$。

6.2.2　OFDM 保护间隔和循环前缀

保护间隔和 CP 用于克服 OFDM 符号之间的码间干扰（Inter - Symbol Interference，ISI）。保护间隔应选择大于信道的最大延迟。如果最大延迟超过保护间隔，则信号将严重失真。在参考文献[5]中，保护间隔被选择为至少四倍 rms 延迟扩展。为了防止保护间隔造成的信噪比损失，OFDM 符号持续时间应远大于保护间隔。然而，较大的 OFDM 符号持续时间

会影响 DFT 大小、相位噪声、频率偏移和峰均比(Peak - to - Average Ratio，PAPR)。因此，OFDM 符号持续时间实际上被定义为至少五倍或六倍($T_{\mathrm{OFDM}}=6T_{\mathrm{g}}=24T_{\mathrm{rms}}$)的保护间隔。DFT 的周期比 OFDM 符号持续时间略小，是因为 DFT 总的子载波除用于符号之外，要分配一部分作为导频和保护的子载波。其计算公式为

$$T_{\mathrm{DFT}}=5T_{\mathrm{g}}=20T_{\mathrm{rms}}=\frac{1}{\Delta f} \tag{6.9}$$

其中：Δf 分别表示频域子载波间隔，考虑保护间隔时，$T_{\mathrm{OFDM}}\neq\frac{1}{\Delta f}$。

保护间隔由空档(零填充)组成，但循环前缀由循环的 OFDM 符号扩展组成。CP 长度应大于信道冲激响应。因此，可获得由多径延迟引起的所有能量分布且仍保持载波之间的正交性。在 LTE 标准中，定义了两个 CP 长度：正常 CP 用于高数据速率，扩展 CP 用于低数据速率。正常 CP 和扩展 CP 分别定义为 OFDM 符号持续时间的约 7.5%和 25%。

6.2.3 OFDM 导频子载波分配

导频信号(Pilot Signals)用于信道估计、频率偏移、相位噪声补偿[6]。在 OFDM 符号中，一些子载波被分配给导频。例如，考虑 OFDM 系统的 256 个 DFT 大小时，56 个子载波被用于保护频带。在 56 个子载波中，低频保护带、高频保护带和直流(DC)信号分别是 28 个子载波、27 个子载波和 1 个子载波。在剩余的 200 个子载波中，数据信号是 192 个子载波，导频是 8 个子载波。导频设计的目标是在频谱效率和信道估计性能之间找到一个最佳的导频分配平衡点。这是因为较长的前导码(Preamble)可以获得更精确的信道估计，但这也意味着冗余增加和频谱利用率降低。它影响 OFDM 系统的峰均功率比(PAPR)。因此，非常希望设计出能降低 PAPR 的前导码。

OFDM 系统中有三种导频，结构如图 6 - 2 所示。

第一种是块状导频结构。它将导频信号分配给特定周期内的所有子载波。导频分配是 OFDM 系统设计的重要参数之一。在参考文献[6]中，导频间隔在频域和时域中描述。块状导频结构适合在频率选择性信道。导频之间的时间间隔应满足：

$$T_{\mathrm{p}}\leqslant\frac{1}{2f_{\mathrm{d}}T_{\mathrm{OFDM}}} \tag{6.10}$$

其中：f_{d}，T_{OFDM} 分别表示多普勒扩展和 OFDM 符号持续时间。实际系统中，常采用 2 倍采样以获得更加精确的信道估计 $T_{\mathrm{p}}\leqslant\frac{1}{4f_{\mathrm{d}}T_{\mathrm{OFDM}}}$。

第二种是梳状导频结构[见图 6 - 2(b)]，其适合时间选择性信道，频域导频间隔满足：

$$f_{\mathrm{p}}\leqslant\frac{1}{2\tau_{\max}\Delta f} \tag{6.11}$$

其中：$\tau_{\max}$，Δf 分别表示最大时延扩展和频域子载波间隔。实际系统中，常采用 2 倍采样以获得更加精确的信道估计 $f_{\mathrm{p}}\leqslant\frac{1}{4\tau_{\max}\Delta f}$。

第三种结构称为格型导频结构，是结合了块状和梳状导频结构的特点，它将导频信号分配给部分子载波和时隙，以保持特定的间隔。其适合时频双选信道。时频域条件都应该满足式(6.10)和式(6.11)。

在信道估计的准确性和频谱效率之间存在折衷关系。因此,应根据系统要求设计导频间距。例如,在水声通信中最大时延、多普勒扩展和子载波间隔分别为20 ms,2 Hz和50 Hz,计算得到 $f_p \leqslant \frac{1}{2\tau_{\max}\Delta f} = \frac{1}{2\times 20\times 10^{-3}\times 50} = 0.5\ \text{Hz}$,而对应的 $T_p \leqslant \frac{1}{2f_d T_{\text{OFDM}}} = \frac{1}{2\times 2\times 0.02} = 12.5\ \text{s}$,很显然,这种情况下,块状导频结构更加适合这个系统。因此某个特定信道的优化导频设计并不适合另一个信道,这就是信道变化导致的,我们应该为每个信道找到最佳导频分配。然而,从复杂性的角度来看,这并不是一种有效的方法。因此,OFDM 符号中的恒定导频分配被用于实际 OFDM 系统中,这也是信道估计性能和复杂性之间的折衷关系。

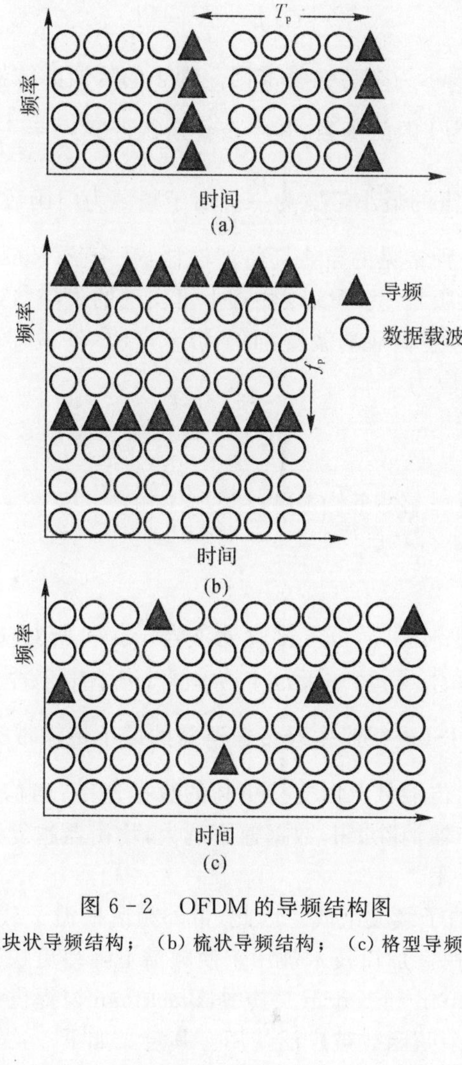

图 6-2　OFDM 的导频结构图

(a) 块状导频结构;　(b) 梳状导频结构;　(c) 格型导频结构

6.2.4　OFDM 加窗

单载波传输中,假设带宽 W 信道冲激响应函数为 $h(t)$(带宽有限意味着时域无限),发送符号集为 $\{a_m\}$,符号持续时间为 T,数据率为 $R=1/T$,发送端采用脉冲成形滤波器 $g_T(t)$,通过信道被接收后,检测后经过接收滤波器 $g_R(t)$、均衡器 $h^{-1}(t)$ 处理,得到均衡器输出信号为

$$y(t) = \sum_{m=-\infty}^{\infty} a_m g(t-mT) + n(t) \tag{6.12}$$

其中：$n(t)$ 为加性噪声，$*$ 表示卷积，且系统综合冲激响应函数 $g(t)$ 定义为

$$g(t)=g_{\mathrm{T}}(t)*h(t)*g_{\mathrm{R}}(t)*h^{-1}(t) \tag{6.13}$$

其中：$*$ 表示卷积。尽管系统综合冲激响应函数 $g(t)$ 经过了均衡处理，实际系统中，还应考虑可能出现的ISI，为尽量消除ISI，接收滤波器和发射滤波器的设计非常关键。

要想消除ISI，必须满足奈奎斯特准则，即离散系统综合冲激响应函数：

$$g(nT)=\delta[n]=\begin{cases}1, & n=0\\ 0, & n\neq 0\end{cases} \tag{6.14a}$$

记 $g(t)$ 的傅里叶变换为 $G(f)$，则总体频域响应为

$$\sum_{i=-\infty}^{\infty} G\left(f-\frac{i}{T}\right)=T \tag{6.14b}$$

式(6.14a)和(6.14b)表示为奈奎斯特准则。理想的低通滤波器就是奈奎斯特滤波器，其频域函数为一个对称、面积为1的门函数，其中奈奎斯特带宽 $W=\frac{1}{2T}=\frac{R}{2}$，$R$ 为奈奎斯特速率，即无ISI进行速率 R 传输所需的最小带宽为$\frac{R}{2}$。由于频域为门函数，对应时域为sinc函数，频谱泄露严重。转而采用另一种常见的奈奎斯特滤波器：升余弦(Raised Cosine，RC)滤波器(可以大致理解为门函数的修正版)。为了实现物理上可实现的式(6.14b)，采用滚降系数 $0\leqslant\beta\leqslant 1$，当 $\beta=0$，RC滤波器变为理想低通滤波器，而当 $\beta=1$，RC滤波器带宽变为2倍奈奎斯特带宽。定义RC滤波器频率响应为[7]

$$G_{\mathrm{RC}}(f)=\begin{cases}T, & |f|\leqslant\frac{1-\beta}{2T}\\ \frac{T}{2}\left\{1+\cos\left[\frac{\pi T}{\beta}\left(|f|-\frac{1-\beta}{2T}\right)\right]\right\}, & \frac{1-\beta}{2T}\leqslant|f|\leqslant\frac{1+\beta}{2T}\\ 0, & |f|\geqslant\frac{1+\beta}{2T}\end{cases} \tag{6.15}$$

发送端采用脉冲成形滤波器 $g_{\mathrm{T}}(t)$，接收滤波器 $g_{\mathrm{R}}(t)$ 所对应的频域滤波器为 $G_{\mathrm{T}}(f)$，$G_{\mathrm{R}}(f)$，满足 $G_{\mathrm{T}}(f)G_{\mathrm{R}}^{*}(f)=G_{\mathrm{RC}}(f)$，要求 $G_{\mathrm{T}}(f)=G_{\mathrm{R}}^{*}(f)$，因此，$G_{\mathrm{T}}(f)=\sqrt{G_{\mathrm{RC}}(f)}$，称为方根升余弦滤波器(SRRC)。无ISI进行速率 R 传输所需的最小传输带宽(奈奎斯特带宽)为$\frac{R}{2}$，意味着单载波通信需要更大的传输带宽以支持更高的数据速率，当信号带宽大于信道相干带宽时则产生ISI，因此需要均衡器消除ISI，数据速率越大，均衡器越复杂。因此，均衡器的复杂度决定了单载波的数据速率上限。

OFDM符号由未滤波的子载波组成。因此，带外频谱根据子载波的数量缓慢降低。子载波数量越多，减少的速度越快。加窗技术被用来使频谱下降得更快。常用的加窗函数有：升余弦、Hann、Hamming、Blackman和Kaiser。其中，Blackman窗提供了最好性能。然而，由于性能和复杂性之间的权衡，升余弦函数被广泛使用。其定义如下[8]：

$$g_{\mathrm{rc}}(t)=\begin{cases}\frac{1}{T}, & t\in[\beta T,T]\\ \frac{1}{2T}\left\{1+\cos\left[\frac{\pi}{\beta T}\left(\left|t-\frac{1+\beta}{2}T\right|-\frac{1-\beta}{2}T\right)\right]\right\}, & t\in[0,\beta T]\cup[T,(1+\beta)T]\\ 0, & \text{其他}\end{cases} \tag{6.16}$$

其中：β 表示滚降因子，每个 ZP-OFDM 的块长度为 $T_{bl}=(1+\beta)T+T_g$。根据式(6.16)得到图 6-3，升余弦的时域波形中，设 $\beta=0.5$，$T=2$。可以看出虚线表示的曲边梯形下边长为 $(1+\beta)T=3$。采用 MATLAB 写图 6-3 的代码为

```
function ofdmRC
clear;clc;close all;
T = 2;
beta = 0.5;              % Roll-off factor
fs=1e2; ts=1/fs;
t=-0.1*T:ts:(1+beta)*T*1.1;
N=length(t);
g_rc=zeros(1,N);
for i=1:N
    g_rc(i)=raisedcosine(beta,T,t(i));
end
figure(1);
plot(t,g_rc,'r:','linewidth',2);grid on;
rectangle('Position',[beta*T,0,T*(1-beta),1/T],'Curvature',[0,0],'edgecolor','k');
rectangle('Position',[0,0,T*(1+beta),1/T],'Curvature',[0,0],'edgecolor','b');
rectangle('Position',[0.5*beta*T,0,T,1/T],'Curvature',[0,0],'edgecolor','g');
axis('tight');xlabel('时间');ylabel('幅度');
```

```
    function g_rc=raisedcosine(beta,T,t)
if t>=beta*T && t<=T
    g_rc=1/T;
elseif (t>=0 && t<beta*T) || (t>T && t<=(1+beta)*T)
    g_rc=0.5/T*(1+cos(pi/(beta*T)*(abs(t-(1+beta)*T/2)-(1-beta)*T/2)));
else
    g_rc=0;
end
```

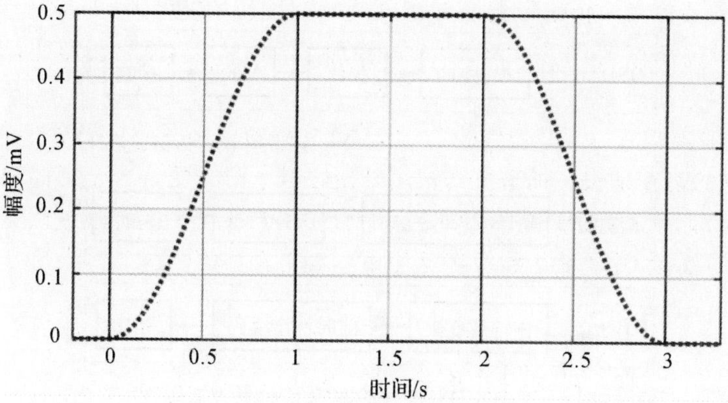

图 6-3　升余弦的时域波形

6.2.5 OFDM 收/发流程

OFDM 系统发射和接收处理流程图如图 6-4 所示[7]，涉及 OFDM 的关键技术有 OFDM 保护间隔（循环前缀、循环后缀、补零）、OFDM 保护频带、OFDM 频域注水算法、OFDM 的编码和解码、OFDM 同步技术、OFDM 信道估计、OFDM 的 PAPR 减小等内容。

由于多径的存在容易产生 ISI，使得所有子载波在每个 OFDM 符号周期内不再正交。为了保证 OFDM 的性能，需要采取一些方法来消除多径信道带来的 ISI，因此，在两个连续的 OFDM 符号之间插入保护间隔将是非常必要的。图 6-5 所示为三种不同的 OFDM 符号格式。其中图 6-5(a)表示没有保护间隔，此时一个子载波的时间长度为 $T_{sub}=1/\Delta f=NT_s$，其中 T_s 为采样时间间隔，即无保护间隔的符号周期扩展到采样时间间隔的 N 倍后，虽然多径对 OFDM 的影响显著减少但仍然存在，引起 ISI，保护间隔有两种方法：补零（Zero Padding，ZP）和插入循环前缀（Cychic Prefix，CP）或循环后缀（Cyddc Suffix，CS）。循环，顾名思义是将 OFDM 符号后部的采样复制到其前面（对 CP 而言），如图 6-5(b)所示，此时每个符号的时间长度 $T_{sym}=T_{sub}+T_G$，保护间隔 T_G 应大于等于信道最大时延以期不产生 ISI，因此，在 T_{sub} 时间内，每个子载波与其他子载波之间认为是正交的。然而，实际中由于 FFT 窗的起始点晚于符号的起始点，则会出现 ISI 和 ICI（Inter-Carrier Interference），这时会出现符号定时偏差（Symbol Timing Offset，STO）。

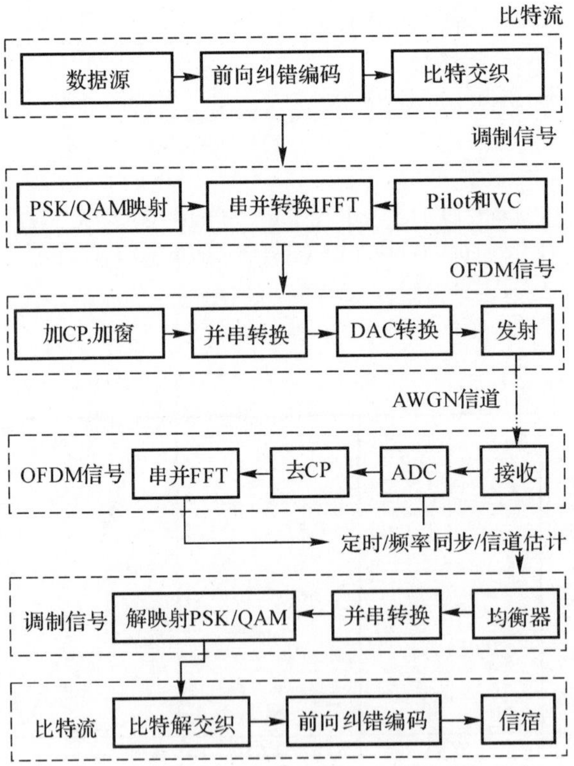

图 6-4 OFDM 系统发射和接收处理流程图

图 6-5(c)所示为循环后缀（CS），其复制的是 OFDM 符号的头部，并将其放入尾端。CS

常用作:①防止上下行之间的干扰;②用作跳频或射频融合的保护间隔。采用CP和CS的目的是抑制多径产生的ISI,以保证信号之间的正交性。因此CP大于信道时间色散长度,而CS根据上行发送时间和下行接收时间的差设定。

在保护间隔内插入零,与插入CP和CS的情形相比,前者OFDM的实际长度更小,用于发射的矩形窗长度也更小,因为sinc型频谱更宽,因此具有更小的带内波纹和更大的带外功率,这将允许更多发射功率,峰值发射功率也固定。

OFDM保护频带:在T_{sub}内的OFDM符号每个子载波认为是一个单音信号与T_{sub}长度的矩形窗(频谱具有sinc型,过零点的带宽为$2/T_{sub}$)相乘,因此,OFDM信号功率谱是许多不同频移sinc函数的总和,由此产生较大的带外功率从而导致领道干扰(Adjacent Channel Interference,ACI)。为了降低ACI,有必要增加保护频带。

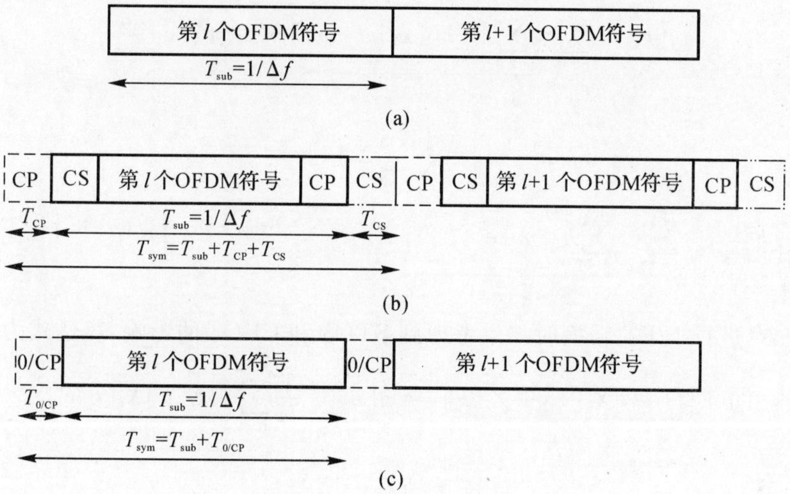

图6-5　OFDM符号格式

(a)OFDM符号:没有保护间隔；(b)OFDM符号:具有CP和CS保护间隔；(c)OFDM符号:补零或CP

为了减小OFDM符号的带外功率,可以在时域采用RC窗,β增大时,RC时域更加平滑,保护间隔更长,可以减小ACI,可以采用虚拟载波(Virtual Carriers,VC),即传输带宽两端的子载波不用于传信息。由于VC不用于传信息,频谱效率会下降到N_{used}/N,将VC和RC结合起来用,可以减少带外功率和抑制ACI。在实际工程中,经常遇到比特信噪比E_b/N_o、信噪比SNR等概念。SNR表示每个采样点的信噪比,比特信噪比E_b/N_o表示每个比特能量与噪声功率谱密度的比值。如果子载波FFT的总数为N_{fft},其中N_{used}个用于发射数据,每个符号传输的信息比特为k,则E_b/N_o和SNR对应的转换关系有

$$\mathrm{SNR}=E_b N_o+10\log_{10}\left(k\frac{N_{used}}{N_{fft}}\right)$$

6.3　OFDM同步

连续的子载波经历深度衰落后,接收信号的SNR会非常低,因此,采用信道编码用以抵抗这些挑战,在OFDM中,常用的前向纠错码(Forward Error Correction,FEC)有RS码(Reed-

Solomon)、级联码、网格编码调制(Trellis - Coded Modulation)、卷积码、Turbo码和LDPC码。但FEC要求随机差错在其纠错能力范围内,即每个码字能纠正的最大错误个数。对于突发式符号差错,FEC不起作用,因此,通常采用交织将其转为随机差错,交织可以分为块交织和卷积交织,前者可以是比特级、数据符号或OFDM符号级。FEC类型、时间和频率衰落程度、交织导致的时延这三个因素决定了交织类型和交织深度。

如前所述,OFDM系统中如果FFT窗的起始位置晚于OFDM符号起始位置,则会产生ICI和ISI,因为此时系统中出现了STO和载波频率偏差(Carrier Frequency Offset,CFO),同步技术是用来对抗STOδ和CFOε的。假设保护间隔大于信道最大时延,即$T_G > \tau_{\max}$,OFDM符号的FFT窗起始点在保护间隔内,则接收机对收到的采样信号$\{y_l[n]\}_{n=0}^{N-1}$进行FFT转换得到

$$Y_l[k]=\sum_{n=0}^{N-1}\underbrace{\left\{\sum_{m=0}^{\infty}h_l[m]x_l[n-m]+z_l[n]\right\}}_{y_l[n]}\mathrm{e}^{-\mathrm{j}2\pi kn/N} \tag{6.20a}$$

$$x_l[n-m]=\frac{1}{N}\sum_{i=0}^{N-1}X_l[i]\mathrm{e}^{-\mathrm{j}2\pi i(n-m)/N} \tag{6.20b}$$

$$Y_l[k]=\frac{1}{N}\sum_{i=0}^{N-1}\Big(\underbrace{\Big\{\sum_{m=0}^{\infty}h_l[m]\mathrm{e}^{-\mathrm{j}2\pi im/N}\Big\}}_{H_l[i]}X_l[i]\sum_{i=0}^{N-1}\mathrm{e}^{-\mathrm{j}2\pi n(k-i)/N}\Big)\mathrm{e}^{-\mathrm{j}2\pi kn/N}+Z_l[k] \tag{6.20c}$$

在对$Y_l[k]$进行IFFT转换时如果考虑到STOδ和CFOε的影响,表达式为

$$y_l[n]=\mathrm{IDFT}\{\underbrace{H_l[k]X_l[k]+Z_l[k]}_{Y_l[k]}\}=z_l[n]+\frac{1}{N}\sum_{i=0}^{N-1}\{H_l[k]X_l[k]\mathrm{e}^{\mathrm{j}2\pi(n+\delta)(k+\varepsilon)/N}\} \tag{6.21}$$

其中:$z_l[n]=\mathrm{IDFT}\{Z_l[k]\}$。

6.3.1 STO的影响及估计

OFDM系统中,IFFT和FFT分别是发射机调制和接收机解调的基本功能。接收信号如果时域上出现δ的偏差,频域上引起$2\pi k\delta/N$的相位偏差,即相位偏差与k,δ成正比。OFDM符号4种可能性引起的STO示意图如图6-8所示,其中,多径最大时延扩展$\tau_{\max} < T_G$。可能1是最理想状态,这种情况下将不会出现ISI和ICI,相反,可能3和可能4都将导致同时出现ISI和ICI。只有当可能2出现时,即起始点比OFDM符号超前,但晚于最大多径时延,第l个符号和第$l+1$个符号之间不存在重叠和ISI,STO出现的相位偏差可以通过频域均衡器进行补偿。

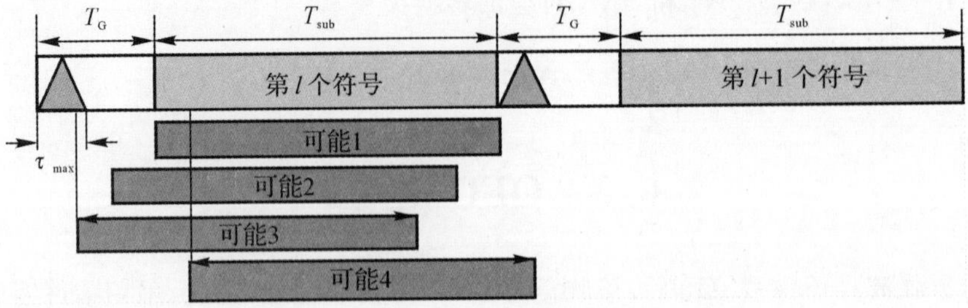

图6-8 OFDM符号4种可能性引起的STO

时域有两种估计 STO 的方法:基于 CP 和基于训练序列。

(1) 基于 CP 的 STO 估计方法:考虑 CP 的大小为 T_G(采样点数为 N_G),则两个相邻的 CP 之间相隔 N_{sub} 个采样,考虑两个间隔为 N_{sub} 的滑动窗 W_1 和 W_2,搜索两个窗内采样之间的相似度,当 CP 落在 W_1 内,两个窗 N_G 个采样块之间相似度达到最大(即它们之间的差别最小)时,利用这个最大值可以识别 STO。考虑到 CFO 的影响,优化问题变为

$$\hat{\delta}=\arg\min_{\delta}\left(\sum_{i=\delta}^{N_G-1+\delta}\{|y_l[n+i]|-|y_l[n+i+N]|\}^2\right) \tag{6.22a}$$

该问题也可以转化为

$$\hat{\delta}=\arg\max_{\delta}\left\{\sum_{i=\delta}^{N_G-1+\delta}|y_l[n+i]y_l^*[n+i+N]|\right\} \tag{6.22b}$$

显然,如果存在 CFO,采样块之间的相似性会下降,利用最大似然方法可以通过最大化似然函数来估计 STO,结合式(6.22a) 和式(6.22b) 得

$$\begin{aligned}\hat{\delta}_{ML}=\arg\max_{\delta}\Bigg\{&\sum_{i=\delta}^{N_G-1+\delta}2(1-\rho)\mathrm{Re}\{y_l[n+i]y_l^*[n+i+N]\}-\\&\rho\sum_{i=\delta}^{N_G-1+\delta}|y_l[n+i]|-|y_l[n+i+N]|\Bigg\}\end{aligned} \tag{6.22c}$$

其中:$\rho=\mathrm{SNR}/(\mathrm{SNR}+1)$。

(2) 基于训练序列的 STO 估计方法:该方法增加了额外开销,但不受多径影响,可以采用两个相同的 OFDM 训练符号,也可以采用重复结构的单个 OFDM 训练符号。图 6-9 为具有重复结构的单个 OFDM 示意图,重复周期为 $T_{sub}/2$ 和 $T_{sub}/4$。接收机通过最大化两个滑动块采样的相似性找到 STO。

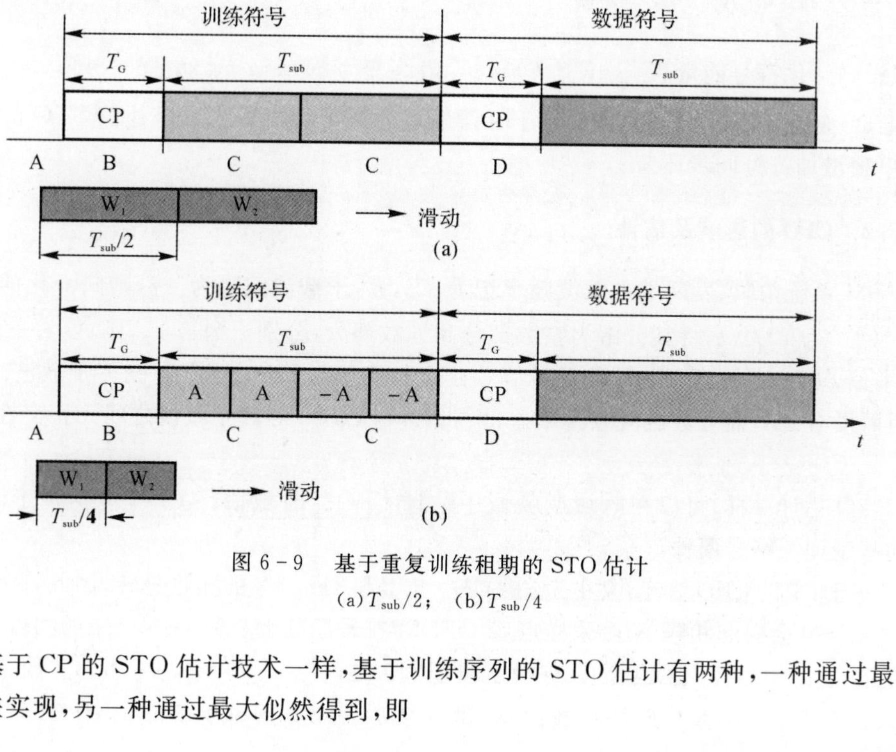

图 6-9　基于重复训练租期的 STO 估计

(a) $T_{sub}/2$;　(b) $T_{sub}/4$

和基于 CP 的 STO 估计技术一样,基于训练序列的 STO 估计有两种,一种通过最小化采样块之差实现,另一种通过最大似然得到,即

$$\hat{\delta}=\arg\min_{\delta}\left(\sum_{i=\delta}^{\frac{N}{2}-1+\delta}\left\{\left|y_l[n+i]\right|-\left|y_l\left[n+i+\frac{N}{2}\right]\right|\right\}^2\right) \tag{6.23a}$$

$$\hat{\delta}=\arg\max_{\delta}\left\{\frac{\sum_{i=\delta}^{\frac{N}{2}-1+\delta}\left|y_l[n+i]y_l^*\left[n+i+\frac{N}{2}\right]\right|}{\sum_{i=\delta}^{\frac{N}{2}-1+\delta}\left|y_l\left[n+i+\frac{N}{2}\right]\right|}\right\} \tag{6.23b}$$

图6-9(b)中通过改变训练符号重复样式的周期改善STO估计精度，训练符号重复四次，第3周期和第4周期中对训练符号取反。估计STO的优化目标为

$$\hat{\delta}=\arg\max_{\delta}\frac{\left|\sum_{i=\delta}^{\frac{N}{4}-1+\delta}y_l\left[n+i+\frac{N}{2}m\right]y_l^*\left[n+i+\frac{N}{4}+\frac{N}{2}m\right]\right|^2}{\left\{\sum_{m=0}^{1}\sum_{i=\delta}^{\frac{N}{4}-1+\delta}\left|y_l\left[n+i+\frac{N}{4}+\frac{N}{2}m\right]\right|^2\right\}^2} \tag{6.24}$$

频域估计STO的方法是基于以下事实：接收信号因STO产生的相位旋转与子载波的频率成正比，采用频域接收信号中相邻子载波的相位差来估计STO。如果对所有k，频域函数存在：

$$X_l[k]=X_l[k-1],\quad H_l[k]=H_l[k-1]=1$$

那么$Y_l[k]=Y_l^*[k-1]\approx|X_l[k]|^2\mathrm{e}^{\mathrm{j}2\pi\delta/N}$，因此，可以估计STO：

$$\hat{\delta}=\arg\max_{\delta}\mathrm{IFFT}\{Y_l[k]\mathrm{e}^{\mathrm{j}2\pi\delta k/N}X_l^*[k]\}=\frac{1}{N}\sum_{k=0}^{N-1}\{Y_l[k]\mathrm{e}^{\mathrm{j}2\pi\delta k/N}X_l^*[k]\}\mathrm{e}^{\mathrm{j}2\pi nk/N}=$$

$$\frac{1}{N}\sum_{k=0}^{N-1}H_l[k]\underbrace{X_l[k]X_l^*[k]}_{1}\mathrm{e}^{\mathrm{j}2\pi(\delta+n)k/N} \tag{6.25}$$

其中：假设归一化符号能量$X_l[k]X_l^*[k]=1$。最终变为$\hat{\delta}=\arg\max_{\delta}h_l[\delta+n]$。

当STO较小，小于采样间隔时，用于补偿信道的频域均衡器就可以补偿STO的影响，因此不必单独增加符号同步环节。

6.3.2 CFO的影响及估计

OFDM系统中收、发两端的载波频率记为f'_c，f_c，子载波间隔为Δf，则归一化的CFO定义为$\varepsilon=(f_c-f'_c)/\Delta f$，将其分解为整数部分和分数部分，分别记为$\varepsilon_i$，$\varepsilon_f$，则$\varepsilon=\varepsilon_i+\varepsilon_f$。整数载波频率偏差(Integer CFO)导致发射信号在接收机循环移位，但没有破坏子载波之间的正交性，因而没有ICI，而分数载波频率偏差(Fractional CFO)导致子载波之间无正交性，从而出现ICI。

与STO估计一样，可以在时域或频域中估计CFO。时域估计CFO包括基于循环前缀(CP)和基于训练符号两种。

(1) 基于CP的CFO估计：大小为ε的CFO会引起$2\pi n\varepsilon/N$的相位旋转，因此，假设信道影响较小时，CFO会引起相隔N个采样点后OFDM符号后部大小为$2\pi N\varepsilon/N$的相位差。根据两者相乘之后的相角找出CFO。只有频率偏差为0时，$y_l^*[n]y_l[n+N]$才为实数，而如果存在CFO，$y_l^*[n]y_l[n+N]$变为虚数。利用$y_l^*[n]y_l[n+N]$的虚部估计CFO，即$e_\varepsilon=$

$\frac{1}{L}\sum_{n=1}^{L}\text{Im}\{y_l^*[n]y_l[n+N]\}$，其中 L 表示平均采样数。采用 MATLAB 代码实现这一算法如下：

```
1. function CFO_est=CFO_CP(y,Nfft,Ng)
2. nn=1:Ng;
3. CFO_est = angle(y(nn+Nfft) * y(nn)')/(2 * pi);
```

(2)基于训练符号的 CFO 估计：由于在同步的初始阶段 CFO 会很大，将训练符号在更短时间内进行重复可以实现增加 CFO 的估计范围。

频域 CFO 估计技术：当 CFO 大小为 ε 时，连续两个相同的训练符号在接收端表示为 $y_2[n]=y_1[n]e^{j2\pi N\varepsilon/N}$，即 $Y_2[k]=Y_1[k]e^{j2\pi\varepsilon}$，那么估计 CFO 的目标函数为[8-11]

$$\hat{\varepsilon}=\frac{1}{2\pi}\arctan\frac{\sum_{k=0}^{N-1}\text{Im}\{Y_1^*[k]Y_2[k]\}}{\sum_{k=0}^{N-1}\text{Re}\{Y_1^*[k]Y_2[k]\}} \tag{6.26}$$

采用 MATLAB 代码实现这一算法。

```
1. function CFO_est=CFO_Moose(y,Nfft)
2. for i=0:1
3.      Y(i+1,:)= fft(y(Nfft * i+1:Nfft * (i+1)),Nfft);
4. end
5. CFO_est = angle(Y(2,:) * Y(1,:)')/(2 * pi);
```

6.4　峰均功率比减小

与单载波系统相比，OFDM 系统中由于 IFFT 运算后所有子载波相加，导致时域发射信号有很高的峰值－平均功率比(Peak - to - Average Power Ratio，PAPR)。PAPR 有两个主要不利因素：①降低了发射机功率放大器效率；②降低了数/模和模/数转换器的信号量化噪声比。PAPR 是复通带信号 $s(t)$的最大功率和平均功率之比：

$$\text{PAPR}\{\hat{s}(t)\}=\frac{\max|\text{Re}[\hat{s}(t)e^{j2\pi f_c t}]|^2}{E\{|\text{Re}[\hat{s}(t)e^{j2\pi f_c t}]|^2\}}=\frac{\max|s(t)|^2}{E\{|s(t)|^2\}} \tag{6.27}$$

由于高功率放大器(High Power Amplifier，HPA)的饱和特性，线性放大器在输出端产生非线性失真。实际中，更关注信号功率超出 HPA 线性范围的概率。根据中心极限定理，当 N(足够大)点 IFFT 输入信号相互独立且幅度有限时，信号 $s(t)$的实部和虚部分别渐进服从高斯分布，幅度服从瑞利分布，假设 $E\{|s(t)|^2\}=1$。令 $\{Z_n\}=\left|\left\{s\left(\frac{nT_s}{N}\right)\right\}_{n=0}^{N-1}\right|$，$T_s$ 为采样周期，则幅度 $\{Z_n\}$ 为瑞利随机变量，其中 $E\{Z_n^2\}=2\sigma^2=1$，定义 $Z_{\max}=\max\{Z_n\}$，其累积分布函数 CDF(Cumulative Distribution Function) 为

$$P\{Z_{\max}<z\}=(1-e^{-z^2})^N \tag{6.28}$$

定义波峰因子(Crest Factor，CF)，$\text{CF}=\sqrt{\text{PAPR}\{\hat{s}(t)\}}$，为了得到 CF 超过 z 的概率，定义互补累积分布函数(Complementary CDF，CCDF) 为

$$P\{Z_{\max}>z\}=1-(1-e^{-z^2})^N \tag{6.29}$$

图 6-10 展示了 OFDM 信号在不同 N 下的 CCDF。当 N 变小时，理论值和仿真值之间差距变大，说明只有 N 足够大才能保证式(6.29)的精确性。

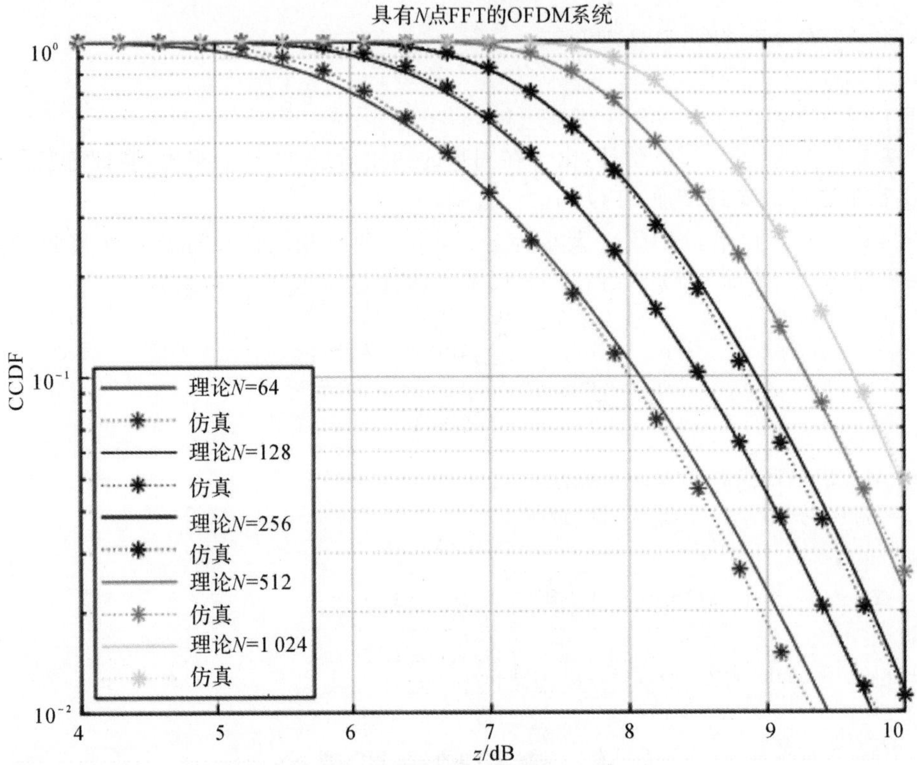

图 6-10　OFDM 信号的 CCDF

采用的 MATLAB 代码为

```
1. z =10.^([4:0.1:10]/20);
2. s2 = mean(mean(abs(x)))^2/(pi/2);
3. CCDF_formula=inline('1-((1-exp(-z.^2/(2 * s2))).^N)','N','s2','z');
```

采用的 PAPR 计算代码为

```
1. function [PAPR_dB, AvgP_dB, PeakP_dB] = PAPR(x)
2. Nx=length(x); xI=real(x); xQ=imag(x);
3. Power = xI. * xI + xQ. * xQ;
4. AvgP = sum(Power)/Nx; AvgP_dB = 10 * log10(AvgP);
5. PeakP = max(Power); PeakP_dB = 10 * log10(PeakP);
6. PAPR_dB = 10 * log10(PeakP/AvgP);
```

采用的映射过程代码为

```
1. function [modulated_symbols,Mod] = mapper(b,N)
2. M=2^b;
3. if b==1,
4.     Mod='BPSK';
5.     A=1;
6.     mod_object=modem. pskmod('M',M);
```

```
elseif b==2,
    Mod='QPSK'; A=1;
    mod_object=modem.pskmod('M',M, 'PhaseOffset',pi/4);
else Mod=[num2str(2^b) 'QAM'];
     Es=1; A=sqrt(3/2/(M-1) * Es);
     mod_object=modem.qammod('M',M,'SymbolOrder','gray');
end
if nargin==2;
     modulated_symbols = A * modulate(mod_object,randint(1,N,M));
else
     modulated_symbols = A * modulate(mod_object,[0:M-1]);
end
```

图 6-11 展示了 OFDM 系统从发送比特流到接收比特流的过程，在发射机中，将映射后的信号 $\{X[k]\}$ 定义为频域信号，并经 IFFT 变为离散时间信号 $\{x[n]\}$。

$$x[n]=\frac{1}{N}\sum_{k=0}^{N-1}X[k]e^{j2\pi nk/N} \tag{6.30}$$

将 N 个离散时间信号 $\{e^{j2\pi nk/N}\}$ 相加得到 $\{x[n]\}$，每个信号对应不同子载波。

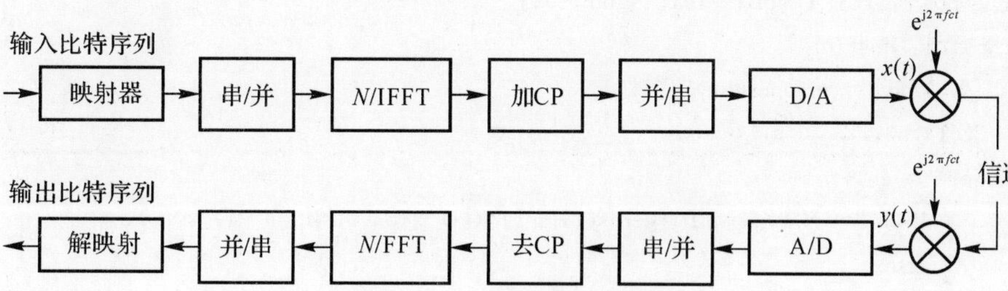

图 6-11　OFDM 系统流程图

图 6-12(a) 展示了每个子载波时域信号 $\{X[k]e^{j2\pi nk/N}\}$ 和他们的和信号 $\{x[n]\}$，以及连续时间信号 $x(t)$，图 6-12(b) 展示了 $|x[n]|$ 的分布，包括实部和虚部的分布，可以看出，实部和虚部服从高斯分布，而 $|x[n]|$ 服从瑞利分布。采用 MATLAB 程序实现的代码如下：

```
clear
N=8; b=2; M=2^b; L=16; NL=N * L; T=1/NL; time = [0:T:1-T];
[X,Mod] = mapper(b,N);
X(1)=0;
for i = 1:N
    if i<=N/2,
        x = ifft([zeros(1,i-1) X(i) zeros(1,NL-i+1)],NL);
    else
        x = ifft([zeros(1,NL-N+i-1) X(i) zeros(1,N-i)],NL);
    end
    xI(i,:) = real(x);
    xQ(i,:) = imag(x);
end
```

```
sum_xI = sum(xI); sum_xQ = sum(xQ);
figure(1), clf,
subplot(321)
plot(time,xI,'k:'), hold on,
plot(time,sum_xI,'b'),axis('tight');
ylabel('x_{I}(t)');
title([Mod', N=' num2str(N)]);
subplot(323),
plot(time,xQ,'k:'); hold on,
plot(time,sum_xQ,'b');axis('tight');
ylabel('x_{Q}(t)');
subplot(325),
plot(time,abs(sum_xI+j * sum_xQ),'b');
axis('tight'); hold on;
ylabel('|x(t)|'); xlabel('(a) t');
clear('xI'), clear('xQ')
N=2^4; NL=N * L; T=1/NL;
time=[0:T:1-T]; Nhist=1e3; N_bin=30;
for k = 1:Nhist
    [X,Mod] = mapper(b,N); %
    X(1)=0; %
    for i = 1:N
        if (i<= N/2) x=ifft([zeros(1,i-1) X(i) zeros(1,NL-i+1)],NL);
        else
            x=ifft([zeros(1,NL-N/2+i-N/2-1) X(i) zeros(1,N-i)],NL);
        end
        xI(i,:) = real(x); xQ(i,:) = imag(x);
    end
    HistI(NL * (k-1)+1:NL * k)=sum(xI); HistQ(NL * (k-1)+1:NL * k)=sum(xQ);
end
subplot(322), [xId,bin]=hist(HistI,N_bin);
bar(bin,xId/sum(xId),'k');axis('tight');
title([Mod', N=' num2str(N)]); ylabel('pdf of x_{I}(t)');
subplot(324), [xQd,bin]=hist(HistQ,N_bin);
bar(bin,xQd/sum(xQd),'k');axis('tight');
ylabel('pdf of x_{Q}(t)');
subplot(326), [xAd,bin]=hist(abs(HistI+j * HistI),N_bin);
bar(bin,xAd/sum(xAd),'k'); axis('tight');
ylabel('pdf of |x(t)|'); xlabel('(b) x_{0}');
```

PAPR减小技术可以分为限幅、编码、加扰、自适应预失真和DFT扩频技术等。

(1)限幅技术是指在峰值附近采用限幅或非线性饱和减少PAPR,可能引起带内和带外干扰,破坏子载波间的正交性,具体方法包括块放缩、滤波、峰值加窗、峰值删除、傅里叶映射以及判决辅助重建技术等[12-15]。

(2)编码技术存在带宽利用率下降的问题，需要查找最佳码字和存储编解码的查询表，复杂度高。

(3)加扰技术存在频谱效率降低，复杂度升高等问题，不能保证 PAPR 低于规定的水平，具体方法包括选择性映射、部分传输序列技术、音频保留和音频注入技术等。

(4)自适应预失真技术可以补偿 OFDM 系统中高功率放大器的非线性效应，以最低的硬件要求，通过自动修改输入星座图，适应非线性 HPA 的时间变化，可以降低自适应预失真器的收敛时间和 MSE。

(5)DFT 扩频技术是利用 DFT/IFFT 技术扩展输入信号，DFT 扩频技术可以将 OFDM 信号的 PAPR 降低到单载波传输的水平，因此称为单载波 FDMA。

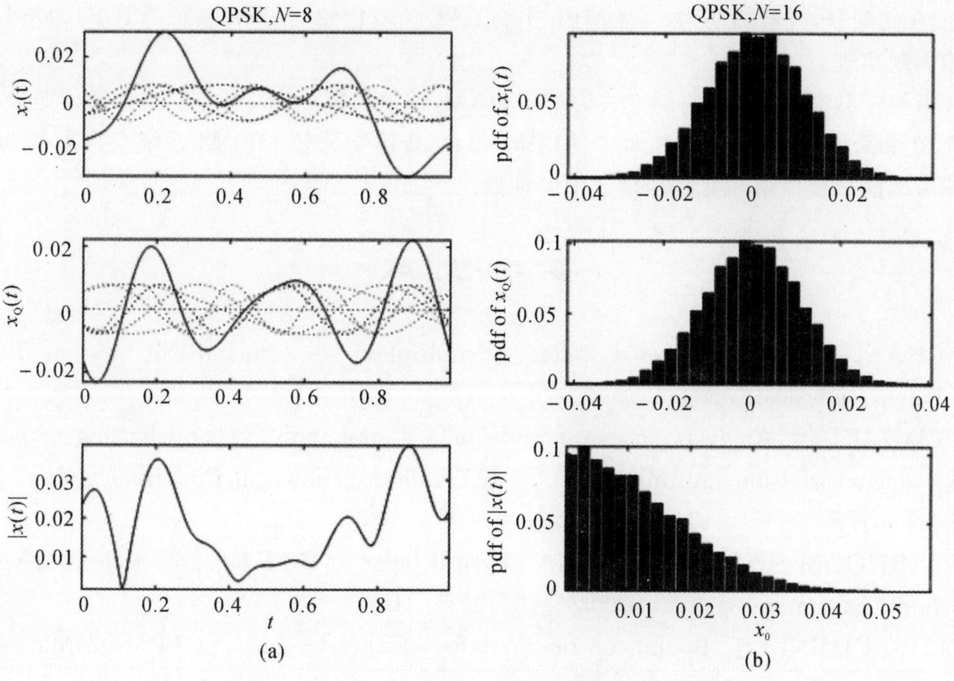

图 6-12　OFDM 时域信号特点

6.5 本章小结

本章从傅里叶变换与 FFT 之间的关系入手，阐述了 OFDM 调制解调所用到的 FFT 与 IFFT 技术。包括 OFDM 系统参数设计需要考虑的符号持续时间和子载波间隔参数设计、OFDM 保护间隔和循环前缀、OFDM 导频子载波分配、OFDM 加窗等问题。此外，阐述了 OFDM 系统从发送比特流到接收比特流之间的详细步骤。OFDM 同步的关键技术包括 STO 和 CFO 的估计技术，以及峰均功率比的减小技术。

6.6 思考与练习

1. 何谓OFDM？其中文全称是什么？OFDM信号的主要优点是什么？

2. 在OFDM信号中，对各路子载频的间隔有何要求？

3. OFDM体制和串行单载波体制相比，其频带利用率可以提高多少？

4. 假设OFDM系统包含8个子载波，$f_c=1$ Hz，子载波频率间隔为1 Hz，每个子载波采用4-QAM调制。符号周期为1 s。

（1）画出一个符号周期的调制信号波形。

（2）比较无频偏解调和存在0.2 Hz频偏时的解调结果。

5. 假设OFDM系统包含8个子载波，$f_c=1$ Hz，子载波频率间隔为1 Hz，每个子载波采用4-QAM调制，符号周期为1 s。使用MATLAB仿真比较OFDM系统的IDFT/DFT实现与模拟调制实现。

6. 系统子载波数为64，调制方式为16－QAM，前缀长度为16，多径信道时延分别为0个、8个和20个采样点，各径功率相等。使用MATLAB仿真比较OFDM系统空白前缀与循环前缀只考虑前2径信道和前3径信道下的性能。

参考文献

[1] CHANG R W. Orthogonal frequency multiplex data transmission system[P]. US Patent. physical 3488445. 1996.

[2] CIMINI J L. Analysis and simulation of a digital mobile channel using orthogonal frequency division multiplexing[C]. IEEE Transactions on Communications, 1985: 665-675.

[3] YAGHOOBI H. Scalable OFDMA physical layer in IEEE802.16 wireless MAN[J]. Intel Technology Journal, 2004, 8(3):201-212.

[4] LI Y, CIMINI L J. Bounds on the interchannel interference of OFDM in time varying impairments[C]. IEEE Transactions on Communications, 2001: 401-404.

[5] NEE R V, PRASAD R. OFDM for wireless multimedia communications[M]. Boston: Artech House Publishers, 2000.

[6] OZDEMIR M K, ARSLAN H. Channel estimation for wireless OFDM systems[J]. IEEE Communications Surveys & Tutorials, 2007, 9(2):18-48.

[7] CHO Y S, KIM J, YANG W Y, et al. MIMO-OFDM wireless communications with MATLAB[M]. Hoboken: John Wiley & Sons, 2010.

[8] ZHOU S, WANG Z. OFDM for underwater acoustic communications[M]. Hoboken: John Wiley & Sons, 2014.

[9] 肖雨竹. 发送能耗优化的自适应水声通信技术研究[D]. 哈尔滨：哈尔滨工程大学，2020.

[10] 刁月月. 自适应OFDM水声通信技术研究[D]. 哈尔滨：哈尔滨工程大学，2016.

[11]　MOOSE P H. Atechnique for orthogonal frequency division multiplexing frequency offset correction[J]. IEEE Transactions on Communications,1994(42):2908 - 2914.

[12]　NEE R V，WILD A D. Reducing the peak - to - average power ratio of OFDM[C]. IEEE Vehicular Technology Conference. 1998(3)：21 - 21.

[13]　LI X，CIMINI L J. Effects of clipping and filtering on the performance of OFDM[J]. IEEE Communications Letters，1998，2(20):131 - 133.

[14]　SLIMANE S B. Peak - to - average power ratio reduction of OFDM signals using pulse shaping[J]. IEEE GTC，2000(3):1412 - 1416.

[15]　郭铁梁，OFDM 水声通信系统关键问题分析与研究[M]. 哈尔滨：哈尔滨工业大学出版社，2016.

第7章 扩频通信

无线电先驱尼古拉·特斯拉(Nikola Tesla)于1903年3月17日申请了一项美国专利,没有提到"跳频"一词,而是采用"信令方法",使无线电通信"不会有任何信号或消息以任何方式受到干扰、拦截和干扰的危险"。特斯拉的专利通过改变预定序列中的载波频率,使其在两个信道之间实现同步和跳跃(尽管专利指出可用任意数量的信道)。

该想法引起了军方注意,1915年德国人利用原始的跳频无线电阻止英国人窃听。

扩频是将传输信号的频谱打散到较其原始带宽更宽的一种通信技术,常用于无线通信领域。比较严格的定义则分成两个部分:

(1)扩频调制之后,其信号传输带宽应远大于原始信号;

(2)传输端会采用一个独特的码(Code),此码与发送数据是无关的,接收端也必须使用这个独特的码才能解扩频以获得传输端的信息。

代表性的扩频方式有两种:直接序列扩频(简称"直扩",Direct - Sequence Spread Spectrum,DSSS)和跳频(Frequency - Hopping Spread Spectrum,FHSS)。采用扩频通信的优势有:

(1)对背景的噪声(Noise)、干扰(Interference)以及多路径干扰(Multipath Interference)有免疫力。

(2)对人为的刻意干扰(Jamming)信号有良好的抵御能力,这也是扩频最早应用于军方通信系统中对抗人为干扰的重要原因其一。

(3)较良好的隐密性,通信过程被截收的可能性较低。这是因为扩频后,单位频率的功率值降低,截收者不易透过频谱分析仪获得敌方通信的信息。即使电波被接收了,截收者不知道扩频码,也无法恢复编码的信息。因此扩频通信亦具有简单的保密通信能力。

(4)降低电磁干扰(Electromagnetic Interference,EMI)。若对电子设备的时脉产生器(Clock Generator)做扩频,也就是刻意在时脉信号(Clock Signal)中添加抖动(Jitter),则可以将特定造成电磁干扰的能量按特定频率打散,进而减轻其干扰程度,本质上和通信技术的扩频是相同的。

(5)借由扩频技术,可以形成码分多址(CDMA)通信,让多个用户能够独立地同时使用更大的带宽。

7.1 扩频通信简介

7.1.1 白噪声统计特性的信号

香农在其文章"Communication in the Presence of Noise"中指出,在高斯噪声的干扰情况下,在受限平均功率的信道上,实现有效和可靠通信的最佳信号是具有白噪声统计特性的信号。此外，哈尔凯维奇(A·A·Харкевич)早在20世纪50年代，就已从理论上证明：要克服多径衰落干扰的影响，信道中传输的最佳信号形式应该是具有白噪声统计特性的信号形式。采用伪噪声码的扩频函数很接近白噪声的统计特性，因而扩频通信系统又具有抗多径干扰的能力[1]。这是因为高斯白噪声信号具有理想的自相关特性，其功率谱密度函数为

$$S(f)=\frac{N_0}{2},\quad -\infty<f<\infty \tag{7.1}$$

对应的自相关函数为

$$R(\tau)=\int_{-\infty}^{\infty}S(f)\mathrm{e}^{\mathrm{j}2\pi f\tau}\mathrm{d}f=\frac{N_0}{2}\delta(\tau) \tag{7.2}$$

其中：τ为时延，$\delta(\tau)$为Dirac函数，说明它具有尖锐的自相关特性。

对于白噪声信号的产生、加工和复制，迄今为止仍存在着许多技术问题和困难。扩频通信系统的关键问题是在发信机部分如何产生宽带的扩频信号，在收信机部分如何解调扩频信号。然而人们已经找到了一些易于产生又便于加工和控制的伪噪声码序列，它们的统计特性近似于或逼近于高斯白噪声的统计特性。根据通信系统产生扩频信号的方式，可以分为下列几种：直扩序列扩展频谱系统(Direct Sequece Spread Spectrum Communication Systems，DS-SS)、跳频扩频通信系统(Frequecy Hopping Spread Spectrum Communication Systems，FH-SS)，确切地说应叫作多频、选码和频移键控通信系统，跳时扩频通信系统(Time Hopping Spread Spectrum Communication Systems，TH-SS)，线性脉冲调频系统(Chirp)以及它们的混合扩频通信系统。其中DS-SS和FH-SS较为常见[2]。

对于Chirp信号，通常用于水声通信的粗同步，该信号在语音频段，线性调频听起来类似于鸟的“啁啾”叫声，所以线性脉冲调频也称为鸟声或“啁啾”调制。定义脉冲起始时刻的频率、终止时刻的频率分别为f_1和f_2，瞬时频率变化范围Δf和线性调制后的带宽B_c则为

$$\Delta f=|f_1-f_2|\approx B_c \tag{7.3}$$

在脉冲持续时间T_s内，信号的瞬时频率为

$$f=f_0+\frac{\Delta f}{T_s}t,\quad -\frac{T_s}{2}<t<\frac{T_s}{2} \tag{7.4}$$

线性脉冲调频波的时域表达式为

$$s(t)=A\cos\left(2\pi f_0 t+\frac{\pi\Delta f}{T_s}t^2+\phi_0\right),\quad -\frac{T_s}{2}<t<\frac{T_s}{2} \tag{7.5}$$

7.1.2　扩频系统的性能评估

通常在衡量扩频通信系统抗干扰能力的优劣时，引入“处理增益G_p”的概念来描述，其定义为接收机解扩(跳)器(相关器)的输出信噪功率比与接收机的输入信噪功率比之比，即$G_p=\frac{(S/N)_{\text{out}}}{(S/N)_{\text{in}}}=\frac{R_c}{R_s}$，其中$R_c$，$R_s$分别为扩频码的码速率和信息码的码速率。为和信息码的码速率相区别，通常称扩频码的码速率为码片速率或“切普”(Chip)速率，扩频码的码元称为码片。在直接序列扩频通信系统中，码片速率是信息码速率的整数倍，通常取$R_c=NR_s$或$T_s=NT_c$，其中T_s，T_c分别为信息码的码元宽度和扩频码的码元宽度或码片宽度(Time of Chip)。N为扩频码的长度或周期。此时，直扩序列扩频通信系统的处理增益为$G_p=N$。

当扩频码片速率不断增大时，干扰电平不断下降，并将小至与接收机热噪声电平相当，这

时若再进一步增大扩频码速率,并不能改善所需信号的总信噪比,通常将产生的干扰电平等于热噪声电平时的码片速率称为系统的最佳码速率。引入“干扰容限”的概念来表示扩频系统在干扰环境中的工作能力。定义如下:

$$M_j = \frac{G_p}{L_{sys}\ (S/N)_{out}} \tag{7.6}$$

其中:M_j、G_p、L_{sys} 分别表示为系统干扰容限、系统处理增益、系统执行损耗或实现损耗。或者采用分贝(取10倍的对数换算)的形式表示为

$$[M_j]_{dB} = [G_p]_{dB} - \left\{[L_{sys}]_{dB} + \left[\left(\frac{S}{N}\right)_{out}\right]_{dB}\right\}$$

例如,一个扩频系统的处理增益为30 dB,要求进入基带解调器的最小输出信噪比为10 dB,系统损耗为3 dB,则干扰容限为17 dB。

7.2 扩频序列

7.2.1 伪随机码

随机过程 $y(t)$ 的自相关表达式定义为 $R_y(t,\tau)=E[y(t)y(t+\tau)]$,随机过程为宽平稳的意思是指其均值为常数,而 $R_y(t,\tau)$ 仅是 τ 的函数,因此,也记为 $R_y(\tau)$。循环平稳过程则表示该过程的均值和自相关都具有周期 T 的特点。一个周期为 T 的确定性函数一定是循环平稳的。

随机二进制序列 $x(t)$ 是由独立、同分布、时长为 T 的符号组成的。每个符号取 $p_i=\pm1$ 的概率相同。因此,均值 $E[x(t)]=0$,自相关:

$$R_x(t,\tau)=P[x(t)=x(t+\tau)]-P[x(t)\neq x(t+\tau)]=1-2P[x(t)\neq x(t+\tau)]$$

由符号周期为常数 T 可以看出随机二进制序列 $x(t)$ 为循环平稳,也是宽平稳过程。这是因为

$$P[x(t)\neq x(t+\tau)]=\begin{cases}\dfrac{|\tau|}{2T}, & |\tau|\leqslant T\\[2mm] \dfrac{1}{2}, & |\tau|>T\end{cases}$$

其自相关函数为

$$R_x(\tau)=\Lambda\left(\frac{\tau}{T}\right)=\begin{cases}1-\dfrac{|\tau|}{T}, & |\tau|\leqslant T\\[2mm] 0, & |\tau|>T\end{cases}$$

伪随机码(Pseudo Random Code)又称为伪噪声码(Pseudo Noise Code),简称PN码。简单地说,伪随机码是一种具有类似白噪声性质的码。白噪声是一种随机过程,它的瞬时值服从正态分布,功率谱在很宽频带内都是均匀的。在工程上和实践中,只能用类似于带限白噪声统计特性的伪随机码信号来逼近,并作为扩展频谱系统的扩频码。希望扩频码的随机序列有如下特点:

(1) 自相关函数有尖锐特性,互相关接近0;

(2) 周期足够长,以抗干扰与抗侦破;

(3) 序列数量多以实现码分多址;

(4) 易于产生和复制。

为达到以上目的,工程上常用二元域{0,1}内的0或1元素序列来产生伪随机码,它具有

如下特点：

(1) 在每一个周期内0元素和1元素出现的次数相等或只差一次；

(2) 在每一个周期内，长为 r bit的元素游程(run，连续出现的 r bit的同种元素叫作长度为 r 的元素游程)出现的次数比长度为 $r+1$ bit的元素游程出现的次数多一倍；

(3) 序列的自相关函数具有周期性和双值性，且满足：

$$R(\tau)=\begin{cases}1, & \tau=0\\ -\dfrac{k}{N}, & \tau\neq 0\end{cases}\pmod N$$

其中：N 为二元序列的周期，又称码长或长度；k 为小于 N 的整数；τ 为码元延时。

伪随机码的定义：狭义伪随机码序列 $\{a_i\}$ 的自相关函数具有

$$R_a(\tau)=\frac{1}{N}\sum_{i=1}^{N}a_ia_{i+\tau}=\begin{cases}1, & \tau=0\\ -\dfrac{1}{N}, & \tau\neq 0\end{cases}\pmod N$$

广义伪随机码序列 $\{a_i\}$ 的自相关函数具有

$$R_a(\tau)=\frac{1}{N}\sum_{i=1}^{N}a_ia_{i+\tau}=\begin{cases}1, & \tau=0\\ \alpha<1, & \tau\neq 0\end{cases}\pmod N$$

7.2.2 m序列和M序列

m序列称为最大长度线性移位寄存器序列(Maximal Sequences)，与之类似的，M序列是由移位寄存器产生的最长非线性(Long Nonlinear Sequences)序列，也称为置乱序列(Scrambling Sequence)[3]。

r 次本原多项式 $f(x)\in F_2$ 产生的 m 序列满足以下3个特性：

(1) 0－1分布特性：每个周期 $N=2^r-1$ 内，元素0出现 $2^{r-1}-1$ 次，元素1出现 2^{r-1} 次，元素1比元素0多出现一次。

(2) 游程特性：周期 $N=2^r-1$ 内，共有 2^{r-1} 个元素游程，其中元素0的游程和元素1的游程数目各占一半，长度为 $k(1\leqslant k\leqslant r-2)$ 元素游程占游程总数的 2^{-k}；长度为 $r-1$ 的元素游程只有一个，为元素0的游程；长度为 r 的元素游程只有一个，为元素1的游程。即长为 k bit的元素游程出现的次数比长度为 $r+1$ bit的元素游程出现的次数多一倍。

(3) 位移相加特性：m 序列 $\{a_j\}$ 与其位移序列 $\{a_{i+\tau}\}$ 的模2加序列仍是该 m 序列的另一位移序列 $\{a_{i+\tau'}\}$。

m序列(不是m码)的自相关函数满足狭义伪随机码序列特点：

$$R(\tau)=\begin{cases}1 & \tau=0\\ -\dfrac{1}{N} & \tau\neq 0\end{cases}\pmod N$$

码元宽度为 T_c、周期为 N 的m码的自相关函数为

$$R(\tau)=\frac{1}{NT_c}\int_0^{NT_c}c(t)c(t+\tau)\mathrm{d}t$$

在 $-T_c\leqslant\tau\leqslant(N-1)T_c$ 区间(一个周期 NT_c)内 m 码的自相关函数表示式为

$$R_{NT_c}(\tau)=\begin{cases}1-\dfrac{N+1}{N}\dfrac{|\tau|}{T_c}, & |\tau|\leqslant T_c\\ -\dfrac{1}{N}, & |\tau|>T_c\end{cases}$$

结合前面阐述的本原多项式，设置 $r=7$，得到 m 码序列的自相关和互相关图如图 7－2 所示，最大值和位置都为 $N=2^7-1=127$。用 MATLAB 得到 m 序列的代码如下：

```
1. function Ch7mseq
2. clear;clc;close all;
3. r=4;
4. pr=primpoly(r,'all');
5. pp=dec2base(pr(1),2);
6. pp= pp(end-1:-1:1);
7. N=2^r-1;
8. reg=ones(1,r); % r 级移位寄存器赋初值全"1"。
9. mseq=ones(1,N);
10. for i=2:N
11.     newreg(1)=mod(sum (pp. * reg),2);
12.     newreg(2:r)=reg(1:r-1);
13.     reg= newreg;
14.     mseq(i)=reg(r);
15. end
16. mseq=mseq * 2-1;
```

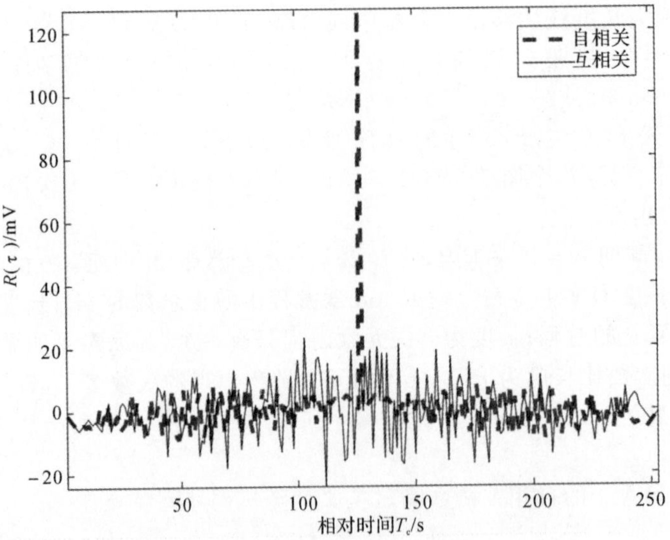

图 7－2　m 码序列的自相关和互相关图

M 序列是最长非线性移位寄存器序列(周期为 2^r)，1946 年被 de Bruijin 证明 M 序列存在，因此，又称为 de Bruijin 序列，其已达到 r 级移位寄存器所能达到的最长周期，所以又称为全长序列。可由码长为 2^r-1 的 m 序列增长为码长为 2^r 的 M 序列。产生 M 序列的状态为 $\bar{x}_1\bar{x}_2\bar{x}_3\cdots\bar{x}_{r-1}$(即 00…0)，加入反馈逻辑项后，特征多项式为

$$F(x_1,x_2,\cdots,x_r)=\bar{x}_1\bar{x}_2\bar{x}_3\cdots\bar{x}_{r-1}+F_0(x_1,x_2,\cdots,x_r)$$

其中：$F_0(x_1,x_2,\cdots,x_r)$ 为原 m 序列的特征多项式。M 序列的自相关函数不如 m 序列的自相关函数好，但是 M 序列的数量远大于 m 序列的数量。

7.2.3 Gold序列

m序列是具有双值自相关特性的序列,有优良的自相关特性。但是m序列的互相关特性不是很好,特别是使用m序列作为码分多址通信的地址码时,m序列互相关特性不理想,多址干扰影响增大。如果将m序列优选后进行模2加,就可以得到复合序列。Gold序列就是复合序列的一种,它具有良好的自、互相关特性,且用作地址码的数量远大于m序列,易于实现、结构简单,在工程上得到了广泛的应用。1967年,R. Gold提出给定移位寄存器级数 r,总可以找到一对互相关函数值是最小的码序列,采用移位相加的方法构成新码组,其互相关旁瓣都很小,而且自相关函数和互相关函数均是有界的。

m序列优选对(Preferred Pair):在m序列集中,选取其互相关函数最大值的绝对值小于某个值的两个m序列 $\{a_i\}$ 和 $\{b_i\}$。阈值设置为

$$|R_{ab}(\tau)|_{\max} \leqslant \begin{cases} 2^{\frac{r+1}{2}}+1 & r\text{为奇数} \\ 2^{\frac{r+2}{2}}+1 & r\text{为偶数但不是4的整倍数} \end{cases} \tag{7.7}$$

根据该方法得到的优选对因 r 的不同而不同,当 r 为4的整数倍时,没有优选对,r 为5,6,7时,对应的优选对数目分别为12,6,90。

Gold序列:由两个码长相等、码时钟速率相同的m序列优选对的模2加序列构成。当相对位移 2^r-1 个比特时,就可得到一族 2^r-1 个Gold序列,加上原来的两个m序列,共有 2^r+1 个Gold序列。产生Gold序列的结构有两种形式(这两种形式是完全等效的):一种是乘积型,另一种是模2加型,是直接求两m序列优选对输出序列的模2加序列。采用MATLAB对两个优选m序列构建Gold序列的程序如下:

```
1. function gout = goldseq(m1, m2, num)
2. gout = zeros(num,length(m1));
3. for i=1:num                %根据Gold序列生成方法生成Gold序列
4.     gout(i,:) = xor(m1,m2);
5.     m2         = shift(m2,1);
6. end
```

复码的周期是组成复码的子码周期的最小公倍数,Gold序列的周期也是 $N=2^r-1$。Gold码族中任意两序列之间的互相关函数都满足式(7.7)。因此作为多址通信的地址码,可选择的数量远大于m序列作为地址码的数量。

Gold序列除2个m序列之外,Gold码的自相关函数值的旁瓣也和互相关函数值一样取三值(见表7-1),只是位置不同,因此不再是严格的伪随机序列,作为扩频码使用的性能必然下降。

表7-1　Gold码的三值互相关函数特性

码长 $N=2^r-1$	互相关函数值	出现概率
r 为奇数	-1	≈0.5
	$-(2^{\frac{r+1}{2}}+1)$	≈0.5
	$2^{\frac{r+1}{2}}-1$	

续表

码长 $N=2^r-1$	互相关函数值	出现概率
r 为偶数，但不是 4 的整倍数	-1	≈0.75
	$-(2^{\frac{r+2}{2}}+1)$	≈0.25
	$2^{\frac{r+2}{2}}-1$	

在扩频通信中，对系统质量影响之一就是码的平衡性（即序列中 0 和 1 的均匀性），平衡码具有更好的频谱特性。在扩频通信中码的平衡性和载波的抑制度有密切的关系。码不平衡的扩频通信系统载波泄露增大，这样就破坏了扩频通信系统的保密性、抗干扰和抗侦破能力。因此，选用 Gold 码作扩频码时，应选用平衡 Gold 码。

设置 $r=5$，采用 MATLAB 编写 Gold 码的程序如下：

```
function Ch7gold
clear;clc;close all;
r=5; N=2^r-1;
reg1=ones(1,r);
code1=zeros(1,N);
%(1+x^2+x^5)
for i=1:N
    temp = mod(reg1(2)+reg1(5),2);
    code1(i) = 2 * reg1(5)-1;
     reg1(2:r)=reg1(1:r-1);
     reg1(1) = temp;
end
%(1+x^2+x^3+x^4+x^5)
reg2=ones(1,r); %initial fill
code2=zeros(1,N);
for i=1:N
     temp = mod(reg2(2)+reg2(3)+reg2(4)+reg2(5),2);
     code2(i) = 2 * reg2(5)-1;
     reg2(2:r)=reg2(1:r-1);
     reg2(1) = temp;
end
m_seqs_1=code1'>0;%transpose to a column
m_seqs_2=code2'>0;%transpose to a column
Gc_M(:,1) = m_seqs_1;
Gc_M(:,2) = m_seqs_2;
for phase_shift=0:N-1
     shifted_code=circshift(m_seqs_2,phase_shift);
     Gc_M(:,3+phase_shift)=mod(m_seqs_1+shifted_code,2);
end
Gc_M=2 * Gc_M-1; %change 1/0 to 1/-1
```

```
codeA=Gc_M(:,9);
codeB=Gc_M(:,22);
for shift=0:40
      shifted_code1 = circshift(codeA,shift);
      crosscorrelation(shift+1) = codeB' * shifted_code1;
end
subplot(211)
plot(crosscorrelation)
grid on
xlabel('移位');ylabel('相关值');
title('互相关')
codeC=Gc_M(:,17);
for shift=0:40
      shifted_code_A= circshift(codeC,shift);
      autocorrelation_1(shift+1) = codeC' * shifted_code_A;
end
subplot(212)
plot(autocorrelation_1)
grid on
xlabel('移位');ylabel('相关值');
title('自相关')
```

得到 Gold 码序列的互相关和自相关图如图 7-3 所示，可以看出，互相关有三个值，分别为-1，$-(2^{\frac{r+1}{2}}+1)=-9$，$2^{\frac{r+1}{2}}-1=7$，其中为$-1$的概率约占一半。自相关有 4 个值对应，分别为 $N=2^5-1=31$，7，-1，-9。

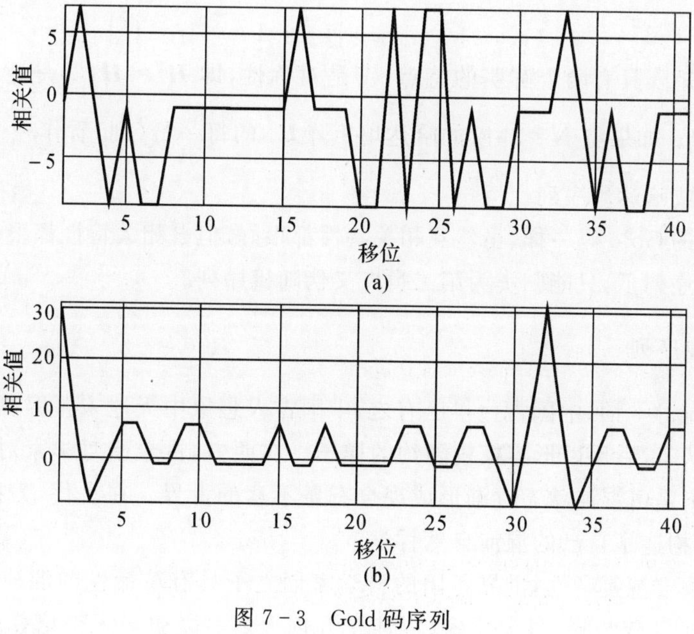

图 7-3　Gold 码序列

(a)互相关；(b)自相关图

7.2.4 Hadamard 序列

如前所述，狭义伪随机码是广义伪随机码的特例。更进一步，若周期为 N 的序列，其自相关函数具有

$$R_a(\tau)=\frac{1}{N}\sum_{i=1}^{N}a_i a_{i+\tau}=\begin{cases}1, & \tau=0\\0, & \tau\neq 0\end{cases}\quad(\mathrm{mod}\ N)$$

则称为完备序列(Completion Sequence)。序列间的互相关函数为 0，则构成正交序列(Orthogonal Sequence)。

沃尔什-哈达玛(Walsh - Hadamard)序列就是这样的一类正交序列，该序列简称沃尔什序列或哈达玛序列，是由哈达玛矩阵转化而来的。哈达玛矩阵 $\boldsymbol{H}$ 是由 +1 与 −1 两个元素组成的正交方阵，即两行(或两列)都是相互正交的，表达为 $\boldsymbol{H}\boldsymbol{H}^{\mathrm{T}}=N\boldsymbol{I}$。其中 $\boldsymbol{H}^{\mathrm{T}}$ 为 $\boldsymbol{H}$ 的转置矩阵，N 为 $\boldsymbol{H}$ 的阶，$\boldsymbol{I}$ 为单位矩阵。它们在纠错编码、保密编码等通信领域有着广泛的应用，同时也是一种重要的扩频序列，在 CDMA 系统中占据着极为重要的地位。

常见的哈达玛矩阵阶数设置为 $N=2^r$(r 为正整数)，采用递归的关系式生成有：

$$\boldsymbol{H}_r=\begin{bmatrix}\boldsymbol{H}_{r-1} & \boldsymbol{H}_{r-1}\\ \boldsymbol{H}_{r-1} & -\boldsymbol{H}_{r-1}\end{bmatrix}$$

其中：$r=1,2,3,\cdots,\boldsymbol{H}_0=1$。例如：

$$\boldsymbol{H}_1=\begin{bmatrix}1 & 1\\ 1 & -1\end{bmatrix}$$

$$\boldsymbol{H}_2=\begin{bmatrix}\boldsymbol{H}_1 & \boldsymbol{H}_1\\ \boldsymbol{H}_1 & -\boldsymbol{H}_1\end{bmatrix}=\begin{bmatrix}1 & 1 & 1 & 1\\ 1 & -1 & 1 & -1\\ 1 & 1 & -1 & -1\\ 1 & -1 & -1 & 1\end{bmatrix}$$

这类哈达玛矩阵具有两个鲜明的特点：①是对称性，即 $\boldsymbol{H}^{\mathrm{T}}=\boldsymbol{H}$；②是逆矩阵与本身成比例，即 $\boldsymbol{H}^{-1}=\frac{1}{N}\boldsymbol{H}$。如果将 $N=2^r$ 阶的哈达玛矩阵 $\boldsymbol{H}_r$ 的每一行(列)看作一个二元序列，则称之为沃尔什序列或哈达玛序列。

和前面所述的 Gold 码一样，虽然互相关特性都很好，但自相关特性都很差，因此已不是通常意义的伪随机序列了，只能归类为第二类广义伪随机序列。

7.2.5 混沌序列

“混沌”(Chaos)一词，中国古代早已有之，中国古人想象中天地未开辟以前宇宙模糊一团的状态，即混沌状态，后用以形容模糊隐约的样子。在西方，古希腊哲学家对于宇宙起源也持混沌论，主张宇宙是由混沌状态逐渐形成现今有条不紊的世界。在古代，为描述未知的宇宙，几乎所有民族都构造了自己的混沌自然哲学。

当今，为理解宏观复杂性，世界各国的科学家创立了具有革命性的混沌科学。早在 1963 年，美国麻省理工学院教授、气象学家、混沌学开创人之一爱德华·洛伦兹提出了混沌理论。该理论解释了确定性系统可能产生随机结果这一现象，理论的最大贡献是用简单的模型获得

明确的非周期结果。

1972年,洛伦兹发表了名为《蝴蝶效应》的论文,提出一个貌似荒谬的论断:在巴西一只蝴蝶拍打翅膀能在美国得克萨斯州产生一个龙卷风,并由此提出了天气的不可准确预报性。在西方曾流传的一首民谣"钉子缺,蹄铁卸;蹄铁卸,战马蹶;战马蹶,骑士绝;骑士绝,战事折;战事折,国家灭",这就是军事领域中的"蝴蝶效应"。中国古语"差之毫厘,失之千里"揭示的就是这种现象[4]。

混沌的本质是系统的长期行为对初始条件的敏感性,即在混沌系统中,初始条件十分微小的变化经过不断放大,对其未来状态会造成极其巨大的差别。将混沌应用于保密通信的理论依据是混沌本身固有的一些特性:

(1)对初始条件的极端敏感性。

(2)有界性:即混沌运动的轨线始终是局限在一个确定的运动区域(混沌吸引域)里。

(3)遍历性:即在有限时间内混沌轨道经过混沌区内每一个状态点。

(4)分维性:分维性表明混沌运动具有无限层次的自相似结构,即混沌运动是具有一定规律,这是混沌运动与随机运动的重要区别之一。

(5)内随机性:在不受外界干扰的情况下,其运动状态是确定的,即是可以预测的,当系统受到外界干扰时则产生随机性。

(6)标度性:标度性指混沌是无序中的有序态,它在无序中又有序。

(7)普适性:不同系统在趋向混沌态时所表现出来的某些共同特征,它不依具体的系统方程或参数而变。

(8)统计性:统计性主要指正的Lyapunov指数以及连续功率谱等。

迄今利用混沌进行保密通信初步结出了硕果,大致分为3大类:第一类是直接利用混沌进行保密通信;第二类是利用同步的混沌系统进行保密通信;第三类是混沌数字编码的保密通信。美国陆军实验室率先与马里兰大学合作,研究了第一类混沌的通信。第二类基于混沌同步的保密通信是当前国际上研究的一大热点,正在成为高新技术的一个新领域。

一个离散时间动态系统定义为$x_{k+1}=f(x_k)(k=0,1,2,\cdots)$,其中,$0<x_k<1$是离散时间动态系统的状态,$f(x_k)$把当前状态$x_k$映射到下一个状态$x_{k+1}$。以初始值$x_0$开始迭代,那么就可以得到序列$\{x_0,x_1,x_2,\cdots,x_i,\cdots\}$,称为该离散时间动态系统的一条轨迹(Locus)。

与m序列与Gold序列中码的个数有限不同,混沌序列的数量大大增加,用其为扩频通信系统的扩频序列,即混沌扩频序列。目前采用混沌扩频序列的CDMA系统尚处于研究之中,有关混沌扩频序列的性质与特点还没有一个定量的结果。下面简单介绍几种离散时间混沌系统。

1. Logistic映射与改进型Logistic映射混沌系统

目前被广泛研究的一种称为Logistic映射为

$$x_{k+1}=rx_k(1-x_k),\quad x_k\in(0,1) \tag{7.8a}$$

其中:$1\leqslant r\leqslant 4$,称为分形(Fractal)参数。当$3.5699\cdots<r\leqslant 4$时,系统工作于混沌状态通过迭代产生的序列没有周期也不收敛,这时不同的初始值,无论多么接近,迭代出的轨迹都不相关。特别地,改进型Logistic映射方程式为

$$x_{k+1}=1-rx_k^2,\quad x_k\in(-1,1) \tag{7.8b}$$

其中：$0<r\leqslant 2$，r 分别为 4 和 2 时，Logistic 与改进型 Logistic 满混沌映射。

Logistic 混沌映射的分岔过程如图 7-4 所示，产生该图的 MATLAB 程序如下：

```
clear;clc;close all;
r=0.41212;K =100;P= 100;
u=linspace(0,2,K).';
for k=1:1:K
    for p=1:1:P
        xn=1-u(k)*r*r;
        plot(u(k),xn,'.','Markersize',3);hold on;
        r=xn;
    end
end
xlabel('分形参数 r');ylabel('Logistic 的映射值 x');
```

Logistic 映射。取 $r=4$ 时，序列有以下统计特性。

(1)混沌序列的概率密度函数为

$$p(x)=\begin{cases}\dfrac{1}{\pi\sqrt{x(1-x)}}, & 0<x<1\\ 0, & x\leqslant 0,x\geqslant 1\end{cases}$$

(2) 序列的均值：

$$\bar{x}=E\{x\}=0.5$$

(3) 序列的自相关函数为

$$R(\tau)=\lim_{N\to\infty}\frac{1}{N}\sum_{k=0}^{N-1}(x_k-\bar{x})(x_{k+\tau}-\bar{x})=\begin{cases}0.125, & \tau=0\\ 0, & \tau\neq 0\end{cases}$$

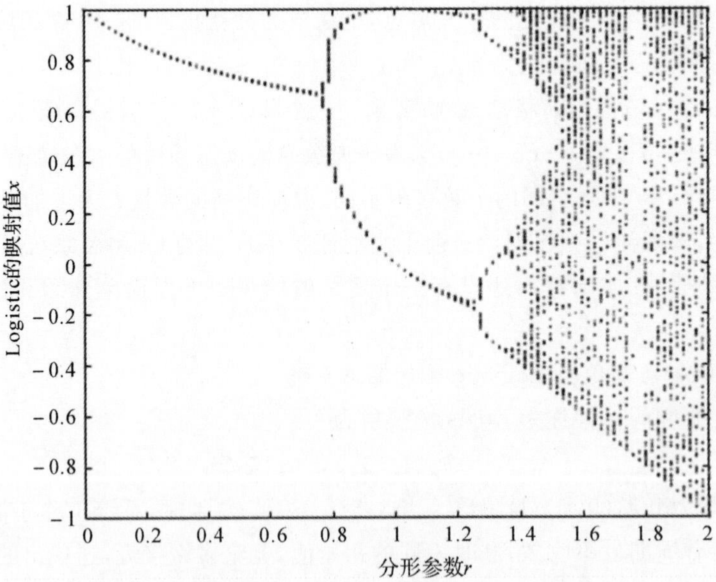

图 7-4 Logistic 映射分岔图

2. Tent 映射混沌系统

Tent 映射也是产生方式简单、迭代数量足够多的混沌映射,又称帐篷映射,定义为

$$x_{k+1}=\begin{cases}\dfrac{x_k}{r}, & 0<x_k<r\\[2ex]\dfrac{1-x_k}{1-r}, & r\leqslant x_k\leqslant 1\end{cases}$$

其中:分形参数 $0<r<1$。当 $r=0.5$,称为标准型,此时的表达式为

$$x_{k+1}=\begin{cases}2x_k, & 0<x_k<0.5\\2(1-x_k), & 0.5\leqslant x_k\leqslant 1\end{cases}$$

Tent 混沌映射的分岔过程如图 7-5 所示,产生该图的 MATLAB 程序如下:

```
clear;clc;close all;
axis([0,1,0,1]);
x0=0.1;t=200;M=250;
r=0:0.005:1;
[~,n]=size(r);
hold on
for i=1:n
    if x0<0.5
        x(1)=2*r(i)*x0;
    end
    if x0>=0.5
        x(1)=2*r(i)*(1-x0);
    end
    for j =2:M
      if x(j-1)<0.5
          x(j)=2*r(i)*x(j-1);
      end
      if x(j-1)>=0.5
          x(j)=2*r(i)*(1-x(j-1));
      end
    end
    xn{i}=x(t+1:M);
    plot(r(i),xn{i},'b.','Markersize',2);
end
xlabel('分形参数 r');ylabel('Tent 映射值 x');
```

Tent 映射序列有以下统计特性。

(1)Tent 映射序列在区间(0,1)上的概率密度分布是均匀的,即

$$p(x)=\begin{cases}1, & |x-0.5|<0.5\\0, & |x-0.5|\geqslant 0.5\end{cases}$$

(2) 序列的均值：

$$\bar{x}=E\{x\}=\lim_{N\to\infty}\frac{1}{N}\sum_{k=0}^{N-1}x_k p(x_k)=\int_0^1 x p(x)\mathrm{d}x=0.5$$

(3) 序列的自相关函数为

$$R(\tau)=\lim_{N\to\infty}\frac{1}{N}\sum_{k=0}^{N-1}(x_k-\bar{x})(x_{k+\tau}-\bar{x})=\frac{1}{12}\times(2a-1)^{|\tau|}$$

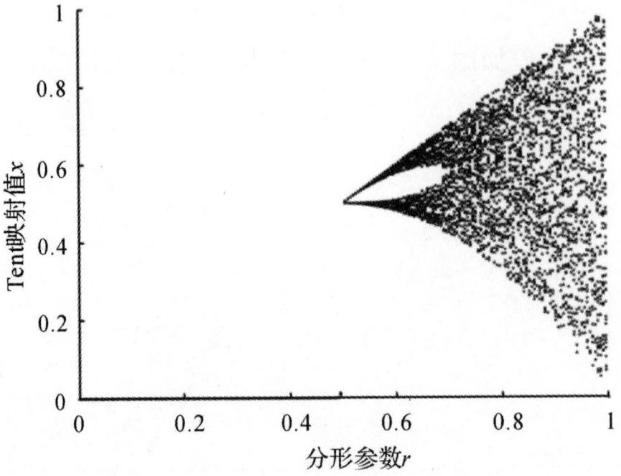

图 7-5　Tent 映射分岔图

3. Chebyshev 映射混沌系统

ω 阶($\omega=r+1$)Chebyshev 映射定义为

$$x_{k+1}=\cos(\omega\arccos x_k),\quad |x_k|\leqslant 1$$

Chebyshev 混沌映射的分岔过程如图 7-6 所示，产生该图的 MATLAB 程序如下：

```
x0=0.1;t=200;M=250;
r=0:0.005:1;
[~,n]=size(r);
hold on;
for i=1:n
    x(1)=cos((r(i)+1)*acos(x0));
    for j =2:M
        x(j)=cos((r(i)+1)*acos(x(j-1)));
    end
    xn{i}=x(t:M);
    plot(r(i),xn{i},'k.','Markersize',2);
end
xlabel('分形参数 r');ylabel('Chebyshev 映射值 x');
```

序列概率密度函数为

$$p(x)=\begin{cases}\dfrac{1}{\pi\sqrt{1-x^2}}, & |x|\leqslant 1\\ 0, & |x|>1\end{cases}$$

实值混沌序列可以直接作为扩频序列。下面介绍两种从实值序列得到二进制混沌扩频序列的方法。

方法 1:定义一个门限函数。

$$G_c(x)=\begin{cases}0, & x<c\\ 1, & x\geqslant c\end{cases}$$

利用这个函数,可以从模拟混沌序列得到二进制序列 $\{G_c[f(x_i)]\}$。

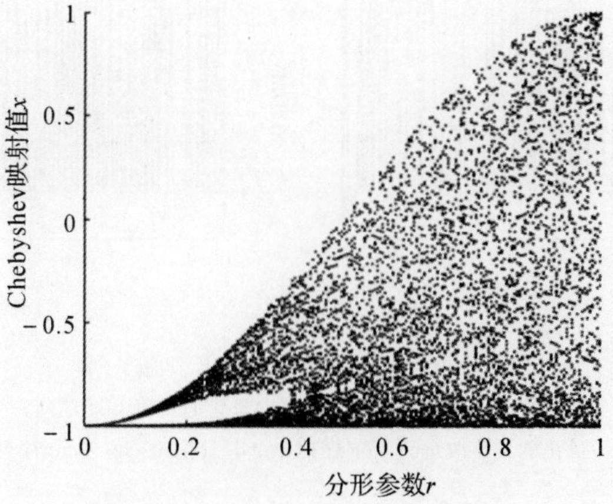

图 7-6 Chebyshev 映射分岔图

方法 2:将实值 x 的绝对值的有效值用 m 比特来表示。

$$|x|=0,\quad b_1(x)b_2(x)\cdots b_i(x)\cdots b_m(x)$$

$b_i(x)\in(0,1)$,第 i 比特 $b_i(x)$ 可表示为

$$b_i(x)=G_{0.5}\{2^{i-1}|x|-\lfloor|x|\rfloor\}$$

式中$\lfloor x\rfloor$表示对 x 取整。这样,可得到二进制混沌序列 $\{b_i[f(x_i)]\}$。

在实际工程应用中,可以将无穷序列按长度 N 截断,再拓展为周期为 N 的序列,这样可得到大量周期为 N 的扩频序列。另一种应用方法是,选择一个初始值分配给某个用户,并将无穷迭代出的序列作为扩频序列。这里与通常扩频系统不同的是,每个信息比特都使用了长度为 N、但结构不同的扩频序列。

由混沌序列的特性可知,一种可行的分析混沌序列相关特性的方法是,选择一些序列作为样本进行大量统计计算。

通过统计计算表明,当混沌序列的截断周期 N 较小时,如 $N=63$,混沌序列的平衡性比 Gold 序列差,当截断周期 N 较大时,如 $N=255$,混沌序列的平衡性得到了改善。混沌扩频序列的互相关特性的分布与 Gold 序列互相关函数分布很相似,但其峰值相关函数值比相同长度的 Gold 序列的峰值相关函数值要大,而峰值相关函数值出现的概率要比 Gold 序列小。

讨论 Logistic 映射与改进型 Logistic 映射、Tent 映射、Chebyshev 映射构成的量化二值序列,以及它们各自的自相关和互相关,通过仿真得到图 7-7～图 7-9。

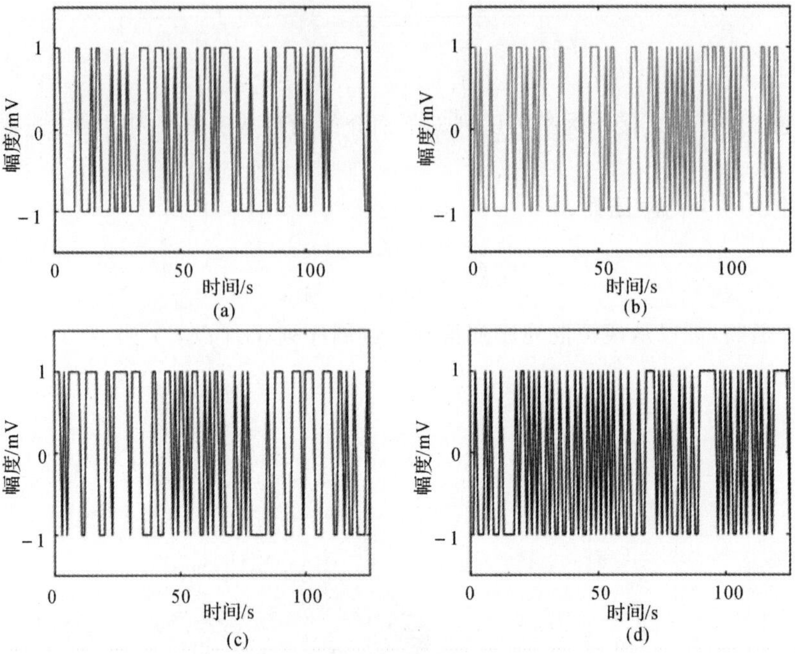

图 7-7　典型映射混沌量化二值序列

(a)量化的二值 Cheb 序列；(b)量化的二值 Log 序列；

(c)量化的二值改进型 Log 序列；(d)量化的二值 Tent 序列

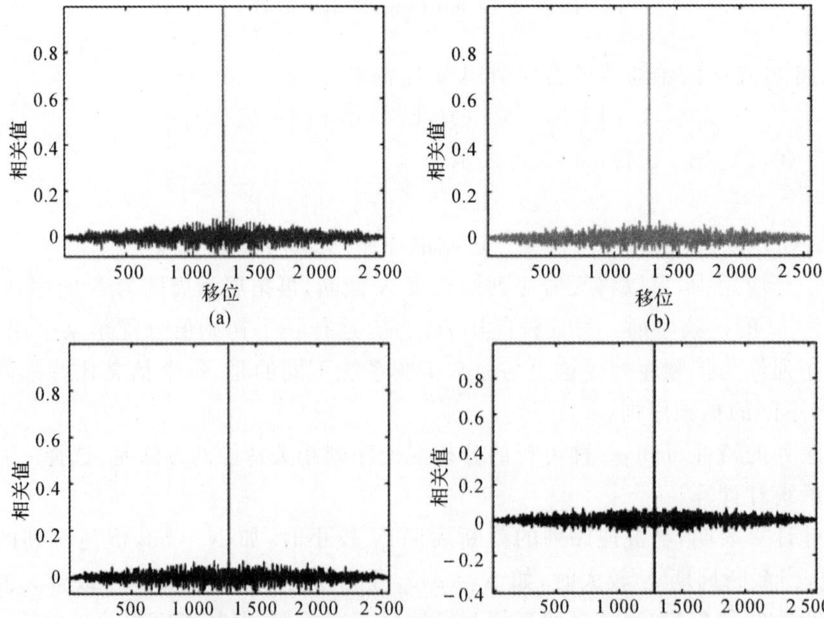

图 7-8　典型映射混沌自相关函数图

(a)Cheb 序列自相关；(b)Log 序列自相关；

(c)改进 Log 序列自相关；(b)Tent 序列自相关

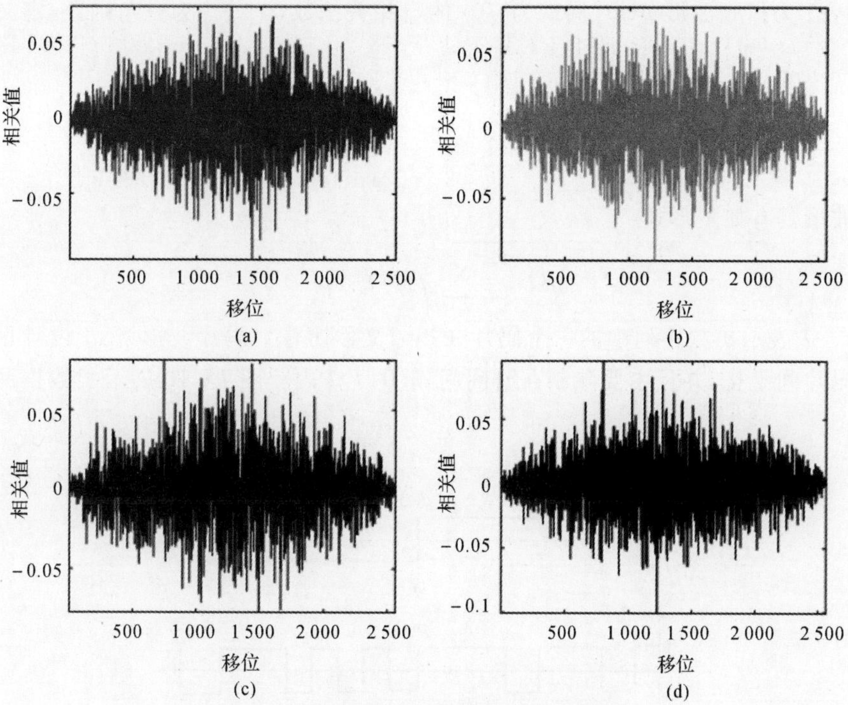

图 7-9 典型映射混沌互相关函数图

(a)Cheb 与 Log 互相关；(b)Log 与其改进型互相关；

(c)Cheb 与改进 Log 互相关；(d)Cheb 与 Tent 互相关

7.3 扩频信号扩频调制

7.3.1 直扩信号调制

由于扩频信号带宽的增加需要一个接收滤波器，该滤波器将更多的噪声功率传递给解调器，将任何信号和高斯白噪声应用于与该信号匹配的滤波器时，采样滤波器输出取决于信噪比。在将信息比特映射到码元之后，直扩调制需要将高速扩频序列直接添加到低速码元序列，从而产生具有相对较宽带宽的发射信号。可通过应用适当的滤波来移除大部分干扰[5]。

直扩信号是通过在最终信号调制之前将数据与扩频波形直接混合而产生的扩频信号。理想情况下，具有二进制相移键控(BPSK)或差分 PSK(DPSK)数据调制的直扩序列信号可以表示为

$$s(t)=Ad(t)p(t)\cos(2\pi f_c t+\theta) \tag{7.9}$$

其中：$A,d(t),p(t),f_c,\theta$ 分别表示为信号幅度、数据调制、扩频波形、载波频率和初始相位。

数据调制是持续时间不重叠的矩形脉冲序列 T_s，其中当数据符号为 1 时，幅度 $d_i=+1$；当数据符号为 0 时，幅度 $d_i=-1$。当然，也可以反过来映射，即 $1\rightarrow -1, 0\rightarrow +1$。如果数据调制是随机二进制序列，则对应的直扩序列自相关为

$$R_x(t,\tau)=\frac{A^2}{2}\Lambda\left(\frac{\tau}{T_s}\right)R_p(t,\tau)\cos(2\pi f_c\tau) \tag{7.10}$$

其中：$R_p(t,\tau)$ 为扩频波形 $p(t)$（周期为 T_s）的自相关函数，$\Lambda\left(\frac{\tau}{T_s}\right)$ 为三角函数，定义为

$$\Lambda\left(\frac{\tau}{T_s}\right)=\begin{cases}1-\left|\frac{\tau}{T_s}\right|, & \left|\frac{\tau}{T_s}\right|\leqslant 1\\ 0, & \left|\frac{\tau}{T_s}\right|>1\end{cases}$$

扩频波形具有如下形式

$$p(t)=\sum_{i=-\infty}^{\infty}p_i\psi(t-iT_c) \tag{7.11}$$

其中：$p_i=\pm 1$ 表示扩频序列中的一个码片（Chip，又称切普），码片波形 $\psi(t)$ 设计用于限制接收机中的码片间干扰，并且主要限制在时间间隔$[0,T_c]$内。图 7-10 展示了数据调制和扩频波形示意图。

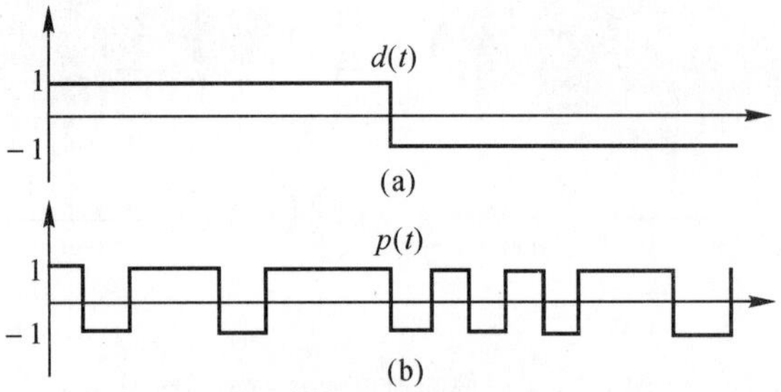

图 7-10　数据调制和扩频波形示意图

(a) 数据调制；(b) 扩频波形

扩频的保密性是指在不知道扩频序列的情况下无法恢复传输的消息。虽然消息保密性可以通过加密技术来保护，但即使不使用加密技术，消息隐私也可以提供保护。如果数据符号和码片转换不一致，则理论上可以通过检测和分析转换将数据符号与码片分离。为了确保消息的隐蔽性，数据符号转换必须与码片转换一致。转换意味着每个数据符号的码片数为正整数。如果 W 是 $p(t)$ 的带宽，B 是 $d(t)$ 的带宽，则扩频意味着 $W\gg B$。

图 7-11 给出的是直扩系统采用BPSK或DPSK基本功能图。为实现扩频转换，数据符号和码片必须在同一时钟频率下进行模 2 加，在发射端，如图 7-11(a) 所示，信息比特经过 $1\to-1$，$0\to+1$ 转换，切片波形调制，上载波，发射。在接收端，如图 7-11(b) 所示，接收到的信号经过滤波，然后与同步本地扩频波形 $p(t)$ 信号相乘，如果 $\psi(t)$ 是单位幅度的矩形信号，则 $p_i=\pm 1$，$p^2(t)=1$，因此式(7.9) 的信号变为

$$s_1(t)=\underbrace{Ad(t)p(t)\cos(2\pi f_c t+\theta)}_{s(t)}p(t)=Ad(t)\cos(2\pi f_c t+\theta) \tag{7.12}$$

该信号作为 BPSK 或 DPSK 解调的输入信号。

图 7-12(a) 给出的是由宽带滤波器输出的信号和窄带干扰的频谱密度定性描述。式(7.12) 描绘的是接收信号与扩频波形相乘，称为解扩，产生了如图 7-12(b) 所示的频谱信号，并作为解调器的输入，此时，信号带宽减为 B，而干扰则扩散到带宽 W 上了。解调器的滤波移除了与信号频谱不重叠的大部分干扰频谱，大部分原始干扰能量被消除。因此，扩频增益 $G_{\mathrm{p}}=\frac{W}{B}=\frac{T_{\mathrm{s}}}{T_{\mathrm{c}}}$。由于解扩后高斯白噪声的频谱保持不变，因此直扩序列系统无法抑制高斯白噪声。

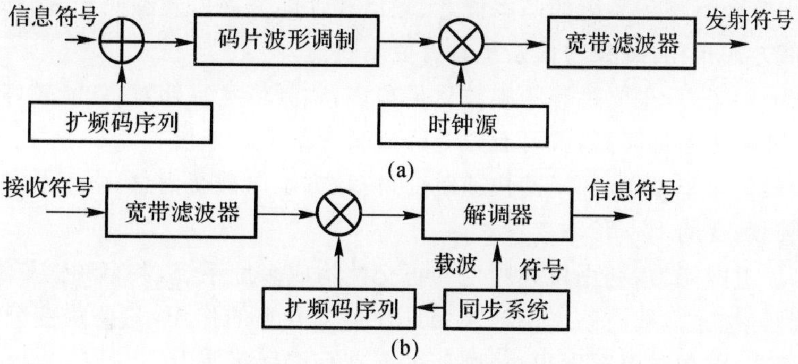

图 7-11　直扩系统功能图

(a) 发射机；(b) 接收机

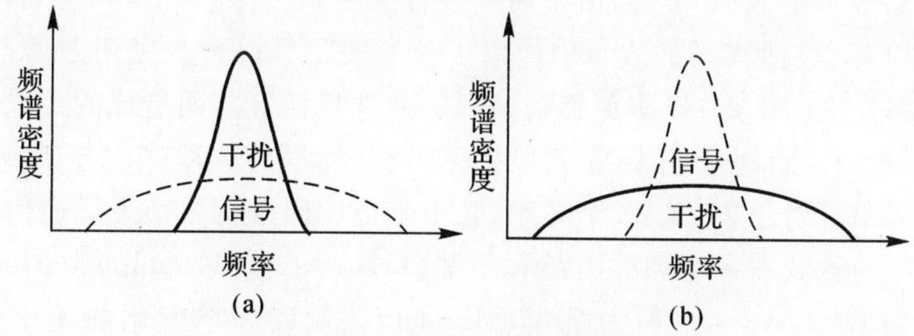

图 7-12　信号和干扰的频谱

(a) 宽带滤波输出；(b) 解调信号

扩频波形 $p(t)$ 的频谱由码片波形 $\psi(t)$ 决定，码片波形的设计应该设法在接收端匹配滤波器的输出样本之间造成可忽略的码片间干扰，但是，发射端的宽带滤波器和信道扩展导致接收端码片宽度不再完全限制在时间间隔$[0, T_c]$内。为避免码片间干扰，滤波后的码片波形应该满足奈奎斯特准则(Nyquist Criterion)。

直扩接收端计算接收的扩频序列和存储的扩频序列之间的相关函数，当接收器与接收序列同步时，相关性会很高，当接收器与接收序列不同步时，相关性则降低。因此，扩频序列的自相关性及同步技术都至关重要。

直扩信号载波泄露问题讨论：载波抑制不好导致在载波频点出现尖峰，导致谱线暴露出来，而不是淹没在宽带信号谱中，不利于隐蔽通信。扩频序列的不平衡性或平衡调制电路都容易导致载波抑制不好。因此，也称为载波泄露。在实际工程中，一方面要注意平衡调制器的性能提升，另一方面要确保扩频码的平衡性。

直扩序列的信息调制可以采用 FSK 调制、BPSK/QPSK 调制、MSK 调制等。

7.3.2　跳频信号调制

跳频是发射信号的载波频率的周期性变化。这种时变特性可能赋予通信系统强大的抗干扰能力。直接序列系统依靠频谱扩频、频谱解扩和滤波来抑制干扰，而跳频系统中抑制干扰的基本机制是避免干扰。当回避失败时，由于载波频率的周期性变化，即使出现干扰也只是暂时的。信道编码的广泛使用进一步减轻了干扰的影响，信道编码对于跳频系统比直接序列系统更为重要。本小节介绍跳频系统的基本概念、频谱和性能方面以及编码和调制问题。

与传统通信方式相比，跳频通信系统具有以下特点[6-7]：

(1)具有抗干扰能力，只要跳频频率数目足够多，跳频带宽足够宽，就能较好地对抗宽带阻塞式干扰，只要跳频速率足够高，就可有效地躲避频率跟踪式干扰。

(2)具有低截获概率，载波频率的快速跳变，使敌方难以截获信息，由于跳频序列的伪随机性，敌方难以预测跳变的下一频率。

(3)具有多址组网能力，利用跳频序列的正交性构成多址系统，共享频谱资源。

(4)具有抗衰落能力，载波频率快速跳变具有频率分集的作用，只要跳变频率间隔大于衰落信道的相干带宽，跳频时隙宽度很小，则该系统具有抗衰落能力。

(5)易于与窄带通信兼容，宏观上跳频系统是宽带系统，微观上是瞬时窄带系统，因此，可以使用固定频率工作，即普通通信系统加装跳频模块，可变成跳频通信系统。

跳频专利最早出现在1941年，但由于硬件设备的限制，直到1971年美国才开始研究超短波跳频电台。1982年，英国在马岛战争中使用了分米波跳频电台。民用方面，GSM技术规范利用了其具有频率分集的优点，以避免移动站因频率选择性衰落而造成的干扰。GSM采用慢跳变技术，约217跳/s。而蓝牙在ISM频段(工业，科学，医疗频段，2.4～2.48 GHz)，采用1 600跳/s，间隔1 MHz，划分79或23个频率，几十米范围内进行数字无线通信。

跳频系统发送的载波频率序列称为跳频图案(Frequency - Hopping Pattern,)，M个可能载波频率的集合$\{f_1, f_2, \cdots, f_M\}$称为跳集(Hopset)。载波频率变化的速率是跳变率(Hop Rate)，跳频发生在称为跳频带(Hopping Band)的频带上，该频带包括M个频率信道(Frequency Channels)。每个频率信道又称频谱区域，跳集的单载频作为其中心频率，并且具有足够大的带宽B以包括具有特定载频信号脉冲的大部分功率。图7-13说明了与特定跳频图案相关的频率通道。跳之间的时间间隔称为跳时间隔(Hop Interval)。跳时间隔的长度是单跳持续时间T_h。跳频带的跳频带宽为$W \geqslant MB$。

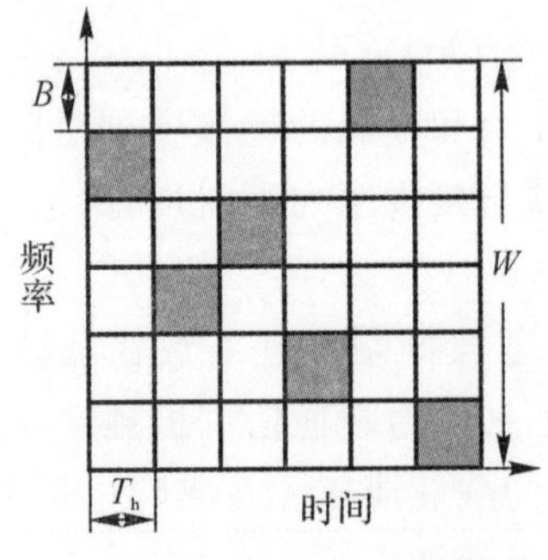

图7-13 跳频发射机的跳频图案

图7-14描述了跳频系统的一般形式，包括发射机和接收机。图案控制比特作为图案生成器的输出比特流，按照跳变率的变化，使得频率合成器产生跳频图案，调制数据与之混合产生跳频信号，如果调制数据按照某种角度$\varphi(t)$调制产生，那么第i跳的接收信号为

$$s(t) = \sqrt{2\varepsilon_s / T_s} \cos[2\pi f_{ci} t + \phi_i + \phi(t)], \quad (i-1)T_h \leqslant t \leqslant T_h \tag{7.13}$$

其中：ε_s为每个符号的能量，T_s为符号持续时间，f_{ci}，φ_i分别为第i跳的载波频率和随机相位角。

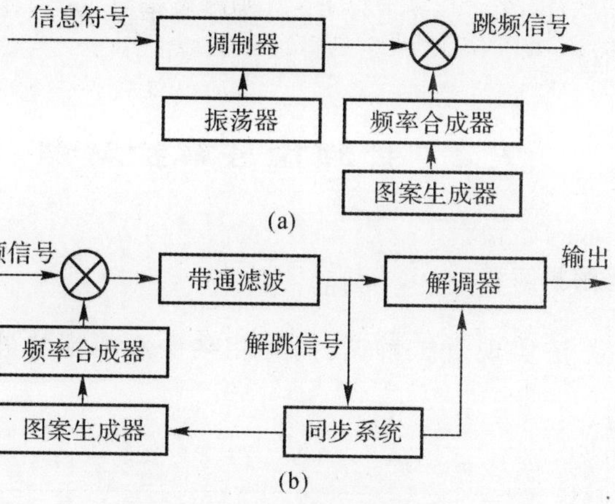

图 7-14　跳频系统的一般形式

(a)发射机；(b)接收机

图 7-14(b)中接收机的频率合成器产生的跳频图案与发射机产生的图案同步，混合操作从接收信号中去除跳频图案，因此称为去噪。混频器输出信号导进带通滤波器，以去除倍频分量，并产生数据调制的解跳信号(Dehopped Signal)。

虽然跳频在抗白噪声方面没有优势，但它可以使信号跳出带有干扰或缓慢频率选择性衰落的信道。为了完全摆脱窄带干扰的影响，必须使用不相交的频率信道。不相交的信道可以是连续的，或者在它们之间具有未使用的频谱区域。一些具有稳定干扰或对衰落敏感的频谱区域可以从 hopset 中去掉，这一过程称为频谱开槽(Spectral Notching)。

为确保跳频图案难以再现或被对手破坏，该图案应为伪随机图案，具有大周期且在信道上近似均匀分布。图案生成器是一个非线性序列生成器，它是将每个生成器状态映射到指定频率的模式控制器。

为增强跳频系统传输的安全性，图案生成器的结构或算法由一组模式控制位确定，这些位包括扩频密钥和时间(Time-of-Day，TOD)。扩频密钥(Spread-Spectrum Key)是安全源，它是一组很少改变的比特。扩频密钥可以通过将秘密比特与在通信链路的另一端识别发送设备和接收设备的两组地址比特组合来生成。TOD 是从 TOD 计数器的各个阶段派生的一组位，随 TOD 时钟的每次转换而变化。例如，扩频密钥可能每天更改，而 TOD 可能每秒更改一次。TOD 的目的是在没有经常改变扩频密钥的情况下改变图案生成器算法。实际上，图案生成器算法由一个时变密钥控制。跳变速率时钟在图案生成器中发生变化时进行调节，其速率远高于 TOD 时钟。在接收机中，跳变速率时钟由同步系统产生。在发射机和接收机中，TOD 时钟都可以从跳变速率时钟导出。

频率选择性衰落和多普勒频移使发射机和接收机中的频率合成器之间很难保持跳间的相位一致。此外，接收信号的频率变化与接收机中合成器输出的频率变化之间的时变延迟导致解跳信号中的相移因每个跳时间隔不同而不同。因此，除非有导频信号，否则跳频系统采用非相干或差分相干解调器，跳变持续时间非常长，或者使用精细的相位迭代估计(可能作为 turbo 解码的一部分)。假设跳频系统发射机的发射信号为

$$s_1(t)=m(t)\cos[(\omega_0+n\omega_\Delta)t+\varphi_n] \tag{7.14}$$

其中：$n=0,1,\cdots,N-1$，$\cos[(\omega_0+n\omega_\Delta)t+\varphi_n]$为跳频信号，$m(t)$，$\omega_\Delta$，$\varphi_n$分别为数字信息流，跳变频率间隔，初始相位。

7.4 扩频信号解扩解调

7.4.1 直扩信号解扩解调

本小节介绍两种方法实现直扩解调：码片相乘法和匹配滤波法。码片相乘法采用的MATLAB代码如下：

```
clear all;close all;clc;
Nsym=1e1; rng(1);
msg=randi([0,1],1,Nsym);   P_msg=((2*msg)-1);
Nsamp=5;
Rect_msg=rectpulse(P_msg,Nsamp);
figure(1);subplot(411);stem(P_msg);title('原始极性码元');
subplot(412);stem(Rect_msg);title('上采样后的极性码');
%% CODE
r=3;
code=Ch7mseq(r); Ncode=length(code);
subplot(413);stem(code);title('原始 PN 码');
Rect_code=rectpulse(code,Nsamp);
subplot(414);stem(Rect_code);title('上采样的 PN 码');
Auco_msg=xcorr(Rect_msg);
t_1=linspace(-length(Auco_msg)/2,length(Auco_msg)/2,length(Auco_msg));
figure(2);
subplot(311);stem(t_1,Auco_msg);title('上采样的信息的 ACF');
acf_code=xcorr(code);
subplot(312);stem(acf_code);title('PN 码的 ACF');
% PSD_code=abs(fftshift(fft(acf_code)));stem(t_3,PSD_code);title('上采样的扩频码的 PSD');
%% SPREDED MSG
smsg=kron(Rect_msg,code);
acf_smsg=xcorr(smsg);
t_4=linspace(-length(acf_smsg)/2,length(acf_smsg)/2,length(acf_smsg));
subplot(313);stem(t_4,acf_smsg);title('扩频信息的 ACF');
figure(3);subplot(311);stem(smsg);title('扩频信息');
%% DESPREDED MSG
lon_code=kron(ones([1,Nsamp*Nsym]),code);
subplot(312);stem(lon_code);title('上采样的 PN 码');
rec_msg=smsg.*lon_code;   dsmsg=downsample(rec_msg,Ncode);
subplot(313);stem(dsmsg);title('相乘法解扩信息');
check=isequal(Rect_msg,dsmsg)
```

```
figure(4);subplot(311);stem(P_msg);title('原始信息');
%% MATCHED FILTER
MF_out=conv(smsg, fliplr(code));
MF_sampled=MF_out(Ncode:Ncode:end);
d=MF_sampled >0;
dsmsg_2=2*d-1;
check_1= isequal(dsmsg,dsmsg_2);
subplot(312);stem(dsmsg_2);title('匹配滤波法解扩');
dsdsmsg=downsample(dsmsg_2,Nsamp);
subplot(313);stem(dsdsmsg);title('下采样后的恢复信息');
```

7.4.2 跳频信号解扩解调

$s_1(t)$ 在信道中容易受到其他地址信号 $s_j(t)$、高斯白噪声 $n(t)$ 以及干扰 $J(t)$ 的影响，最终接收信号为

$$s_i(t)=s_1(t)+\sum_{j=2}^{k}s_j(t)+n(t)+J(t) \tag{7.15}$$

其中：$s_1(t)$ 为有用信号，$\sum_{j=2}^{k}s_j(t)$ 为其他地址信号。

接收信号 $s_i(t)$ 与本地信号 $\cos[(\omega_r+n\omega_\Delta)t+\varphi_r]$ 相乘后，得

$$s_p(t)=[s_1(t)+\sum_{j=2}^{k}s_j(t)+n(t)+J(t)]\cos[(\omega_r+n\omega_\Delta)t+\varphi_r] \tag{7.16}$$

其中：ω_r 为本地频率合成器的中心频率。假设收、发端跳频图案已同步，经滤波后得

$$s_{12}(t)=0.5m(t)\cos[(\omega_r-\omega_0)t+\varphi_r-\varphi_n] \tag{7.17}$$

该信号送入解调器中，即可恢复出原始信息 $m(t)$。跳频系统对高斯白噪声 $n(t)$ 无处理增益，而对于干扰 $J(t)$，只有与跳频信号频率跳变规律完全一致，才能始终构成干扰。其他地址信号 $s_j(t)$ 在组网时对应跳频是正交的，因此，不构成干扰。

跳频序列也可以称为伪随机 PN 序列。PN 序列发生器由三个部分组成：N 级移位寄存器、模 2 加法器和连接向量。这个连接向量具体定义了移位寄存器各级与模 2 加法器之间的连接。它确定了发生器的性能特点。建立 PN 序列发生器仿真程序首先要将移位寄存器状态设置成如下向量：

$$\boldsymbol{B}=[b_1 \quad b_2 \quad \cdots \quad b_{N-1} \quad b_N]$$

并令连接向量为

$$\boldsymbol{G}=[g_1 \quad g_2 \quad \cdots \quad g_{N-1} \quad g_N]$$

模 2 加法器的输出是反馈信号 $f[n]$，定义如下：

$$f[n]=\sum_{i=1}^{N}b_i g_i=\boldsymbol{BG}^{\mathrm{T}}$$

反馈信号也就是 b_1 的下一个值。仿真 PN 序列发生器的 MATLAB 代码如下：

```
pntaps = [ 0 0 1 0 0 0 0 0 0 1] ;
pninitial = [ 0 0 0 0 0 0 0 0 0 1] ;
```

```
pndata = zeros(1,255);
samp_per_sym = 1;
pnregister = pninitial;
n = 0;
kk = 0;
while kk == 0
    n = n+1;
    pndata(1,n) =pnregister(1,1);
    feedback= rem((pnregister * pntaps'),2);
    pnregister=[ feedback,pnregister(1,1:9)];
    if pnregister == pninitial
        kk = 1;
    end
    pndata =upfirdn(pndata,samp_per_sym);
    kn = n * samp_per_sym;
    pndata1 = 2 * pndata-1;
    a = fft(pndata1);
    b = a. * conj(a);
    Rm = real(ifft(b))/kn;
end
x1 = (0:length(Rm)-1)/samp_per_sym;
x2 = 0:100;
figure(1)
subplot(3,1,1);
plot(x1,Rm,'. k');
xlabel('(a) R m');
subplot(3,1,2);
stem(x2,Rm(1:101),'. k');
xlabel('(b) 部分 m');
subplot(3,1,3);
stem(x2,pndata(1 :101),'. k');
xlabel('(c) 输出端的前 101 个采样');
axis([0 100 -1.5 1.5]);
```

其仿真结果如图 7－15 所示。

该程序还产生了自相关函数图(R_m)、自相关函数的前 101 个采样(部分 R_m)以及发生器输出端的前 101 个采样。

在跳频通信系统仿真模型中,信息序列先经过 FSK 调制,经过截止频率为 25 Hz 的低通滤波器后(把信号频率限制在 25 Hz),再进入混频器搬移到更高的频率发送出去,在接收端,用与发送端同步的跳频信号对其进行变频(跳频的解跳处理在此进行),取下边频,然后进行 FSK 的解调。恢复出原始信息序列。载波频率设置为 10kHz,跳频调制个数为 2 个。

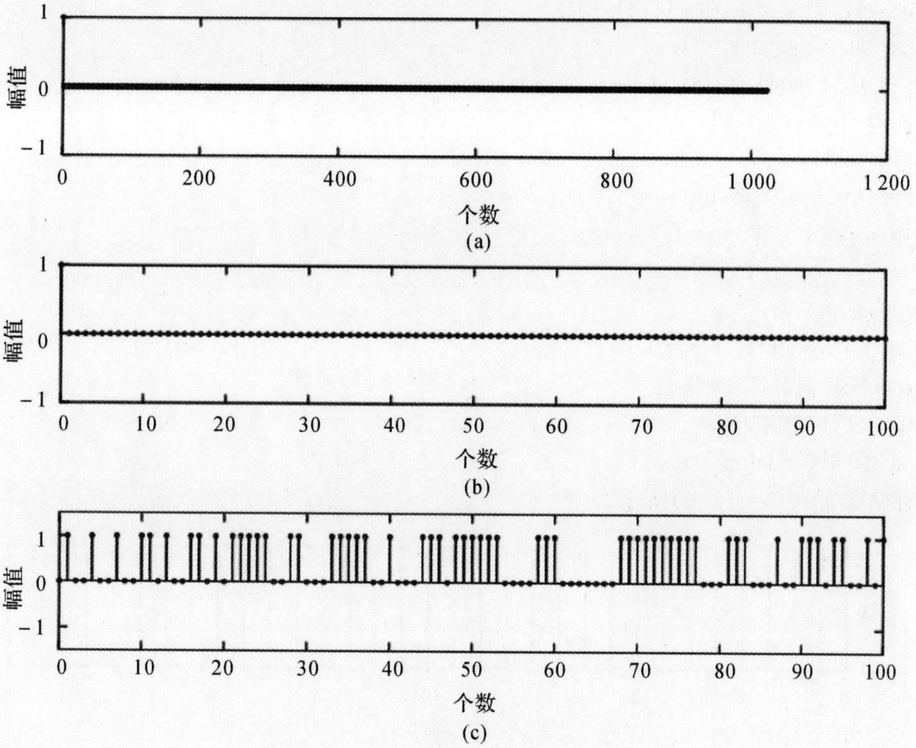

图 7-15　PN 序列发生器采样结果图

(a)R_m；（b)部分 R_m；（c)输出端的羊 101 个采样

1. 跳频通信初始化

```
fs = 20e3;
Ts = 1/fs;
Tf = 8-Ts;
%产生原始信息序列(双极性不归零码):
Tm = 0.5;
[u,time] = gensig('square',Tm,Tf,Ts);
y = 2 * (u-0.5);
figure(2)
subplot(3,1,1);
plot(time,y);
title('信息序列');
xlabel('(a) 时间/s');
```

仿真结果如图 7-16(a)所示。

2. 信息序列的 FSK 调制

```
T0 = 0.1;
f0 = 1/T0;
T1 = 0.2;
f1 = 1/T1;
[u0,time] = gensig('sin',T0,Tf,Ts);
```

```
[u1,time] = gensig('sin',T1,Tf,Ts);
y0 = u0. * sign(-y + 1);
y1 = u1. * sign(y + 1);
SignalFSK = y0 + y1;
nfft=fs+1;
Y = fft(SignalFSK,nfft);
PSignalFSK = Y. * conj(Y)/nfft;
f = fs * (0:nfft/2)/nfft;
subplot(3,1,2);
plot(f,PSignalFSK(1:nfft/2+1));
title('FSK 调制后的频谱');
xlabel ('(b) 频率/Hz') ;
axis([0 100 -inf inf]);
```

仿真结果如图 7-16(b)所示。

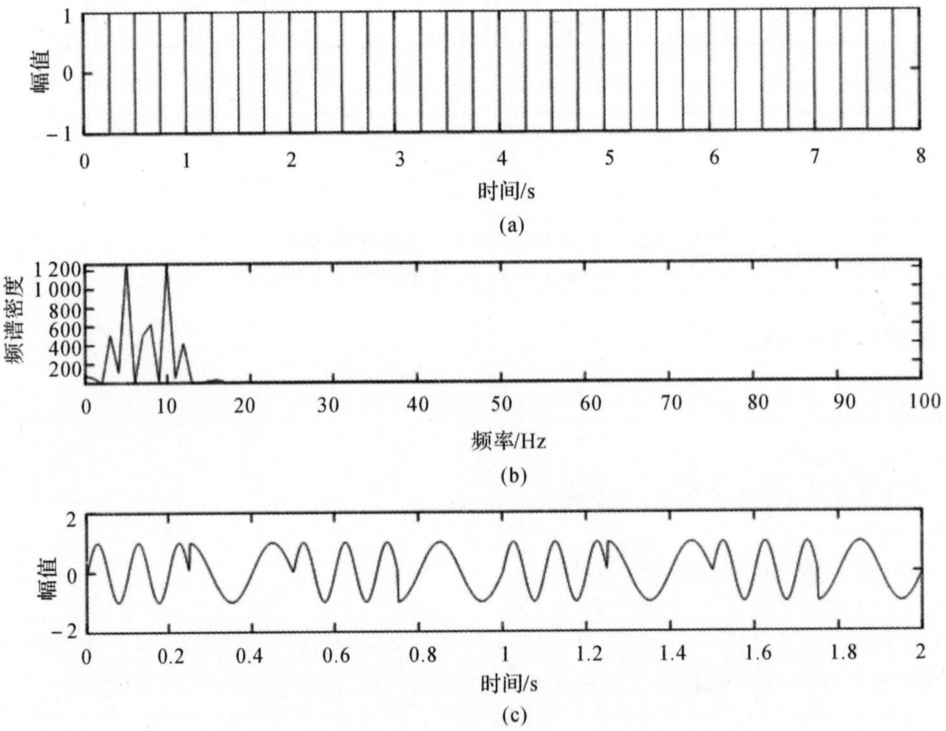

图 7-16 信息序列与 FSK 解调

(a)信息序列；(b)FSK 调制后的频谱；(c)经低通滤波后的波形

3. FSK 调制后信号的低通滤波

```
cof_low = fir1(64,25/fs);
SignalFSK_l = filter(cof_low,1,SignalFSK);
subplot(3,1,3);
plot(time,SignalFSK_l);
title('FSK 调制后经过低通滤波的波形');
```

```
xlabel('(c) 时间/s');
axis([0 2 -2 2]);
YSignalFSK_l = fft(SignalFSK_l,nfft);
PSignalFSK_l = YSignalFSK_l. * conj(YSignalFSK_l) /nfft;
f = fs * (0:nfft/2)/nfft;
figure(3);
subplot(3,1,1);
plot(f,PSignalFSK_l(1:nfft/2+1));
title('FSK 调制后经过低通滤波的频谱');
xlabel('(a) 频率/Hz');
axis([ 0 100 -inf inf])
```

仿真结果如图 7-16(c)和图 7-17(a)所示。

4. 信号混频

```
fc = 1e3;
Tc = 1/fc;
[Carrier,time] = gensig('sin', Tc, Tf, Ts); %产生扩频载波
MixSignal = SignalFSK_l. * Carrier;
subplot(3,1,2);
plot(time,MixSignal);
title('混频后的波形');
xlabel('(b) 时间/s');
axis([-inf inf -1.5 1.5 ]);
```

仿真结果如图 7-17(b)所示。

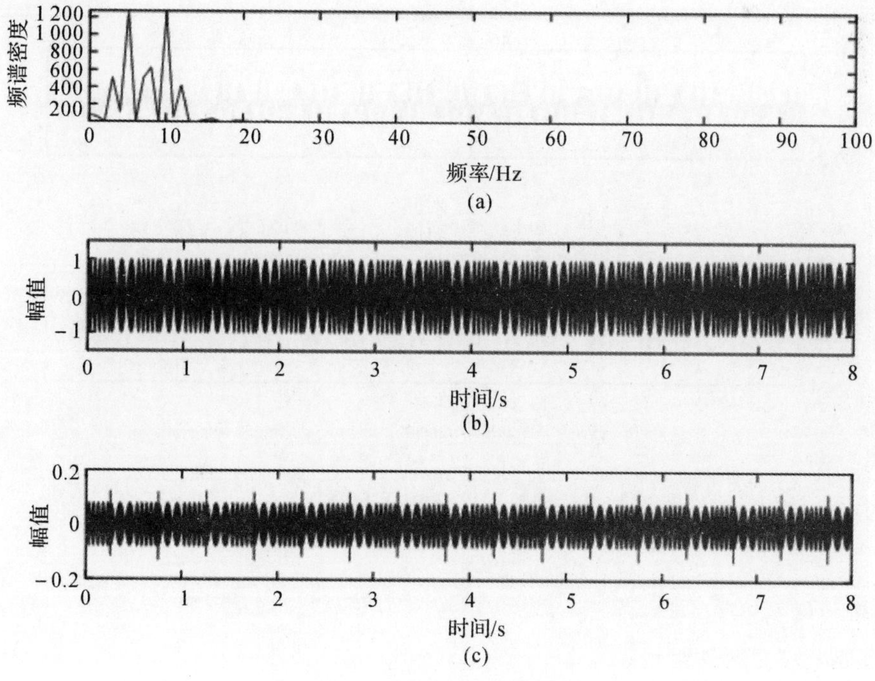

图 7-17 低通滤波与混频

(a)经低通滤波的频谱；(b)混频后的波形；(c)带通滤波的混频信号

5. 混频后信号的带通滤波

```
cof_band = fir1(64,[ fc-12.5,fc+12.5]/fs);
yMixSignal = filter(cof_band,1,MixSignal);
subplot(3,1,3);
plot(time,yMixSignal);
title('经过带通滤波的混频信号' );
xlabel('(c) 时间/s');
% axis([0 2 -2 2])
YMixSignal = fft(yMixSignal,nfft);
PMixSignal = YMixSignal. * conj(YMixSignal) /nfft;
f = fs * (0:nfft/2)/nfft;
figure(4);
subplot(3,1,1);
plot(f,PMixSignal(1:nfft/2 +1));
title('经过带通滤波的混频信号频谱');
xlabel('(a) 频率/Hz')
axis([800 1200 -inf inf])
```

仿真结果如图 7-17(c)和图 7-18(a)所示。

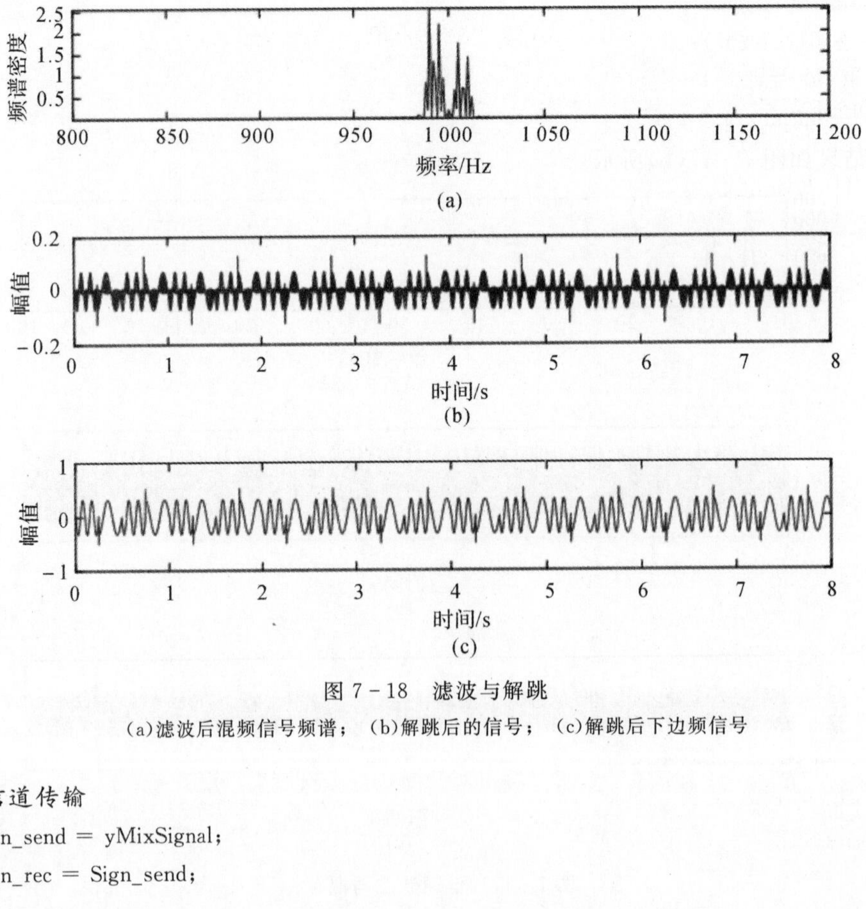

图 7-18 滤波与解跳

(a)滤波后混频信号频谱；(b)解跳后的信号；(c)解跳后下边频信号

6. 信道传输

```
Sign_send = yMixSignal;
Sign_rec = Sign_send;
```

7. 接收端信号的解跳

```
1. fc = 1e3;
2. Tc = 1/fc;
3. [Carrier, time] = gensig('sin',Tc,Tf,Ts);
4. Sign_rec = Sign_send;
5. ySign_rec = Sign_rec. * Carrier;
6. subplot(3,1,2);
7. plot(time,ySign_rec);
8. title('解跳后的信号');
9. xlabel('(b) 时间/s');
```

仿真结果如图 7-18(b)所示。

8. 解跳后低通滤波取下边频信号

```
1. cof_low = fir1 (64,25/fs);
2. Sign_rec_l =filter(cof_low,1,ySign_rec);
3. subplot(3,1,3);
4. plot(time, Sign_rec_l);
5. title('解跳后的下边频的信号');
6. xlabel('(c) 时间/s');
7. YSign_rec_l = fft(Sign_rec_l,nfft);
8. PSign_rec_l = YSign_rec_l. * conj(YSign_rec_l)/nfft;
9. f =fs * (0:nfft/2)/nfft;
10. figure(5);
11. subplot(3,1,1);
12. plot(f, PSign_rec_l(1:nfft/2+1));
13. title('解跳后的下边频频谱');
14. xlabel('(a) 频率/Hz');
15. axis([ 0 100 -inf inf]);
```

仿真结果如图 7-18(c)和图 7-19(a)所示。

9. 信号 FSK 解码得到采样判决前的信号

```
1. cof_f0 =fir1(64,[f0-0.25,f0+0.25]/fs);
2. cof_f1 = fir1(64,[f1-0.25,f1+0.25]/fs);
3. DeFSK0 = filter(cof_f0,1,Sign_rec_l);
4. DeFSK1 = filter(cof_f1,1, Sign_rec_l);
5. rDeFSK0 = DeFSK0. * u0;
6. rDeFSK1 = DeFSK1. * u1;
7. rDeFSK = rDeFSK0 - rDeFSK1 ;
8. subplot(3,1,2);
9. plot(time,rDeFSK);
10. title('采样判决前的信号');
11. xlabel('(b) 时间/s');
```

仿真结果如图 7-19(b)所示。

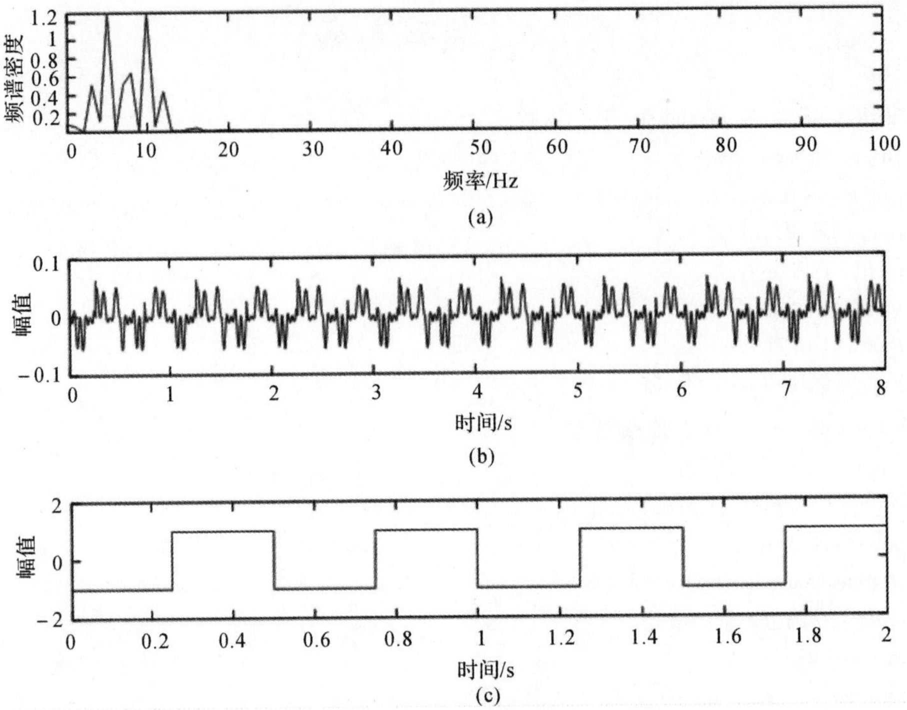

图 7-19 解跳与判决

(a)解跳后下边频频谱； (b)采样判决前的信号； (c)恢复的信息

10.采样判决恢复原始信息序列

```
Stime = round(0.25/Ts);
Msg = [] ;
Num = 0;
while(Num < 2/Ts)
    if(mod(Num,Stime) == 0)
        Msg = [Msg ones(1,Stime+1) * sign(sum(rDeFSK((Num+1):(Num+Stime))))];
    end
    Num = Num + Stime;
end
subplot(3,1,3);
plot((1:length(Msg))/fs,Msg)
title('恢复的信息');
xlabel('(c) 时间/s');
```

仿真结果如图 7-19(c)所示。

至此，整个跳频仿真过程完成。从跳频通信仿真过程中可以得到跳频带宽越宽，抗宽带干扰的能力越强，所以希望能全频段跳频。跳变的频率数目越多，抗单频、多频以及梳状干扰的能力越强。跳频码的长度将决定跳频图案延续时间的长度，这个指标与抗截获(破译)的能力有关。跳频图案延续时间越长，敌方破译越困难，抗截获的能力也越强。

7.5　本章小结

本章主要阐述了扩频通信，首先描述了白噪声统计特性的信号，简要介绍了扩频系统的性能评估，此外，阐述了伪随机序列的几种构造方式，包括 m 和 M 序列、Gold 序列，Hadamard 序列，混沌序列等；扩频调制主要包括直扩和跳频两种常见方式。同时，也对扩频信号解扩解调进行了阐述，包括直扩信号解扩解调和跳频信号解扩解调等过程，并结合 MATLAB 进行了分析。

7.6　思考与练习

1. 何谓扩展频谱通信？它有何优点？

2. 扩展频谱技术可以分为哪几类？

3. 为何扩展频谱技术在加性高斯白噪声信道中不能使性能得到改善？

4. 已知 3 级线性反馈移存器的原始状态为 111，试写出两种 m 序列的输出序列。

5. 一个 4 级线性反馈移存器的特征方程为 $f(x)=x^4+x^3+x^2+x+1$，试证明由它所产生的序列不是 m 序列。

6. 使用 MATLAB 仿真生成 $n=3$ 的 m 序列，其中第一个与第三个寄存器与反馈加法器相连，寄存器的初始值都为 1。

参考文献

[1]　田日才，迟永钢. 扩频通信[M]. 2 版. 北京：清华大学出版社，2014.

[2]　DEERGHA R K. Channel coding techniques for wireless communications [M]. Germany：Springer，2015.

[3]　赵刚. 扩频通信系统实用仿真技术[M]. 北京：国防工业出版社，2009.

[4]　任涛，井元伟，姜囡. 混沌同步控制方法及在保密通信中的应用[M]. 北京：机械工业出版社，2015.

[5]　冯永新，刘芳，潘高峰. 直接序列扩频信号同步新机理[M]. 北京：国防工业出版社，2011.

[6]　那丹彤，赵维康. 跳频通信干扰与抗干扰技术[M]. 北京：国防工业出版社，2013.

[7]　梅文华. 跳频序列设计[M]. 北京：国防工业出版社，2016.

附录 MATLAB基础知识

MATLAB自20世纪80年代问世以来，历经40多年的实践检验和市场筛选，已为科学研究和工程实践等众多领域提供了最可信赖的科学计算环境和平台。MathWorks公司为其众多格式的产品提供了大量的教程，针对具体函数的应用说明可以在其官网 https://www.mathworks.com/上搜索得到。本附录主要介绍MATLAB入门的一些基础知识。点击MATLAB桌面图标，就会出现类似附图1的界面，可看到四个窗口区间：

(1)当前文件夹：这是当前工作的目录和文件夹。

(2)命令窗口：输入命令可以立刻执行。

(3)工作区间：显示变量和数据。

(4)未命名的编辑器：一旦点击新建按钮，编辑窗口提供编程的脚本空间。

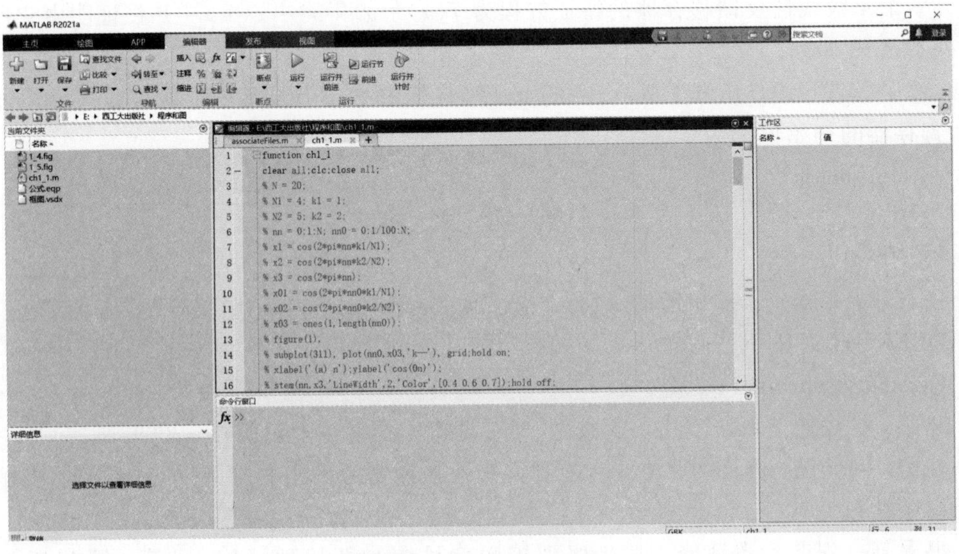

附图1 MATLAB界面

现在，图标按钮和功能区菜单的功能更加直观，不言自明。可以通过以下方式执行MATLAB命令：

(1)在命令窗口中键入命令，并敲<Enter>键。

(2)在编辑器窗口输入程序，执行程序需按下<Ctrl>和<Enter>键。

脚本程序也可以通过点击运行按钮来执行，MATLAB编程一个第一个优点(即最大的优点)就是无忧变量，也就是说，如果我们需要设置某些变量，只需直接产生和使用他们即可。如果需要命令窗口清零，可以键入 clc。第二个优点就是对矩阵和线性代数运算提供了强大的支持。MATLAB最常用的算术运算符要求满足线性代数运算规则。通用冒号操作符使用“开始:步长:结束”形式创建等距向量，缺少步长值表示默认步长值为1。MATLAB提供了大量执行各种任务的函数。输入和输出参数格式可以通过使用帮助 help 命令或 doc 函数找到。第三个优点是强大的视觉功能。可以提供二维或三维图形以显示广泛的信息。标签、图例、范围等。还可以与 TEX 兼容一些命令，产生希腊字母或一些特殊符号。

附录 1　符号数学工具箱

符号数学是指没有赋值的变量作为符号执行精确计算。符号数学工具箱提供用于求解和操作符号数学的函数。工具箱提供微积分、线性代数、微分方程、方程简化和方程操作等功能。计算可以通过解析或使用可变精度算法来实现。MatlabLive 脚本编辑器提供了创建和运行符号数学代码的最佳环境。可将这些符号产品作为实时脚本与其他用户共享，或者将它们转换为 HTML 或 PDF 进行发布。例如代码：

```
1. x = 0:pi/100:2 * pi;
2. y1 = sin(x);
3. y2 = cos(x);
4. plot(x,y1,'--k',x,y2,'-b'), grid
5. legend('sin(\omega)','cos(\omega)');
6. xticks([0 pi/2 pi 3 * pi/2 2 * pi]) % Tick position
7. xticklabels({'0','\pi/2','\pi','3\pi/2','2\pi'})
8. xlim([0 2 * pi])
9. ylim([-1.5 1.5])
10. xlabel('\omega')
11. ylabel('幅度')
```

得到结果如附图 2 所示。

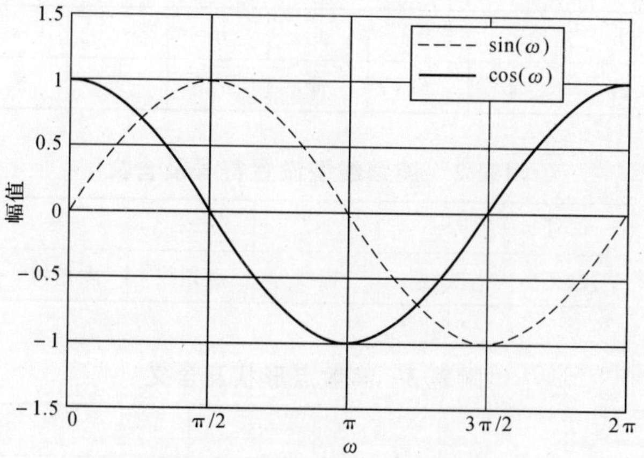

附图 2　符号数学曲线画图示例

如输入以下命令：

```
1. clear all
2. syms a
3. a = sym(pi)
4. sin(a)
```

```
5. sin(pi)
6. A = sym('b',[1 10])
7. syms f(x,y)
8. f(x,y)=x^2 * y
9. f(3,2)
10. B = sym('C%d%d',[3 3])
```

得到结果为

```
a = pi
ans = 0
ans =    1.2246e-16
1. A = [ b1, b2, b3, b4, b5, b6, b7, b8, b9, b10]
2. f(x, y) = x^2 * y
ans = 18
B =
[ C11, C12, C13]
[ C21, C22, C23]
[ C31, C32, C33]
```

附录 2　通信工具箱

在通信领域中，常用到 MATLAB 画不同曲线，而曲线为了有明显的区别，可以采用不同颜色和不同线型。附表 1 为对应颜色及含义，附表 2 为连续线型设置符号及含义，附表 3 为离散点形状及含义。

附表 1　曲线颜色标记及含义

符号	b	g	r	c	m	y	k	w
含义	蓝	绿	红	青	品红	黄	黑	白

附表 2　连续线型设置符号及含义

符号	—	:	—.	——
含义	实线	虚线	点划线	虚划线

附表 3　离散点形状及含义

符号	.	+	*	^	<	>	v
含义	打点	加号	星号	上三角	左三角	右三角	下三角
符号	d	h	o	p	s	x	
含义	钻石型	六角星	圆圈	五角星	方块	叉型	

MATLAB 的强大之处还在于其提供了非常丰富的功能函数，按照通信中不同模块，这些函数可以分为以下类别：信号源、信号分析函数、信源编码、差错控制编码、调制和解调、特殊滤

波器、信道函数、伽罗瓦域(Galois Field)计算等。针对这些不同模块,分别列举其函数名称及含义,方便有需要的时候可以详查其官网上的用法说明。

(1)信号源。

randerr	生成误码模式
randint	生成均匀分布随机整数矩阵
randsrc	使用指定的字母表生成随机矩阵
wgn	产生高斯白噪声

(2)信号分析函数。

biterr	计算误码数和误码率
eyediagram	生成眼图
scatterplot	生成散点图
symerr	计算符号错误数和符号错误率

(3)信源编码函数。

arithdeco	使用算术解码对二进制代码进行解码
arithenco	使用算术编码对符号序列进行编码
compand	按照 mu 律或 A 律进行信源编码
dpcmdeco	采用差分脉冲编码调制的解码
dpcmenco	采用差分脉冲编码调制的编码
dpcmopt	优化差分脉冲编码调制参数
lloyds	使用 Lloyd 算法优化量化参数
quantiz	产生量化索引和量化输出值

(4)信道编码函数。

bchpoly	为二进制 BCH 码生成参数或生成多项式
convenc	对二进制数据进行卷积编码
cyclgen	为循环码生成奇偶校验和生成器矩阵
cyclpoly	生成循环码的生成多项式
decode	分组码解码器
encode	分组码编码器
gen2par	奇偶校验和生成矩阵之间的转换
gfweight	计算线性分组码的最小距离
hammgen	为 Hamming 码生成奇偶校验和生成矩阵
rsdec	里德一所罗门(Reed一Solomon)解码器
rsdecof	使用 Reed Solomon 码解码 ASCⅡ 文件
rsenc	Reed一Solomon 编码器
rsencof	使用 Reed Solomon 码编码 ASCⅡ 文件
rsgenpoly	Reed一SolomWon 码的生成多项式
syndtable	可编解码表
vitdec	使用 Viterbi 对二进制数据进行卷积解码
bchdeco	BCH 解码

bchenco	BCH 编码

(5)调制解调函数。

ademod	模拟通带解调器
ademodce	模数模拟基带解调器
amod	模拟通带调制器
amodce	模拟基带调制器
apkconst	绘制一个组合圆形 ASK－PSK 信号星座
ddemod	数字通带解调器
ddemodce	数字基带解调器
demodmap	从解调信号中解映射数字消息
dmod	数字通带调制器
dmodce	数字基带调制器
modmap	将数字信号映射为模拟信号
qaskdeco	对 QASK 方形信号星座的解映射
qaskenco	将消息映射到 QASK 方形信号星座

(6)特殊滤波器。

hank2sys	将 Hankel 矩阵转换为线性系统模型
hilbiir	设计希尔伯特变换的 IIR 滤波器
rcosflt	使用升余弦滤波器对输入信号进行滤波
rcosine	升余弦滤波器的设计
rcosfir	设计一种升余弦 FIR 滤波器
rcosiir	设计升余弦 IIR 滤波器

(7)信道仿真函数。

awgn	对信号添加加性高斯白噪声

(8)伽罗瓦域计算。

gf	创建伽罗瓦字段数组
gftable	生成文件以加速伽罗瓦场计算
isprimitive	为真则判断为 Galois 域的本原多项式
lu	Galois 阵列的上下三角分解
minpol	求伽罗瓦域元素的最小多项式
mldivide	矩阵左除/伽罗瓦数组
polyval	伽罗瓦域中的多元求值多项式
primpoly	寻找伽罗瓦域的本原多项式
tril	提取 Galois 阵列的下三角部分
triu	提取 Galois 阵列的上三角部分
gfpretty	以传统格式显示多项式
gfprimck	检查伽罗瓦域上的多项式是否为本原
gfprimdf	为伽罗瓦字段提供默认本原多项式
gfprimfd	查找伽罗瓦域的本原多项式

(9)共用程序。

bi2de	将二进制向量转换为十进制数
de2bi	将十进制数转换为二进制向量
erf	误差函数
erfc	互补误差函数
istrellis	检查输入是否为有效的网格结构
marcumq	广义 marcumq 函数
mask2shift	将移位寄存器配置的掩码向量转换为移位
oct2dec	将八进制数转换为十进制数
poly2trellis	将卷积码多项式转换为网格描述
shift2mask	将移位寄存器配置的移位转换为掩码向量
vec2mat	将向量转换为矩阵

举例说明 mat = vec2mat(vec,matcol);将向量按照 matcol 列构造出矩阵,这个函数功能和 reshape 命令类似,但 reshape 命令要求前后元素个数不变,而 vec2mat 命令可以根据需要补充 0 进去。如输入命令 vec = [1 2 3 4 5];[mat,padded] = vec2mat(vec,3)得到

```
mat =
      1     2     3
      4     5     0
padded =
      1
```

附录 3 三维可视化命令

在水声通信中,MATLAB 常用来分析信号、水声信道等特点,通常会用到三维画图命令。本小节针对这一场景进行介绍。

例如仿真某一海底地形,经纬矩阵由 meshgrid 获得,代码如下:

```
1. clear;clc;close all;
2. rng(3,'v5normal');
3. x=-5:5;y=x;
4. [X,Y]=meshgrid(x,y);
5. z=1.5*exp(-((X-2).^2+(Y-2).^2))-.5*exp(-((X+1.5).^2+(Y+2).^2));
6. Z=-1e3+z+randn(size(X))*0.05;
7. figure(1)
8. surf(X,Y,Z);view(-25,25);
9. xlabel('x');ylabel('y');zlabel('z');
```

运行结果如附图 3 所示,该地形图略显粗糙,可采用 interp2 进行插值,以便获得更加精细的海底地形图。代码如下:

```
1. x1=linspace(-5,5,50);y1=x1;
2. [X1,Y1]=meshgrid(x1,y1);
3. Z1=interp2(X,Y,Z,X1,Y1,'cubic');
```

```
4. figure(2);
5. surf(X1,Y1,Z1);view(-25,25);
6. xlabel('x');ylabel('y');zlabel('z');
```

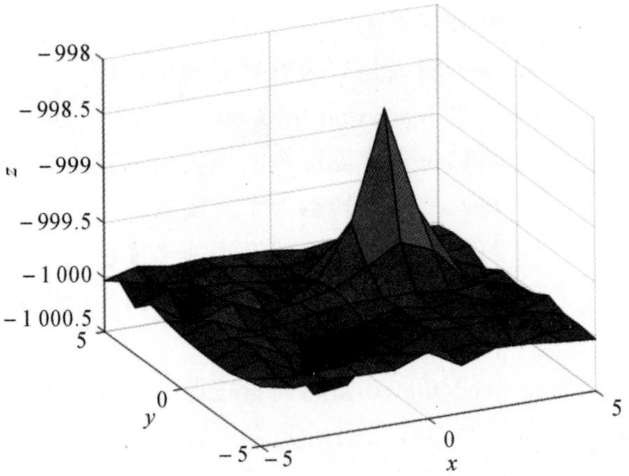

附图 3 仿真海底地形图

运行结果如附图 4 所示。可见,经过三次多项式插值之后的图形更加光滑而精细。此外,列举三维绘图或两维半绘图命令及其含义见附表 4。

附表 4 MATLAB 中三维绘图指令

类别	指令	说明
网状图	mesh,ezmesh	绘制立体网状图
	meshc,ezmeshc	绘制带有等高线的网状图
	meshz	绘制带有“围裙”的网状图
曲面图	surf,ezsurf	立体曲面图
	surfc,ezsurfc	绘制带有等高线的曲面图
	surfl	绘制带有光源的曲面图
	plot3,ezplot3	绘制立体曲线图
底层函数	surface	Surf 函数用到的底层命令
	line3	Plot3 函数用到的底层命令
等高线	contour3	绘制立体等高线
水流效果	waterfall	在 x 或 y 方向产生水流效果
伪彩图表示	pcolor	在二维平面以颜色表示曲面高度
平面等高线	contour	在二维平面以颜色表示等高线

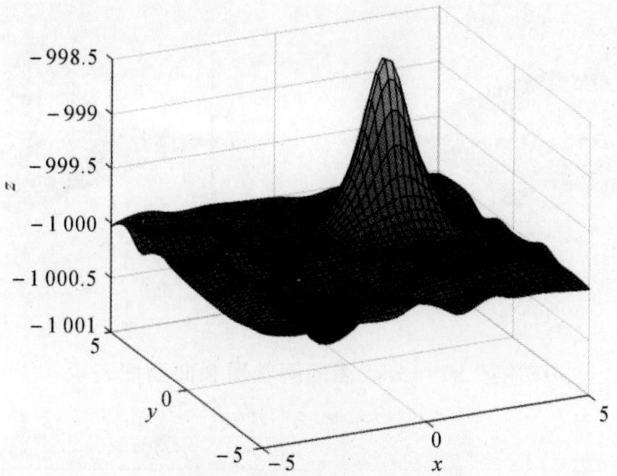

附图 4 仿真海底地形图

为了方便测试立体绘图效果，MATLAB 提供了一个 peaks 函数，可以产生凹凸有致的曲面，包括了三个局部极大和三个局部极小点。网状图和曲面图的对比结果如附图 5 所示，实际上可以根据不同需求采用对应的画图方式。采用的 MATLAB 命令如下：

```
1. clear;clc;close all;
2. [x,y,z]=peaks;
3. figure(1)
4. subplot(321);mesh(x,y,z);title('(a) mesh');axis('tight');
5. subplot(322);meshz(x,y,z);title('(b) meshz');axis('tight');
6. subplot(323);meshc(x,y,z);title('(c) meshc');axis('tight');
7. subplot(324);surf(x,y,z);title('(d) surf');axis('tight');
8. subplot(325);surfc(x,y,z);title('(e) surfc');axis('tight');
9. subplot(326);surfl(x,y,z);title('(f) surfl');axis('tight');
```

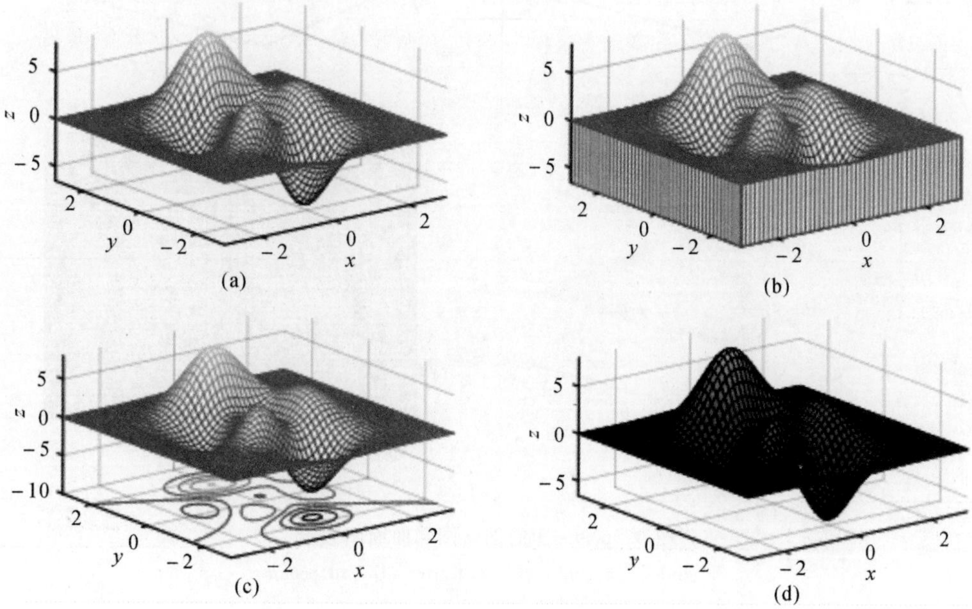

附图 5 peaks 图的网状图和曲面图表示

(a)mesh； (b)meshz； (c)meshc； (d)surf

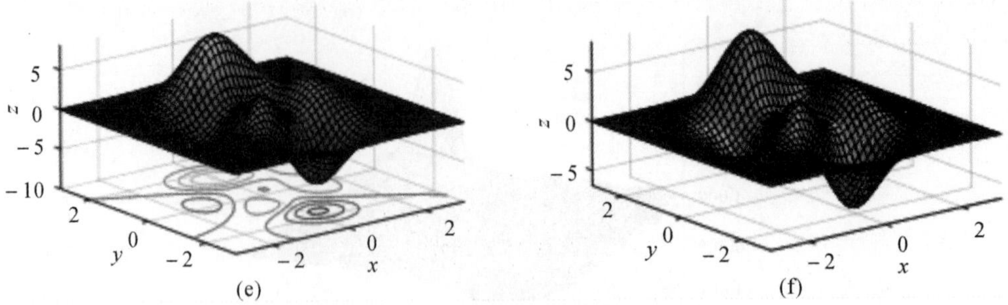

续附图5　peaks图的网状图和曲面图表示

(e)surfc；(f)surfi

对于曲线、等高线、水流效果及伪彩二维半图的对比结果如附图6所示，其所用到的MATLAB代码为：

```
figure(2)
subplot(221);plot3(x,y,z);title('(a) plot3');axis('tight');
subplot(222);contour3(x,y,z,20);title('(b) contour3');axis('tight');
subplot(223);waterfall(x,y,z);title('(c) waterfall');axis('tight');
subplot(224);pcolor(x,y,z);title('(d) pcolor');axis('tight');
```

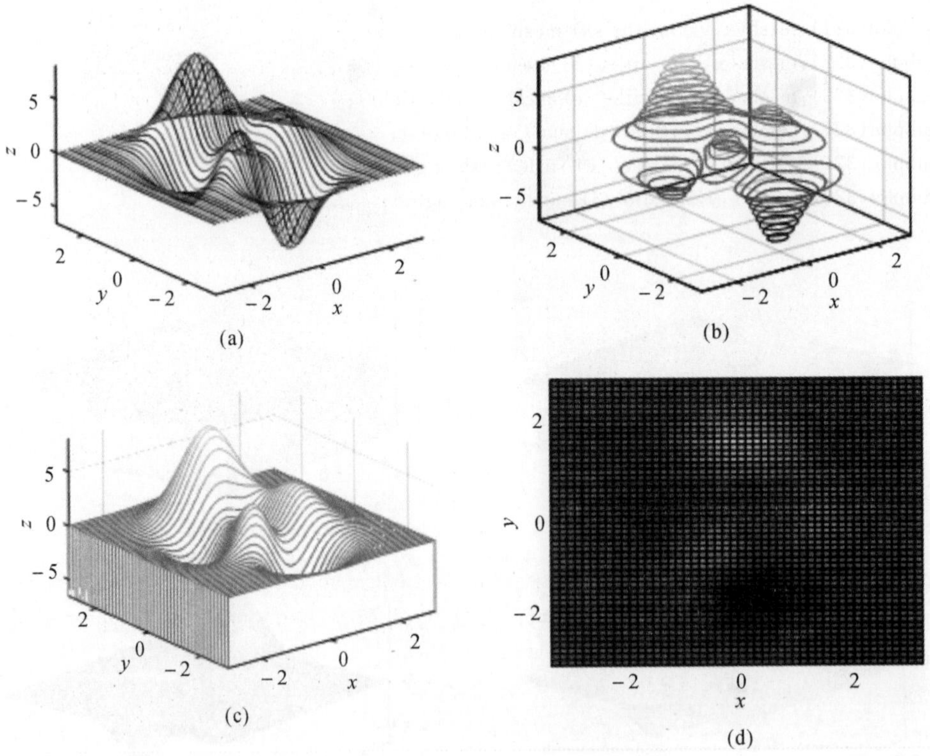

附图6　peaks图的网状图和曲面图表示

(a)plot3；(b)contour3；(c)waterfall；(d)pcolor

在二维半的可视化过程中，可以结合pcolor和contour函数创建三维数据，此外，也可以采用 contourf 函数命令完成这一工作，结果如附图 7 所示，MATLAB 命令如下：

```
1. clear;clc;close all;
2. [x,y,z]=peaks(30); n=5;
3. figure(1);% subplot(121)
4. subplot('position',[0.1,0.1,0.35,0.75]);
5. pcolor(x,y,z);  shading interp
6. zmax=max(max(z));   zmin=min(min(z));   caxis([zmin,zmax])
7. colorbar('position',[0.25,0.92,0.515,0.025]);
8. hold on; c=contour(x,y,z,n,'k:'); clabel(c); hold off
9. xlabel('(a)');% subplot(122)
10. subplot('position',[0.6,0.1,0.35,0.75]);
11. [C,h]=contourf(x,y,z,n,'k:');clabel(C,h);
12. set(gcf,'color','w')
13. xlabel('(b)');
```

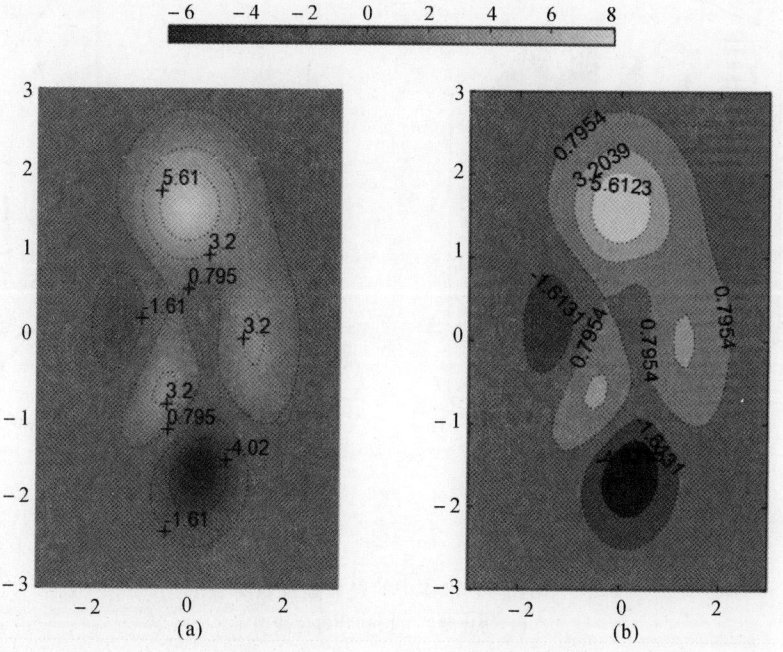

附图 7　peaks 图的二维半可视化

另外，采用切片的方式可以提供更多手段观察三维空间上的函数。如采用切片图表示水体中的射流速度及采用切片等位图表示水体中的射流速度，结果如附图 8 所示，对应 MATLAB 代码如下：

```
1. clear;clc;close all;
2. [x,y,z,v]=flow;
3. x1=min(min(min(x)));x2=max(max(max(x)));
4. y1=min(min(min(y)));y2=max(max(max(y)));
5. z1=min(min(min(z)));z2=max(max(max(z)));
6. sx=linspace(x1+1,x2,5);sy=0;sz=0;
```

```
figure;subplot('Position',[0.1,0.1,0.35,0.75]);
slice(x,y,z,v,sx,sy,sz);colormap jet;
colorbar('Location','North','Position',[0.25,0.92,0.515,0.025]);
view([-30,30]);box on;xlabel('(a) x');ylabel('y');zlabel('z');
subplot('Position',[0.6,0.1,0.35,0.75]);
v1=min(min(min(v)));v2=max(max(max(v)));
cv=linspace(v1,v2,15);
xlabel('(b) x');ylabel('y');zlabel('z');
contourslice(x,y,z,v,sx,sy,sz,cv);
view([-30,30]);box on;
```

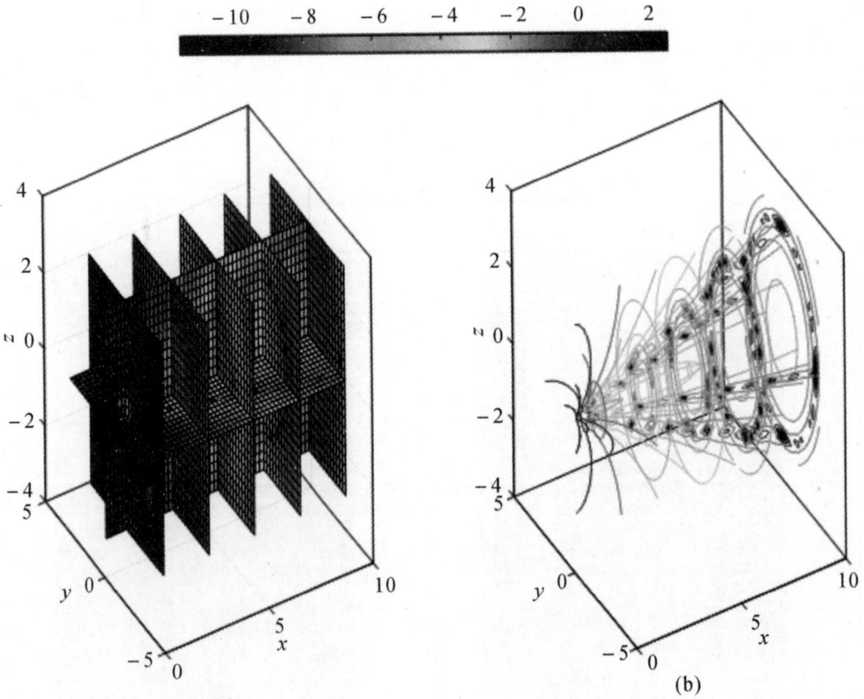

(a) (b)

附图 8　水体中的射流速度表示

(a)切片图；(b)切片等位线图